# 矿山微震信号处理技术与应用

朱权洁　姜福兴　朱斯陶 等　著

科 学 出 版 社

北　京

## 内容简介

以冲击地压、煤与瓦斯突出为代表的煤岩动力灾害严重威胁着矿山企业的安全高效生产，微震监测技术作为矿山安全监测的重要技术手段被广泛应用。本书从微震信号分析基础理论出发，对矿山微震信号的处理技术与应用进行了系统研究和总结，内容涵盖矿山微震信号诱发机制与传播规律，微震信号预处理与去噪分析、特征提取与定量表达，微震信号自动识别、到时拾取、震源优化定位等。

本书适合从事矿山微震监测技术研究的科研、技术和工程人员学习使用，也可作为高等院校采矿工程、安全工程等专业研究生及相关人员的参考书。

**图书在版编目（CIP）数据**

矿山微震信号处理技术与应用 / 朱权洁等著. -- 北京 : 科学出版社, 2025. 3. -- ISBN 978-7-03-078717-0

Ⅰ. P315.61

中国国家版本馆 CIP 数据核字第 2024NB2617 号

责任编辑：周　丹　李佳琴　曾佳佳 / 责任校对：郝璐璐
责任印制：张　伟 / 封面设计：许　瑞

科学出版社 出版
北京东黄城根北街 16 号
邮政编码：100717
http://www.sciencep.com
北京天宇星印刷厂 印刷
科学出版社发行　各地新华书店经销

*

2025 年 3 月第　一　版　开本：720 × 1000　1/16
2025 年 3 月第一次印刷　印张：14
字数：280 000

**定价：149.00 元**

（如有印装质量问题，我社负责调换）

# 作 者 名 单

**主要作者：**朱权洁　姜福兴　朱斯陶

**参编人员：**张尔辉　杨光宇　缪华祥

尹永明　魏全德　高林生

# 前　言

我国是世界上受冲击地压等动力灾害威胁最为严重的国家。以瓦斯突出、冲击地压为典型的矿山动力灾害是阻碍采矿业健康发展的主要灾害之一。调研发现，由于开采深度、强度以及煤层赋存条件的变化，以冲击地压为代表的矿井灾害呈现增加趋势，其特点表现为由简单向复杂过渡，预警、治理难度将逐步加大。可以预见，这类难题未来将严重制约我国矿山企业的安全、高效生产。因此，如何在“防”“控”之前实现对灾害的有效辨识和准确预警至关重要。

目前，冲击地压灾害防治区域由侧重局部防治向联合区域防治发展，防治手段也逐步由被动防治向主动预防过渡，防治方法呈现时空特性。作为矿山灾害防治的依据和基础——矿山灾害的监测与检测意义重大，该项工作贯穿于采矿活动的前期（探测）、中期（监测）以及后期（评估）整个过程：一方面，利用监测技术可以获得煤岩的内部形态结构，揭示采动条件下煤岩内部的微观结构演化规律，这有利于揭示冲击地压的发生机制；另一方面，通过对比分析外部因素的影响，进一步揭示和挖掘煤岩破坏失稳的前兆特征规律；此外，通过确立煤岩内部损伤区域的空间位置及范围，为提高灾害的准确预警、确立合理防治措施和方案、保证矿山安全生产提供理论和实践依据。微震监测技术是矿山安全领域的重要技术手段之一，该技术通过获取煤岩破裂过程产生的震动信息，研究煤岩内部应力分布、煤岩活动规律等，实现对冲击地压、煤与瓦斯突出等灾害的监测、监控。因此，研究并掌握矿山微震数据的分析处理方法，揭示煤岩内部应力分布规律、获取煤岩活动特征等，是实现煤岩动力灾害精准防控的重要基础。

矿山动力灾害是阻碍采矿业健康发展的主要灾害之一，微震监测能够有效监测预警动力灾害，但微震监测中有效波形的自动识别与精确定位仍是国际性的难题。其原因有二：一是微震波形的自动识别涉及复杂的分析技术；二是矿山生产环境复杂，干扰因素多，波形识别难度大。在矿山现场，由于没有有效的微震事件自动识别手段和方法，微震监测系统无法自动识别记录有效事件，技术人员依靠人工处理方式，每天面临大量亟待分析处理的微震数据，效率较低，且常出现误处理、漏处理及处理不及时等情况。针对这一难题，国内外专家做了许多工作，提出了许多解决方案和手段，取得了大量研究成果，但目前还没有转化成有效的工程应用。传统的解决方法只解译了微震信号中的部分特征信息，并以此作为识别微震信号的判据，并没有建立可靠的矿山微震波形自动识别体系。这种单一的特征信息难以描述复杂的微震波形变化，其精确程度仅仅停留在识别典型微震事件上，对于矿山微震这种随机的、复杂的信号，在精度和效率上还远远满足不了现场需求。

在此背景下，本书从矿山微震波形基础理论研究出发，系统论述了矿山微震信号处理理论和方法，介绍了微震信号处理技术在实际工程中的应用情况及最新进展。全书内容以“微震数据处理”为主线，分别从信号产生机制、去噪预处理、特征挖掘与表征、波形分类识别、震源反演计算等角度进行叙述。

全书共分 7 章。第 1 章“绪论”，主要介绍矿山微震信号分析处理的研究脉络，阐述微震信号产生机制、特征提取方法、信号识别与震源定位算法等基本问题和研究现状；第 2 章“矿山微震信号的诱发机制与传播规律”，通过实验室和现场试验研究了矿山微震活动规律、诱发机制及分类，分析了岩体破裂诱发微震震源的力学机制，揭示了岩体破裂失稳与微震震源之间的关系；第 3 章“矿山微震信号的预处理与去噪分析”介绍了微震信号的采集、存储和读取过程，着重介绍了 EMD 带通滤波、小波包阈值去噪、小波包多层阈值去噪及 SVD 频域去噪等方法；第 4 章“矿山微震信号的特征提取与定量表达”阐述了矿山微震信号的特征即时域特征、时频特征、统计特征等，介绍了基于小波包分解的微震信号特征提取方法和定量表征方法，以及微震信号特征向量组建；第 5 章“矿山微震信号的自动识别方法与实现”围绕矿山微震信号自动识别这一核心问题，重点介绍了矿山微震信号识别体系、基于 SVM 的自动识别方法；第 6 章“矿山微震信号的到时拾取与优化定位”针对微震精准定位这一目标，从微震波形的初始到时拾取、定位计算优化等角度进行了描述，主要介绍了初始到时自动拾取的常规算法，以及“四四组合优化定位法”“改进 Radon 层析成像法”两类定位方法；第 7 章“矿山微震信号的处理与应用”对矿山微震数据的处理及应用进行了阐述，主要介绍了采掘活动诱发的微震响应、煤层水力压裂微震监测等案例，包括微震数据的分析处理及应用等内容。

本书的研究工作得到了中央引导地方科技发展资金项目（216Z5401G）、国家重点研发计划项目“覆岩结构与载荷井地区域调控理论方法与工程示范”（2022YFC3004604）、国家自然科学基金项目（52374076）以及中央高校基本科研业务费（3142021002）的资助。本书的研究历时多年，数据来源于全国几十座矿井，得到了兄弟院校和企业的大力支持，在此表示诚挚谢意。支持和指导我们研究工作的专家、学者和朋友众多，没有一一列出，在此一并致谢！

矿山微震监测技术应用的深度和宽度还在继续拓展，本书基于矿山企业实际需求进行攻关，开展了矿山微震信号处理技术与应用研究，但限于作者水平有限，书中难免存在疏漏之处，恳请广大读者批评指正。

朱权洁

2024 年 4 月

# 目　　录

# 1 绪　论

## 1.1 研究对象及意义

人类进行采矿活动有非常悠久的历史。随着人类社会的不断进步和快速发展，采矿活动急剧增长，人们对矿山安全也越来越重视。微震监测技术正是在这样的背景之下被引入矿山领域的。

微震监测技术作为矿山安全监测当前最热门的技术之一，其主要依据就是各传感器（地音仪）记录下的微震波形。该波形含有最新的事件发生时震源及其附近的岩石状态信息，微震研究的主要内容就是从信号波形中尽可能多地把有用信息提取出来，并用一些定量的参数（主要用于表征岩石应力、应变的动态演变和围岩的最终破坏）来表示，以提供给工程应用。矿山微震监测技术的定位功能是其主要功能之一。

微震监测技术在国外的发展起步较早（Slawomir and Andrzej，1998）。早在 1908 年，为了探测和评价矿山井下开采诱发的地震活动，德国 Ruhr 煤盆的 Bochum 就建立了第一个专门用于监测矿山地震的观测站，井下布置了早期的水平向地震仪。20 世纪 20 年代，在波兰的上西里西亚煤盆，建立了第一个用于监测地震活动的地震台网，该台网主要包括四个子台站，子台站内装有 Mainka 水平向地震仪。并且，其中的一个子台站安装于 Rozbark 煤矿的井下。1939 年，南非为了研究矿山开采与地震活动的联系，在矿区地表组建了包括五个子站的监测台网，主要的监测仪器为机械式地震仪，并真正意义上揭示了矿山开采与地震活动的关系。美国矿业局在 20 世纪 40 年代，提出了采用微震法来监测由采动造成的岩层破裂。波兰在 20 世纪 60 年代，利用微震监测技术对岩爆（冲击地压）进行研究，尤其在煤矿领域，微震监测系统几乎覆盖了该国整个煤矿系统。国内进行矿山岩爆活动监测始于 1958 年，当时使用的设备为中国科学院地球物理研究所研制的 581 型微震仪。此后，中国地震局、长沙矿山研究院有限责任公司等单位，相继在河北唐山，北京门头沟、房山，山东陶庄等地进行了矿山地震监测。在这些监测活动中，设备逐渐由地震仪转变为波兰的地音仪等更先进的设备。在采矿领域，微震监测技术的发展有几个标志性的事件，如图 1-1 所示。

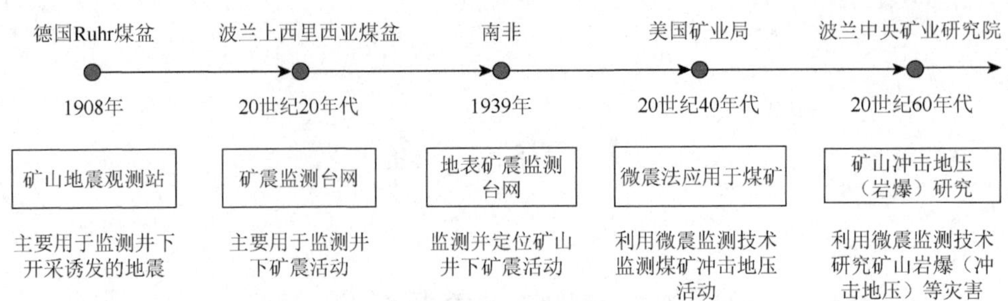


图 1-1　矿山领域的微震监测技术发展标志事件

20 世纪 70 年代至 80 年代末，近 20 年的时间里，微震监测技术发展较为缓慢。直到 20 世纪 90 年代，微震监测技术重新回到各行业的视野。现代通信技术的发展和相关领域如地震学科的不断成熟，为微震监测技术的进一步发展带来了良好的契机。在不到 10 年的时间里，微震行业得以迅速发展。

微震技术在几十年的发展历程中得到了突飞猛进的发展。早在 20 世纪 40 年代，美国矿业局就提出了利用微震法来探测地下矿井中可能造成严重危害的冲击地压等灾害。然而，由于当时所需仪器价格昂贵、精度有限且监测结果不够直观，未能引起足够的重视和推广。近 10 年来，随着地球物理学的飞速进步，尤其是数字化地震监测技术的广泛应用，微震研究得到了必要的技术支持，尤其是对于小范围、能量微弱微震信号的分析处理研究。其中，国外一些公司、研究机构和大学联合开展了多项重要的工程实验，旨在验证和开发微震监测技术在地下岩石工程中的巨大潜力。随着经验的积累和技术手段的提升，初步证明微震可以在现场附近进行观测，并且能够进行较为精确的定量分析。微震研究取得的显著成效为采矿工作提供了大量有益信息，极大地激发了矿业公司在此领域进行投资和研究的积极性（Zhang et al., 2021）。

对于采矿工程行业而言，微震监测技术因其独特的实时动态监测特性，展现出了巨大的发展潜力。过去 20 年中，研究人员将微震监测技术与岩石的物理、力学性质结合，进行了广泛而深入的研究，并开展了大量的模拟与现场试验，取得了显著进展。同时，微震监测技术的应用领域也在不断拓展。从最初的矿山地震监测开始，如今已经广泛应用于采矿、石油勘探、边坡隧道、地下构筑物以及石油开采等多个行业和领域。

此外，许多科研单位和企业也在积极开展微震系统的研发。以加拿大为例，金斯敦的工程地震组织 ESG（Engineering Seismology Group）主要由 P. Young 教授领导，该组织致力于岩石地下工程微震系统的构建及微震信号的采集、处理和分析，并开发了能够实时进行微震事件定位的软件。澳大利亚联邦科学与工业研究院则独立研发了微震监测系统，已应用于 15 个以上的项目，积累了丰富的现场经验，为微震监测技术的广泛应用和深入研究奠定了坚实基础。波兰在微震监测技术研发方面也做出了重要贡献，波兰中央矿业研究院研制的 SOS 微震监测系统以及 EMAG 公司的 ARAMIS M/E 微震监测系统在全球范围内得到了广泛应用。南非作为全球深部采矿的先行者，积累了丰富的岩体动力灾害监测与预警经验，其中的核心技术之一便是微震监测系统。南非 ISSI 公司生产的微震监测网络系统，结合了最前沿的地震学理论和智能化自动计算技术，已经在 30 多个国家应用了 200 多个案例，成为国际上公认的最先进的矿山微震监测系统。

近些年来，国内已有数家科研机构和公司在微震监测技术方面开展了引进和研发的工作。科研机构包括：北京矿冶研究总院、中国矿业大学、北京科技大学、长沙矿山研究院有限责任公司、中国地震局地质研究所、中国地震局地球物理研究所、中国地震局工程力学研究所、中国安全生产科学研究院、辽宁工程技术大学、山东科技大学、中煤科工集团重庆研究院有限公司、西南科技大学等。公司包括：北京中煤天地科技有限公司、北京安科兴业科技股份有限公司、北京港震机电技术有限公司、北京欣林仪器设备科技有限公司、成都环州科技有限公司等。已经建立了微震监测系统的煤矿企业有 40 家左右，其中波兰 SOS 和 ARAMIS M/E 微震监测系统占了一半以上。也有部分金属矿山企业，如凡口铅锌矿、安徽铜陵冬瓜山铜矿、云南会泽铅锌矿、山东济南张马屯铁矿、湖南柿竹园矿、辽宁红透山铜矿、北京首云铁矿、江西香炉山钨矿等已建立微震监测系统。

通过这些技术和经验的不断积累，微震监测技术正日益成为矿山安全、岩体稳定性评估及灾害预警的重要工具，为全球各地的矿业安全监测提供了有力支持。

## 1.2 微震监测技术研究现状

### 1.2.1 国内外研究现状

微震监测的自动化对于及时预防矿山灾害、解决生产实际难题有着至关重要的意义。矿山微震波形自动识别技术是目前微震监测领域的热点和难点，也是矿山微震自动化监测的依据和基础。矿山微震波形自动识别的实质是深入挖掘波形的深层信息，从而进一步还原震源特性。通过对微震波形的分析，可以获得大量的震源信息，如震源定位（震源半径）、发震时间、震级大小（微震能级、震矩）、振动峰值速度、应力降及震源机制等，实现对采矿工程进行较精确的定量描述（Wang et al.，2016；赵向东等，2002）。尽管在地震及石油物探领域有较多关于波形识别的研究，但在矿山领域，相关的微震波形识别研究尚不多见。

在中国地球物理学会第十一届学术年会上，中国地震局有关专家提出了冲击地压与天然地震之间的判别问题，指出对“井下冲击地压和顶板冒落等矿山动力现象”“发生在矿区或其附近的天然地震”“与掘进、回采等人为活动有关的诱发地震”三类矿山震动进行识别，需要以矿山地震学理论为基础，建立相应的且行之有效的判据进行判别（赵永等，2023）。

事实上，微震波形分析，主要是基于微震设备采集到的震动信号，利用信号处理的方法对其进行深处理，挖掘信号中的有用信息，包括空间坐标、能量、震级等震源参数。目前，有关微震波形识别的文献主要见于石油物探及地震等相关领域，矿山微震波形的识别目前尚处于起步阶段。矿山微震波形分类识别可以从机制研究、特征提取、波形识别以及定位算法等方向来进行研究。

#### 1.2.1.1　微震机制研究

通过研究微震事件产生的力学机制，更有利于对矿山微震震源信息的理解和采取有力的措施进行预测。俄罗斯、德国、波兰和南非等国家的矿井开采实践表明，矿山深部工程灾害的发生与采动围岩结构稳定性、应力环境及岩体在高应力下的力学行为有关。开采活动引起围岩移动、围岩应力的转移与重新分布、动态支承压力作用于围岩，是诱发围岩结构失稳灾变的根本原因（曹安业等，2023）。

张少泉等（1993）根据矿震特点，提出了重力型和构造型两类典型矿震的特征，从发生位置、震级、频度、成因等角度进行了对比分析。详细的对比分析见表 1-1。

**表 1-1　两类典型矿震的特征**

| 参数 | 重力型 | 构造型 |
|---|---|---|
| 多发地点 | 煤岩回采过的煤柱附近 | 岩石掘进巷道断层附近 |
| 位置 | 掌子面 | 断层面 |
| 震级 | 较小，一般为 1～2 级，最高达 4 级 | 较大，一般为 3～4 级，最高 5 级 |
| 频度 | 高，每日几十到上百次 | 低，每年有限几次 |
| 成因 | 与开采布局有关 | 与区域构造应力有关 |
| 受控尺度 | 小，工作面附近几十米 | 大，整个矿区几千米 |

地震波初动方向是指地震波到达地面时，地表质点的最初振动方向。利用初动方向可估计震中方位、推断震源机制等。已有研究表明，P 波的初动方向是地震与爆炸识别的重要指标（曹安业等，2023）。在矿山领域，曹安业等（2023）从矿山冲击地压发生机制出发，通过实验室试验和现场监测，得出了相应的矿山微震波形初动方向指标。

#### 1.2.1.2 波形特征提取研究

国内外波形识别常规的特征主要包括频率、时长、振幅以及衍生的相关特征，提取这些特征的方法则有经验模态分解、小波、小波包等方法（田向辉等，2020）。根据不同表征方式或针对不同研究对象，人们提出了不同的地震属性用以解释地震信号的内涵信息，这些属性并不是相互独立的，均能从某一方面很好地解释波形的特征。在地震领域，国内外专家提出了大量识别方法与手段，主要包括能量、震级、初动方向、持续时间、倒谱、时频、功率谱、$b$ 值、$H$ 值、信息熵等，从地震波形的基础特征（常规特征）、衍生特征以及活动性特征等方面进行了研究。

国内外专家、学者在地震事件自动检测、识别方面也做了大量工作。Gledhill 等（1991）利用地震信号频率域特征的灵活性，提出运用离散傅里叶谱特征来检测识别地震事件。中国矿业大学陆菜平等（2005）通过波兰 SOS 微震监测系统监测顶板的破断，揭示了顶板破断过程中的微震活动规律。李志华等（2010）以山东济三煤矿某工作面为研究对象，对断层冲击地压进行了相似模拟试验研究，获得了采动过程中的矿压显现特征，并利用微震监测记录了实验过程中的微震波形；通过后期分析，得出断层滑移失稳微震信号特征。

震相是微震信号识别的重要特征之一（Song and Yang，2011）。曹安业等（2007）通过频率特征、信号持续时间、释放能量以及波形振幅、衰减速率、尾波发育、频带分布等特征对微震信号进行快速识别，达到快速识别危险信号的目的。此外，张萍等（2005）通过对辽宁数字地震台网记录资料进行分析比较，采用波谱分析法得出，爆破、矿震与地震的波谱特征存在差异。袁瑞甫等（2012）利用微震监测获得煤柱型冲击地压的相应波形，并对几类波形进行了对比分析，获得了煤柱型冲击地压发生的前兆及其判据。Leprettre 等（1998）利用时域、时频以及极化三类属性，对地震信号进行分类识别，通过上述三种特性，波形的特性被分解并展示。曹安业（2009）对高应力区的微震事件进行了对比分析，总结了井下运输车、卸压炮、顶板冒落、剪切破坏以及冲击地压事件的特征。刘超等（2011）对煤矿井下微震信号进行分析，将干扰信号分为爆破信号、电气噪声、机械作业噪声、人为活动噪声以及随机噪声，提出矿山微震事件的属性，如波形类型、振幅、频率、震级、能量以及模拟声音等信息，并利用上述属性对有效微震事件、爆破事件以及噪声的波形信息进行了分析识别。

地震信号的识别是在国际《全面禁止核试验条约》框架下的一个重要核实方法和科学问题。Koch 和 Fäh（2002）利用多元统计分析方法，对一系列已知类别的事件进行分析，通过建立不同的测量标准，对德国地震台网以及德国试验地震系统采集的不同频段地震波形进行参数提取，并进行线性回归分析。研究发现，P波、S波的谱振幅比和波振幅比能很好反映核爆与天然地震的区别。

P 波初动被应用于天然地震与核爆的识别。天然地震和核爆之间有一个关键区别。与天然地震不同，一次爆炸在地下球体洞穴或水下是一个对称的波源，而天然地震的首次 P 波和 S 波来自震源或是岩体破裂的初始点（李贤等，2017）。天然地震发生时，地球表面的一些观测点相当于受到挤压的作用，P 波初始到时可能为地面岩体被上推；而在其他观测点上，P 波初始到时可能为岩体被下拉，相当于引张。这些推和拉决定着地面初动或首次到达波的极性。核爆与天然地震成鲜明对照，因为爆炸以点源形式驱动四周岩体由外向各个方向对称地辐射出波，在所有的地震仪上记录均应为地面被上推。原则上，这种相当清楚的图像应该明确地揭露震源的类型（贾瑞生等，2015）。然而在实际工作中，因为岩体构造复杂，一个爆炸的 P 波极性有时会产生方向混乱，特别是小事件，与断层破裂机制差异不甚清楚。

随机信号的功率谱密度（power spectral density，PSD）用来描述信号的能量特征随频率的变化关系，功率谱密度在爆破、地震信号的识别中应用较多。Errington 等（2009）研究并提取了矿山微震信号的能量谱密度（energy spectral density，ESD），并对比分析了两个钾矿的微震事件，实现了初步的识别。毕明霞等（2012）以 35 组天然地震和 27 组人工爆破事件为例，利用希尔伯特-黄变换（Hilbert-Huang transform，HHT）法，提取了原始信号的本征模态函数分量，并分别提取了各分量最大振幅对应的周期、倒谱方差以及自相关系数等特征，最后通过支持向量机进行识别，获得较高识别率。

Dargahi-Noubary（1998）利用 P 波记录的相关性建立短时随机信号的识别模型，并应用于地下核爆与天然地震的识别，提出一个基于复杂地球物理特性及其相关性的最优化线性表述方法，并建立二维的判别式。地震领域利用相关分析描述地震两道记录的相似程度，其相似值称为相关系数。计算一系列变化时移的相关系数，就可以构成相关函数。通常，利用两道记录作相关运算，求取相关系数，可以求取道间时差、地震子波以及进行相关滤波、波形识别。

大多数天然地震是地下岩体破裂、滑动所引起的，破裂面很大，持续时间较长，表现在地震波上则是不同方位的地震台接收到的 P 波初动不一致，有的是压缩的，有的是膨胀的。而地下核爆的震源过程要简单和短得多，球对称压缩（各个方向都向外压缩）使所有地震台接收到的地震波初动都是压缩的。地震学家可以通过地震波震相、P 波初动、震源深度等多种方法判断一个地震是天然的还是人工的。目前认为，在地震记录图上，最易辨认的是纵波段的起始方向，即波段在垂直分量上的初动方向。这种方向的特征与震源处力的作用方向有直接关系，即是压缩波或膨胀波。

国内外学者在天然地震、人工地震（爆炸）信号的特征研究、分析识别上做了大量卓有成效的研究，取得了很多有价值的成果（凌同华和李夕兵，2005）。其中，利用小波分析进行识别应用最为广泛，其常规方法有傅里叶变换、小波变换和小波包变换。傅里叶变换仅适用于处理稳定和渐变的信号，无法表述非平稳信号的时频局域性质；小波变换可以描述微震信号的时频特性，但在高频段频率分辨率较差，低频段时间分辨率较差。中国地震局地球物理研究所李世愚等（2006）利用地震学理论、地球物理方法和微震监测技术，在矿山地震监测速报与预测方面做了大量工作，提出矿震与瓦斯溢出相关联；根据矿震活动性来描述矿震的时间分布，预测较强矿震的发生；通过分析地震与矿震的小波包奇异值，建立定量判据，识别矿震与天然地震；在矿震震源机制分析、成因力学机制等方面，也做了许多卓有成效的研究。谭云亮等（2003）应用多分辨率小波技术对顶板活动诱发的微震信号进行分析，通过小波变换对顶板断裂、冒落等事件信号进行 6 层小波分解，应用奇异性指数［利普希茨（Lipschitz）指数］进行突变特征识别，效果较传统傅里叶变换更为明显。北京科技大学李铁和纪洪广（2010）通过在线监测和分析岩体微破裂信息，应用小波分析和弹性波与岩体破裂关系的相关理论与技术，探测、预测采空区不明水体灾害。在微震波初始到时自动识别方面，辽宁工程技术大学潘一山等（2007）提出，基于小波变换的多尺度分析，以三分向的矿震信号 P 波和 S 波震相的小波变换方法，提取不同尺度下的识别因子组成特征函数，从而实现了 P 波和 S 波到时的自动拾取。该方法在木城涧煤矿应用取得了一定成果。

近年来，随着信号领域研究的不断深化，关于地震信号的分析、识别研究取得长足进步（谢和平和 Pariseau，1993）。其中，小波分析凭借其对信号的“显微镜”作用及自适应特征而被广泛应用于地震波信号的时频特征分析和提取。分形理论在反映信号整体特征方面的优势明显，从而被用于描述复杂非线性信号。目前，小波分析与分形理论在信号的分析处理中已得到广泛应用（朱权洁等，2012a），在地震波的识别、初始到时的拾取、地质构造特征以及爆破震动信号分析等方面获得大量研究成果。

分形形态是自然界普遍存在的，研究分形是探索自然界复杂事物客观规律及其内在联系的需要。微震信号是岩体破裂后能量以声波的方式传播的信号，其自身是不规则、非线性的，由于其复杂性、随机性，一般无法用函数的方式直接描述。文献研究结果表明，矿山微震信号具有自相似性，因此，微震信号可以看作一个部分与整体以某种形式相似的无规则分形体。小波分形理论吸取了小波分析与分形理论的优点，并很好地解决了二者的缺陷：小波分析解决了信号分析中时间与分辨率的矛盾，在提高信号的信噪比和分辨率上作用显著，但却无法对微震信号的整体特征进行描述；依靠分形理论，能够对微震信号的复杂程度、全局性进行描述，但不如小波分析细致，难以寻求其深层次的规律和特征。

#### 1.2.1.3　波形识别算法研究

Wang 和 Teng（1997）提出基于人工神经网络的地震事件检测算法。刘希强等（2009）做了大量研究，提出应用模式识别和小波变换技术，建立有效震相识别判据，并结合专家经验和知识，建立神经网络模型，进行数字化地震台网事件自动分类、震相识别和定位。

Brown 和 Clapp（1999）基于信噪分离方法的非平稳信号预测，将非平稳信号预测用于自动识别任意的、无须预先定义的复杂地震相。该方法在二维合成物图形和真实地震图像之间进行测试，结果显示二者间的特性并不一致。

在石油领域，Tan 等（2010）对阿尔伯塔省 Cold Lake 地区页岩气开发过程中的微震事件进行了研究，通过提取有效事件与噪声事件的频域滤波（低通滤波、高通滤波及带通滤波）、持续时长（长短时窗、连续时频分析）以及统计分析（阈值法、直方统计法及零点统计法）8 种特征，构建了基于主成分分析法的微震事件分类识别模型。现场验证表明，模型分类识别效果良好，准确率高达 90%～95%。

Vallejos 和 McKinnon（2013）利用线性回归和人工神经网络对爆破、矿震事件以及地震事件进行了分类识别，总共提取了 13 类特征，包括震级、能量、P/S 波能量比、破裂半径、应力降、峰值速度以及位移等，结果表明人工神经网络识别准确率更高。

模式识别是波形识别的重要方法之一（Novelo-Casanova and Valdés-González，2008），其中，人工神经网络在波形识别中应用较为广泛（Scarpetta et al.，2005）。杨勇等（2005）利用前馈神经网络、自适应模糊神经网络以及概率神经网络三种方法对天然地震和矿山爆破进行识别。试验数据选取于 1976 年建立的老矿山，共 175 个事件，其中 148 个为矿山爆破，27 个为天然地震。将数据分为训练样本和测试样本，输入特征为 S/P 振幅峰值比和复杂度值，输出结果精度在 97.67%以上。

#### 1.2.1.4　微震定位研究

国内外学者在地震波初始到时自动拾取的理论与方法研究上做了大量卓有成效的研究，取得了很多有价值的成果（Engdahl，2006）。目前，国内外关于地震波初始到时自动拾取的理论与方法主要有能量特征法、瞬时强度比法、层析成像法（Lurka and Swanson，2009）、分形维数法（Miao et al.，2012）、相关法、数字图像处理法以及神经网络算法等。其中，能量特征法与瞬时强度比法在特殊点、异常点处理上存在误差；分形维数法、神经网络算法适用于复杂资料，但计算量大、速度慢、实现复杂；相关法受地震子波影响较大；数字图像处理法必须线性动校正。

在定位算法方面，目前多集中于对计算模型的改进，如 P 波、S 波定位法（Oye and Roth，2003）、联合定位方法（林峰等，2010）、粒子群算法（陈炳瑞等，2009）、非单纯形法等方法（Rabinowitz，1988）。但针对异常到时波形的处理问题，尚未见相关研究。在定位计算之前，对所拾取的到时进行优化选择，将会进一步提高计算的精度。

挪威的 Oye 和 Roth（2003）采用时窗特性分析的方法，计算有效地震波的信噪比，实现到时自动拾取，并最终实现微震事件的自动定位。但实际应用中仍有许多问题不能解决，如 P 波和 S 波在短距离内几乎同时到达，如何准确区分 P 波到时；如何自动识别有效地震波等问题，还没有得到很好的解决。

### 1.2.2 有待进一步解决的问题

微震监测的自动化对于及时预防矿山灾害、解决生产实际难题有着至关重要的意义。微震波形的自动识别技术是实现实时自动监测的前提和基础。为此，国内外专家、学者进行了一系列实验性研究，取得了大量成果。

2005 年，作者所在课题组分别对从波兰、南非以及加拿大引进的微震监测仪进行测试，结果表明这些仪器在定位精度上与采矿工程的要求有较大差距。南非的 ISSI 微震监测网络系统虽自带自动定位软件，但在小尺度的矿山微震监测应用中，定位误差较大。

在矿山微震波形的自动识别研究领域，前人做了大量有意义的工作，取得了许多具有开创意义的理论研究成果，但是，目前在矿山现场应用这一层面上，还没有能被广泛采用、切实可行的技术方案和应用成果。因此，根据矿山的需求，课题组研究了适用于矿山微震监测的微震波形自动识别方法和技术成果，开发出了相应的应用软件。

2002 年至今，作者所在课题组一直致力于对矿山压力与岩层控制、冲击地压灾害防治以及矿山微震监测等方面的研究，先后自主研制了微震监测系统和冲击地压实时在线监测系统。这两套系统已应用于多个矿山企业，用于监控、预警煤矿冲击地压、煤与瓦斯突出、矿山突水等难题，取得了良好的社会效益和经济效益。目前，课题组正加快进行微震监测设备的技术革新，在矿山现场监测自动化方向做了大量探索性研究工作，力求使微震监测系统更适应矿山企业的现场实际。

综上所述，拟在上述研究的基础上，通过多学科的联合攻关，对微震监测数据进行进一步挖掘，通过课题组自主研发的微震监测系统，对矿山微震波形自动识别进行深入的研究，以在微震波形自动拾取到时、快速定位等方面寻求突破，为矿山灾害的预测、预报及控制提供更为快速、有效的理论方法和依据。

## 1.3　微震监测技术应用领域

随着微震监测技术的不断推广和发展，在矿山、边坡、隧道、水库、地下构筑物、石油物探、军事、天然地震实验场等领域，对微震监测技术的要求也越来越高。这主要体现在微震监测技术的定位精度和自动化程度，以及更为精确可靠的预警方法。如今，微震监测技术已遍布采矿、石油物探、边坡、隧道、地下构筑物以及水库大坝等行业和领域。此外，微震监测技术已被尝试应用于矿山防越界开采、露天边坡实时监测、银行金库监控以及井下救援等新的研究方向和领域。

微震技术在采矿、石油、边坡、隧道等领域的成功应用及其多属性特征，使其得到了越来越多煤矿领域研究人员的关注和重视，并逐步发展成为当前深部矿井冲击地压防治、高瓦斯矿井防突等难题的重要技术手段。

国内外众多科研院所和研究机构都在积极开展微震技术的发展和应用研究，并在理论研究方面取得了丰硕成果。例如，中国矿业大学、北京科技大学、北京矿冶研究总院、煤炭科学研究总院、中国地震局地球物理研究所，以及北京安科兴业科技股份有限公司和北京中煤天地科技有限公司等单位都在相关领域进行了大量的研究与开发。

矿山微震监测技术作为一种重要的岩体动力学监测手段，能够实时监测地下矿井中的微震信号，为矿山安全提供有效保障。微震技术通过检测矿山开采过程中岩体的微小震动，能够及时发现岩体内部的破裂、滑移、冲击地压等现象，预测矿山灾害的发生，从而为矿山灾害的预防和治理提供依据。与传统的监测方法相比，微震技术具有更高的空间分辨率和灵敏度，能够在矿山深部和复杂环境中实现高效的监测。

该技术的应用不仅能够实时监控矿山开采过程中的岩体变形和灾害演化，还能提供准确的动力学信息。近年来微震监测技术已成为矿山安全监测的主要技术手段之一。在矿山领域，微震技术被应用于矿山安全监测、风险评估、预防控制以及开采工艺设计与优化等方面，具体而言，该技术的应用和研究方向主要包括以下几个方面：采动影响范围与破裂场的确立、顶底板岩层运动规律（如工作面初次来压、周期性来压分析等）、煤柱稳定性分析与设计、工作面开采参数设计与优化、地质异常体（如构造等）探测以及煤岩动力灾害（如冲击地压、煤与瓦斯突出、矿震等）监测预警；此外，在工作面超前探测、矿山防盗采、露天矿边坡稳定性监测、突水灾害监测预警等方面也呈现良好成效。

随着技术的不断发展和应用领域的拓展，微震监测技术已成为现代矿山安全监测不可或缺的技术手段，对于提升矿山安全生产水平、降低矿山灾害风险、保障矿工生命安全具有重要意义。

## 1.4 研究内容及研究方法

本书针对微震监测中有效波形的自动识别与精确定位难题，从实验室试验、理论研究、数据分析、模型构建及现场验证等角度，对矿山微震波形的自动识别与定位进行初步尝试。在分析微震信号诱发机制与传播规律的基础上，提出矿山微震信号分析与预处理方法，为后文自动识别模型的建立提供基础。结合典型矿山微震信号属性，提取相应的属性作为特征量，通过现场数据的研究，确立不同特征属性的定量表达方法与模型，并建立相应的特征向量指标。通过构建分类器，对矿山微震信号进行自动识别。在上述研究基础上，提出一种新的用于小范围工作面微震监测的定位算法，解决微震波初始到时自动拾取问题。最后，结合工程现场，对上述方法进行验证和有效应用。主要研究内容包括以下几个部分。

（1）矿山微震信号的诱发机制与传播规律。

结合工程现场实际，分析了矿山微震活动性及其震源机制，以及矿山微震波传播的特点，并对矿山微震信号进行了分类。通过分析矿山微震的活动性，研究了矿山微震波产生的力学机制，并建立了相应的力学模型，为后文的特征提取提供理论基础；通过详细分析微震震源的相对性和微震事件的分区性，阐述了岩体破裂失稳与微震震源之间的关系。最后，对常见的机械振动、爆破震动、人为干扰、背景干扰波形进行了简要介绍。并将其分为人为干扰、背景干扰、爆破震动以及有效岩体破裂微震波形四大类。

（2）矿山微震信号分析与预处理。

对矿山微震信号的特征进行研究，借助 MATLAB 平台编制相应的程序模块，对信号进行分析处理，取出原始信号中的采样通道、采样频率、采样长度以及波形数据等信息，采用最小二乘法去趋势项；为了抑制噪声信号干扰，利用小波包阈值去噪和经验模态分解（empirical mode decomposition，EMD）带通滤波方法把信号中的特定波段滤除；对小波包阈值去噪法进行改进，提出一种小波包多层阈值去噪法；详细介绍了奇异值分解（singular value decomposition，SVD）频域去噪方法与原理。

（3）矿山微震信号的特征提取与定量表达。

研究了矿山微震信号的时域特征、频域特征、时频特征以及波形的统计特征四大类特征指标；利用小波包方法提取了微震信号的能量分布特征以及分形特征，通过构建新的频带获得了波形特征的定量表达；对上述特征进行了总结归纳，并建立了相应的定量表述方法；最后，利用 KNN-LOO 法提取 O、A、B、C 四类波形分级识别的最优化组合。

（4）矿山微震波形自动识别模型构建。

本书提出并构建了单通道多级分类识别、多通道联合分类识别以及混合分类识别的微震波形识别模型。首先，针对不同的微震事件，建立广泛的矿山微震波形识别机制，利用单通道多级分类识别方法，对所有波形进行分类识别；利用多通道联合分类识别方法，对同一事件触发的多通道波形进行甄别，获取用于定位的有效通道波形；混合识别则是结合上述两类方法进一步分类。在此基础上，构建了基于支持向量机（support vector machine，SVM）的微震波形识别模型，并利用 MATLAB 编制了矿山微震波形自动识别决策系统。最后，利用上述模块对几类典型矿山灾害波形进行了分类识别，对模块的识别能力进行了评估。

（5）矿山微震信号到时拾取与优化定位研究。

为了对微震波形作进一步的截取与动校正处理，需要利用改进的长短时窗能量比法拾取微震波形的初始到时与终止到时；分析了四四组合优化定位法的定位原理，建立了相应的定位计算流程；介绍了 Radon 变换和层析成像原理。通过理论模型数据和实测微震信号的计算，描述微震震源层析成像方法的应用，同时验证该方法的正确性和实用性。

（6）矿山微震数据资料处理与应用研究。

为了研究采动过程中地质异常区域（断层、褶曲等）的活动规律，通过分析采动影响下突出煤层的断层活化力学机制，以贵州某突出矿井掘进巷道为例，利用高精度微震监测系统对掘进过程中的微震时空分布与演化规律进行了研究，分析并获得了采动范围内地质异常区域（断层等）的微震响应规律；为了研究煤层水力压裂过程中的微震活动规律及特征，以山东某深部矿井煤层水力压裂试验数据为基础，提出基于 SVD 法的微震信号去噪方法，并结合煤层应力监测、管内压力监测等手段，利用短时傅里叶变换（STFT）法研究了典型水力压裂微震信号的时频特征，最后初步尝试了基于微震指标的水力压裂效果表征。

# 2　矿山微震信号的诱发机制与传播规律

## 2.1　矿山微震活动与诱发机制

### 2.1.1　微震事件诱发机制

为了探究矿山微震震源机制，从实验室试验、力学机制以及表现形式等方面对其进行研究。通过实验室声发射试验，对矿山微震震源机制进行研究，是岩体破裂机制研究的最直接方法。所采用的试验装置及监测系统如图 2-1 所示，其中，RMT-301 岩石力学压力试验系统可同时自动输出应力-应变曲线和动态破坏物理参数，两个垂直向 5mm 位移传感器测试件垂直变形，两个水平向 2.5mm 位移传感器测试件横向变形。DS5-8B 全信息声发射采集仪可同时记录微震事件个数及空间分布情况、声发射振铃计数、声发射能量以及声发射波形。RMT-301 岩石力学压力试验系统加载方式采用单轴加载、位移控制模式，加载速率为 0.005mm/s。DS5-8B 全信息声发射采集仪提供 8 通道，采样频率 3MHz，触发方式采用门限触发（100mV）。传感器通过金属外壳用固态胶固定至试件表面，并通过耦合剂增加传感器与金属外壳接触面的耦合效果。传感器固定在与试件两端截面距离 15mm 处，按逆时针方向间隔 90°布置，其布置示意图如图 2-1 所示。

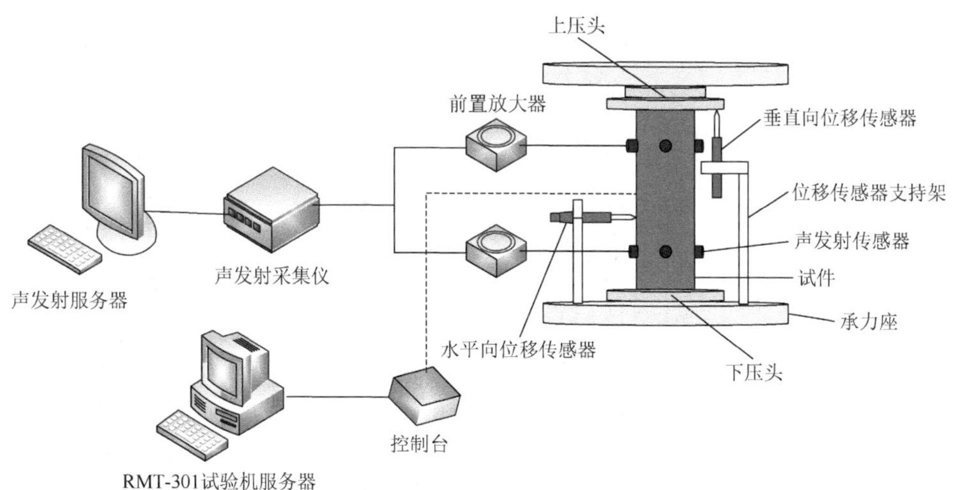


图 2-1　试验装置及监测系统网络拓扑图

根据实验设计方案对标准试件开展在单轴加载条件下岩体破坏全过程的声发射试验，主要流程包括：原岩试样取样、标准试件加工、声发射数据采集、单轴加载过程和数据输出五个部分。将声发射定位点按时间增量$\Delta t = 1/12t$（$t$为试件破坏总时间）分为不同的阶段显示，时间增量各阶段内声发射定位点的分布见图 2-2。图 2-2 中显示了试件的空间轮廓及尺寸、声发射定位事件、具体时间段和该阶段声发射定位事件所占整个破坏过程累计声发射定位事件总数的比例。在岩体破坏失稳的各个阶段，其声发射定位事件空间分布及数量特征随着

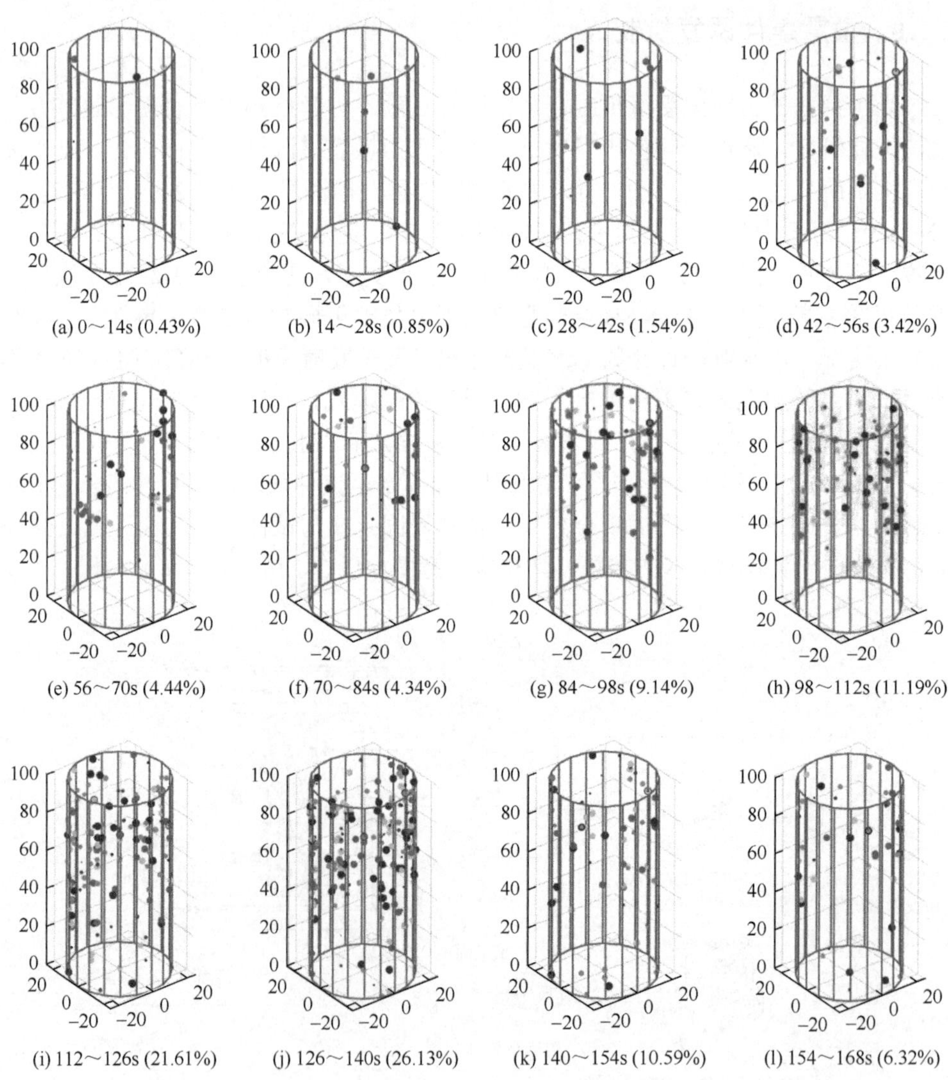

(a) 0～14s (0.43%)　(b) 14～28s (0.85%)　(c) 28～42s (1.54%)　(d) 42～56s (3.42%)

(e) 56～70s (4.44%)　(f) 70～84s (4.34%)　(g) 84～98s (9.14%)　(h) 98～112s (11.19%)

(i) 112～126s (21.61%)　(j) 126～140s (26.13%)　(k) 140～154s (10.59%)　(l) 154～168s (6.32%)

图 2-2　时间增量（$\Delta t = 1/12t$）各阶段岩样的声发射定位点分布

图中各轴单位为 mm

损伤程度的加剧有明显的变化，具体特征如下：对于试件 R-3-2 而言，由于该试件内部结构完整，无明显原始缺陷，试件加载初期 0～42s，进入初始压密阶段，开始有少量的声发射定位事件产生；随着应力的增加，声发射定位事件数有明显增加，事件主要是由岩体初始缺陷被压缩和试件内部形成微裂纹引起的，该阶段声发射定位事件数占总数的 2.82%；42～98s，进入弹性变形阶段，有明显的声发射定位事件产生，所占比例增加到 21.34%，微裂纹逐渐向试件中间及下部扩展，并有新裂纹产生；98～140s，进入塑性变形破坏阶段，该阶段载荷超过了岩体的屈服条件，试件内部变形持续增加，微裂纹继续扩展形成宏观裂纹，宏观裂纹向各个方向迅速贯通，内部薄弱部分先发生损坏，但未完全失去承载能力，该阶段有较多的声发射源响应，定位事件数占总数的 58.93%；140～168s，残留强度阶段，载荷迅速减小，该阶段由于对试件进行的是轴向压缩试验，所以当试件破坏后还有一定的承载能力，在载荷减小过程中，仍然有声发射定位事件产生，事件数比例为 16.91%。

以试件 R-3-2 分析为例，试件 R-3-1 和 R-3-4 动态破坏时间、声发射定位事件累计总数和单位时间段内增长速率都存在明显差异，该现象是由试件力学性质的差异性导致的。试件 R-3-1 内部结构完整，无明显原始缺陷，R-3-4 较破碎松软，内部原始缺陷明显。与试件 R-3-2 类似，试件 R-3-1 和 R-3-4 大概也在 $1/4t$ 时刻进入弹性变形阶段，有明显的声发射定位事件产生，该过程试件微裂纹逐渐演化为宏观裂纹；残留强度阶段，载荷逐渐减小直到完全卸载，该阶段同样有较少的声发射定位事件产生，产生原因与 R-3-1 类似，都是由试件的残余强度所导致的。三个试件的声发射定位事件空间演化和分布特征都是在试件局部位置开始的，沿结构面向反方向扩展，致使试件发生劈裂破坏。

结合图 2-2 表明，试件加载破坏过程中，随着应力的不断增加和破坏时间的推移，声发射定位事件累计计数逐渐增加，直到岩体破裂失稳，然而该过程每阶段增加的声发射定位事件数量并不一致。试件加载初期，声发射定位事件增加速率缓慢，当试件进入塑性变形破坏阶段，应力逐渐接近峰值时，有大量的声发射定位事件产生且迅速增加。岩体破裂失稳是其内部能量的释放过程，为了深入研究相同时间段内声发射的响应特性，从声发射能量密度的角度对试件加载破坏过程进一步分析，如图 2-3 所示。

声发射能量是指从岩体表面测得的经过传播衰减后的剩余弹性能量。对于一个单位体积，将其内部所有声发射源的声发射能量累加，得到声发射能量密度。声发射能量密度的概念用于更好地显示裂纹形态、损伤程度以及声发射源的空间分布特征。图 2-3 为声发射能量密度（立方体显示）分布特征图，将相同时间间隔内的声发射分布特征进行了三维展示。图中还显示了声发射定位事件三维定位点、试样的圆柱形轮廓，用于裂纹图形的可视化、具体时间段区间划分，直

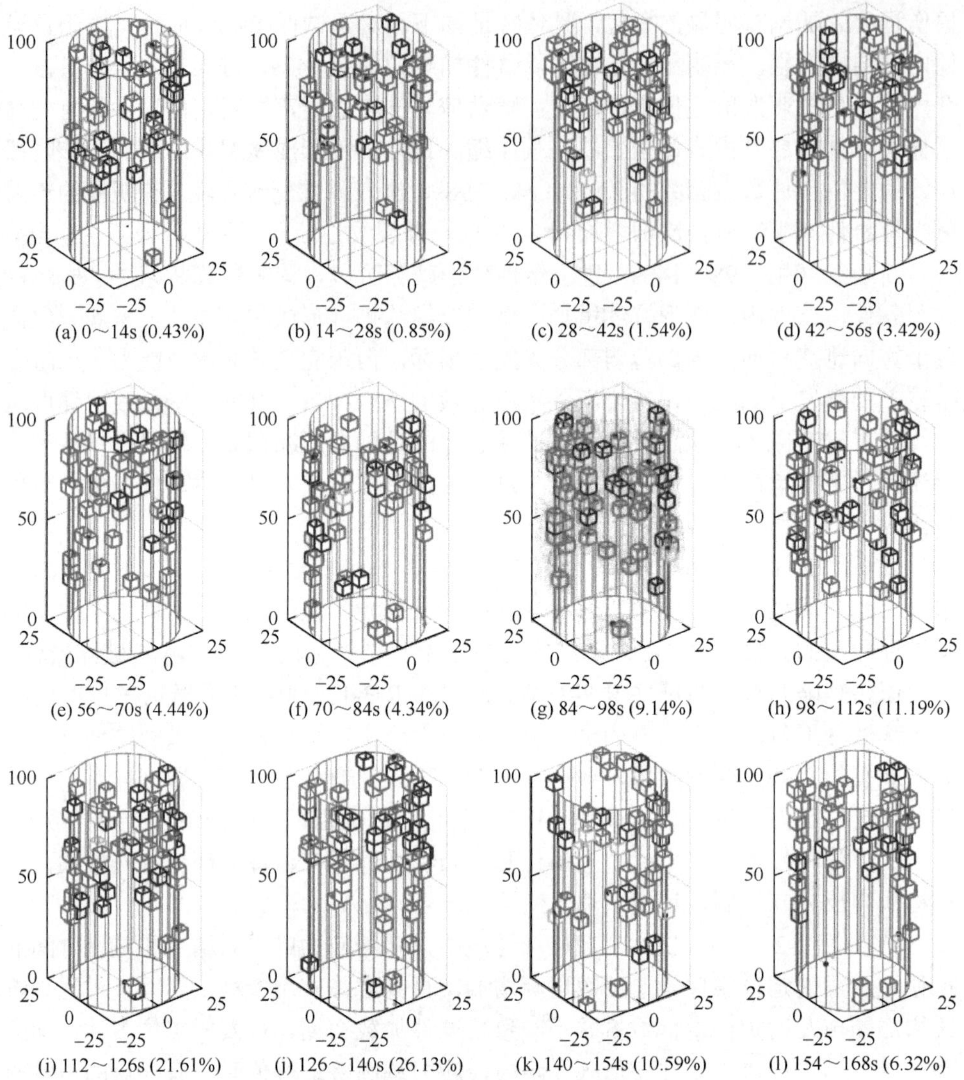

(a) 0～14s (0.43%)　(b) 14～28s (0.85%)　(c) 28～42s (1.54%)　(d) 42～56s (3.42%)

(e) 56～70s (4.44%)　(f) 70～84s (4.34%)　(g) 84～98s (9.14%)　(h) 98～112s (11.19%)

(i) 112～126s (21.61%)　(j) 126～140s (26.13%)　(k) 140～154s (10.59%)　(l) 154～168s (6.32%)

图 2-3　声发射能量密度分布与声发射源三维定位点（散点）

图形颜色越深表明声发射能量密度越大，单位均为 mm

观地反映动态破坏总时间及单位区间时间增量。图 2-3 还展示了该时间段声发射能量增量占整个破坏过程累计能量的比例。以相同体积（试件体积的 0.06%）计算，图 2-3 声发射能量密度的变化与图 2-2 声发射定位事件的变化一致，声发射定位事件密集的区域，声发射能量密度分布较集中。

图 2-3（a）显示的时间段与图 2-2（a）一致，在 0～42s 时间段内，只发现少量的立方体，且均分布于试件中部及以上区域。较低的声发射能量密度是由试件

加载初期内部结构的不规则性局部调节所致的；42～98s 显示了随着应力的增加，较多的声发射源逐渐增加并向各个方向发展，声发射能量密度也比较集中，该时间段声发射源数量缓慢增加且空间分布发展速度减缓，试件有损坏的趋势。由于岩体试件的内渗性和裂纹极其微小，试验过程中无法观察到裂纹的形态及发展过程；98～140s 显示声发射源快速增加，逐渐向试件各个方向扩展，岩体的非均质性导致裂纹先在一个面发生，然后通过中心向另一面发展，声发射能量密度分布逐渐延伸到试件的下部，此阶段试件内部微裂纹演化为宏观裂纹，并由试件上部位置通过中心向试件下部扩展。声发射能量密度的时空演化和宏观裂纹的贯通过程是一致的，这一点通过对试件的目测观察和声发射能量密度分布对比得到了证实。随着载荷达到峰值，声发射源增量最多，声发射能量密度分布也最密集，表明该阶段试件内部宏观裂纹彻底贯通，试件发生较严重的损坏，但并未完全被破坏失稳，还有一定的承载能力；140～168s，该阶段应力由峰值减小到零，试件彻底失稳损坏，伴随有一定量的声发射源增加。由于对试件做的是单轴压缩试验，所以试件发生劈裂破坏后，在卸载过程中，残余试件体还有承载能力，该阶段还有一定的声发射源产生，因此图 2-3 中有明显的声发射能量密度显示（立方体），分布较稀疏。

对比分析三个试件可知三者破坏行为相似，稀疏声发射源（较低水平的声发射能量密度）都位于试件上部，试件 R-3-1 分布于中间及左下方部位，R-3-2 分布于试件右上方及中间部位，R-3-4 分布于右下方及中间部位。在峰值荷载作用之前，损伤的形态已经在试件内部范围内基本确定，累计声发射定位事件快速增加并分布于试件下部。图 2-2 和图 2-3 表明，声发射能量密度的大小与声发射定位事件数的多少有直接关系，且声发射能量密度的空间分布特征与声发射定位事件的分布特征一致，声发射定位事件密集的区域，声发射能量密度分布越密集。结合图 2-3 可以发现，峰值荷载作用之前，试件声发射能量由低能逐渐向高能演化，每个时间段内声发射能量密度都呈递增趋势。峰值荷载后期，声发射能量逐渐减小，单位时间段内声发射能量密度逐渐减少。

通过上述对试验结果的详细分析可以定性分析岩体的损伤演化过程，建立声发射特征参量与力学参数的定量关系，对进一步研究岩体破裂失稳过程具有指导意义。

试验结果表明，在应力加载过程中，前期处于平稳阶段，声发射现象不明显；随着加载超过最大承受应力，开始出现零星声发射信号，并呈逐渐增多趋势；直至试件损坏，声发射信号锐减，并步入下一平静期；当应力达到上一阶段最大值时，声发射信号再次出现。这与德国学者凯瑟发现的凯瑟效应相吻合，即多数材料在应力加载时，达到最大应力后会出现声发射信号。实验室试验进一步验证了岩体破裂释放能量引起矿山微震。

## 2.1.2 矿山微震的主要类型

矿山微震又称矿震，是井巷或工作面周围的煤岩由于弹性变形能的瞬间释放而产生的一种突然、剧烈破坏的动力现象，是矿山压力的一种特殊显现形式（曹安业等，2023）。简单地说，矿山微震就是井下煤岩突然的、爆炸式的破坏。矿山微震发生时经常伴随有巨大的声响和剧烈的震动，因此人们又称它为“煤炮”“煤爆”“岩爆”等（李楠等，2017）。

### 2.1.2.1 回采工作面上的微震活动性

为了研究矿山微震的活动性，以徐州大屯孔庄煤矿为例进行研究。图 2-4 和图 2-5 分别展示了该矿 7433 工作面 2013 年 5 月 3 日～8 日 6 天的微震事件分布情况。图 2-4 为平面展示图，从图中可以看出，随着工作面的推进，微震事件逐渐增多，分布范围不断前移。靠近工作面两侧微震事件尤为密集，上方巷道（上巷）微震事件能量普遍较大。由此可以分析，随着回采工作的进行，工作面两端处于应力高峰区，动静支承压力的叠加致使该区域形成高应力差，形成大量微震事件。

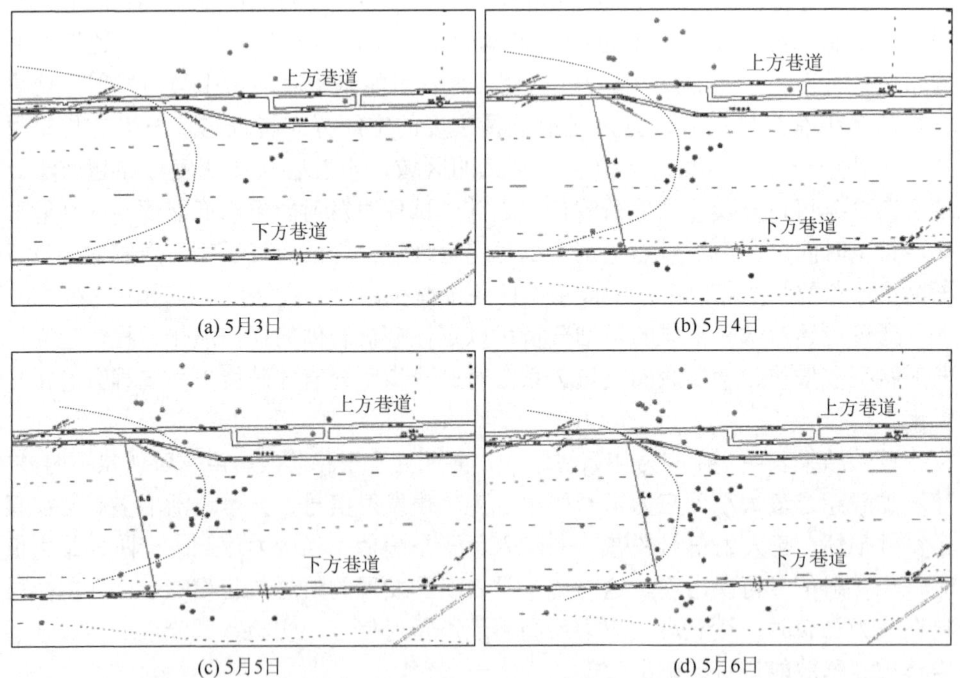

(a) 5月3日 (b) 5月4日

(c) 5月5日 (d) 5月6日

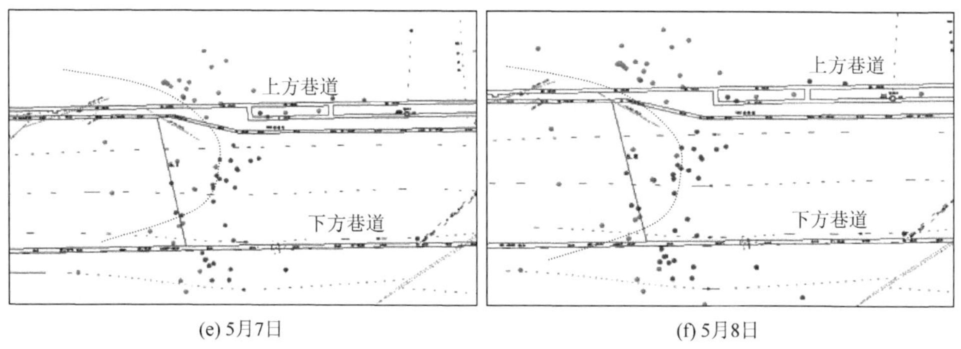


(e) 5月7日　(f) 5月8日

图 2-4　大屯孔庄煤矿 7433 工作面微震监测结果平面展示

图 2-5 对 6 天的微震事件变化情况进行了剖面展示。从图 2-5 中可以看出，紧邻采空区的上方巷道微震事件密集分布于 20m 破裂高度以内，而工作面及下方巷道（下巷）上覆岩层的破裂高度已接近 80m，尤其在下方巷道距工作面侧向距离约 30m 区域。可以判断，上方巷道采空区上覆岩层已趋于稳定，侧向支承压力转移至煤柱深部及 7433 工作面，这也引起了 7433 工作面上方岩层的剧烈运动。同时，随着回采的进行，下方巷道将继续成为微震发震高频区域。

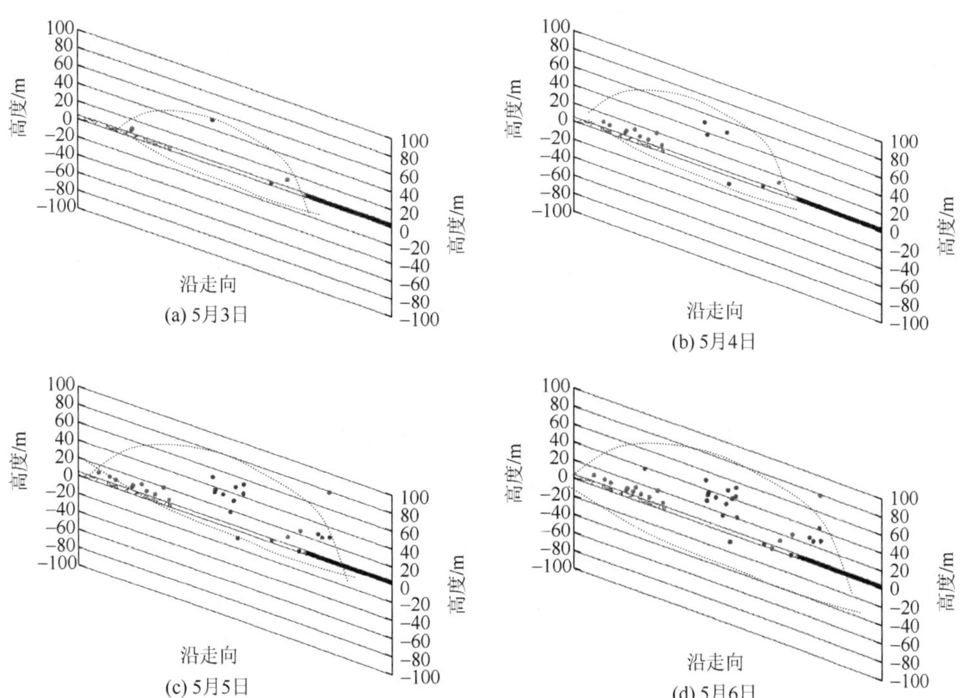

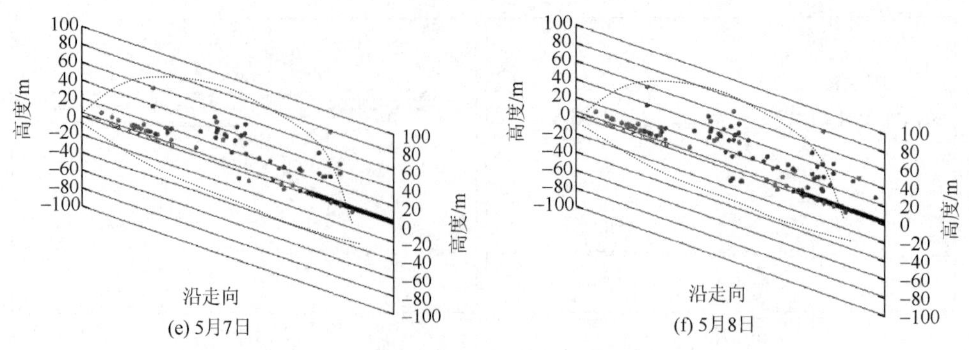


图 2-5　大屯孔庄煤矿 7433 工作面微震监测结果剖面展示

上述分析展示了在工作面回采过程中的微震事件分布情况。通过分析微震事件分布特点，从不同的侧面反映了工作面的采动应力分布、构造应力分布和覆岩空间结构等矿压及岩层运动规律。

### 2.1.2.2　地质构造面与微震活动性

一般地，地应力分为重力应力场和构造应力场。在采矿工程中，地应力是导致围岩变形和破坏的根本作用力，人类活动干扰了初始的地应力场，产生的采动应力场进一步影响了围岩的稳定性。其中，地质构造形成的构造应力与微震的活动性密切相关。通过分析微震的活动性，可以了解采动条件对构造活化的影响程度、距离及方式。地质构造面是造成应力异常区的主要原因之一。这从侧面也表明，地质构造面的存在使应力场分布具有差异性，同时也影响着微震事件的形成和空间分布。通过断层、褶曲和残留煤柱对地质构造引起的微震活动性进行简要分析。

1）断层

随着工作面（掘进头）推进，超前支承压力的影响范围不断向前发展，当到达断层后，断层本身构造应力与工作面超前支承压力叠加，使断层附近的支承压力增加并重新分布（图 2-6）。当断层附近积聚的弹性能超过其承受的极限应力条件后，开始引起构造活化，并诱发煤层或顶、底板型的冲击地压。

断层活化是煤矿诱发灾害性冲击地压的主要因素之一。以山东华丰煤矿 1410 工作面为例，如图 2-7 所示，该工作面共有 4 条大断层（F1、F2、F3 和 F4）。以 F3 断层为例，可以看出，断层附近微震事件密集分布，分区性明显。

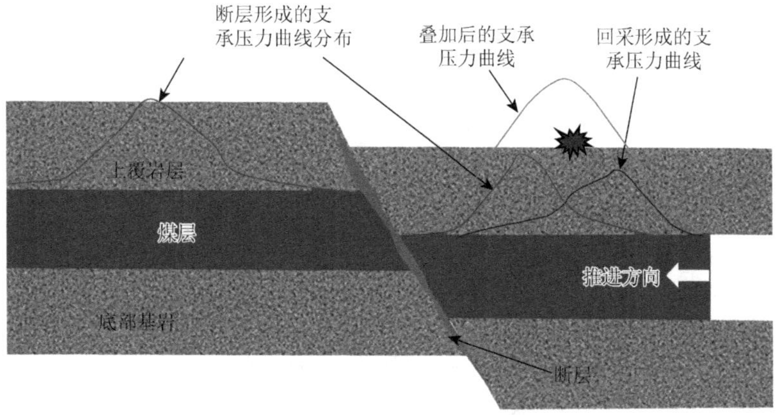


图 2-6 断层引起的超前支承压力与构造应力叠加

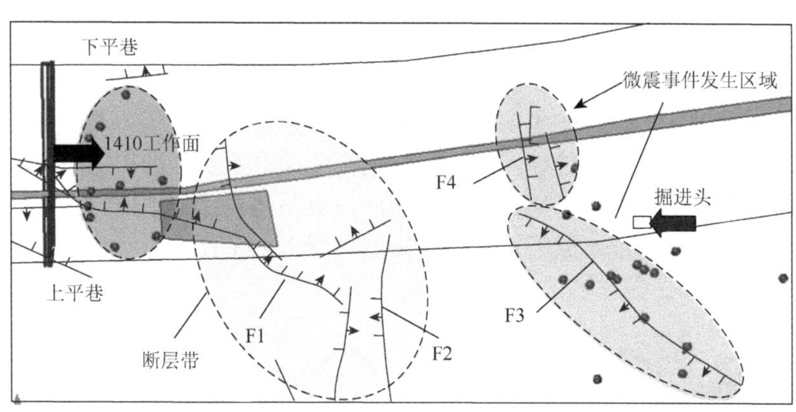


图 2-7 断层活化诱发微震事件

2）褶曲

通过现场实践研究表明，采掘工作面在接近背斜轴部或翼部时，极易发生冲击地压。究其原因，褶曲形成主因是水平载荷的长期挤压，导致岩层变形、弯曲。而褶曲形成后，各部位受力不均，其中褶曲波峰、波谷受水平压应力作用，翼部以压应力集中，外弧的波峰、波谷部位则以拉应力为主。图 2-8 所示为山东某矿典型褶曲地质构造，在褶曲背斜翼部出现大量微震事件。

某矿 2301 工作面在推进过程中，微震事件急剧增多，如图 2-8 中椭圆形标记所示。可以看出，此时工作面已推进至褶曲区域，在背斜翼部分布得尤为明显，表明背斜翼部在工作面推进诱发下，残余的应力和弹性能得以释放，导致岩体破裂，引起微震事件的急剧增加。因此可以判断，褶曲的存在同样是微震异常频发的重要原因。

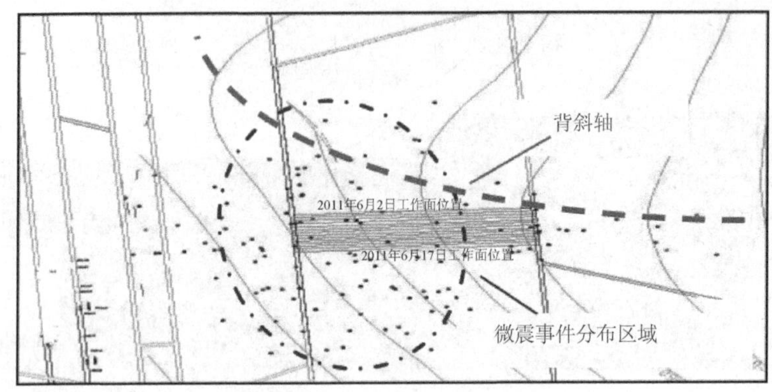


图 2-8　褶曲区域微震事件急剧增加

3）残留煤柱

王存文等（2009）对煤柱诱发冲击地压的微震事件分布特征与力学机制进行了研究。通过建立下保护层中残留煤柱的结构力学模型，分析残留煤柱及被保护层煤体中的应力状态，得到了煤柱诱发冲击地压机制：①高应力差产生的强剪切力使岩层突然断裂释放弹性能，远离煤柱的高危险区易发生冲击危险；②强剪切力使煤柱失稳破坏，在紧邻煤柱的高危险区内容易诱发冲击地压。强剪切区的存在是诱发冲击地压的根本原因。其应力模型如图 2-9 所示。

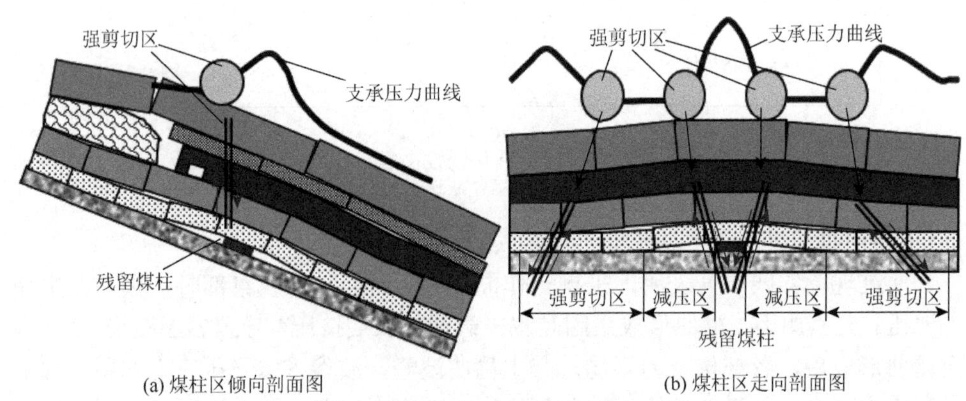


图 2-9　煤柱区应力模型

黑色为煤层，浅灰色为岩层，点状填充层为采空区，最下层为底板岩层

## 2.1.3　矿山微震监测分类

矿山微震活动的实质是岩体断裂释放出大量能量，这些能量以岩体作为介质，

以弹性波的形式向四周传播。微震监测系统正是利用这一特性，在岩体灾变风险区安装相应的拾震检波器，采集这些弹性波信号。然后，利用已有技术手段解译出信号中的相应信息，从而反演出震源特性。矿山微震活动大体上可分为两类，即回采工作面上的微震活动和地质构造面引起的微震活动，但二者归根结底仍属于采动引起范畴（Dong et al.，2023）。

振动在介质中的传播过程就是波。波动是一种不断变化、不断推移的运动过程，它不是固定的、僵化的东西。将传播的介质想象成无数的质点，波传播过程的实质就是传播路径上的这些质点的上下起伏振动。这些质点只在平衡位置附近进行振动。近处的质点受到牵引首先振动起来，并逐步向远处传递。图 2-10 为振动波传播过程示意图。

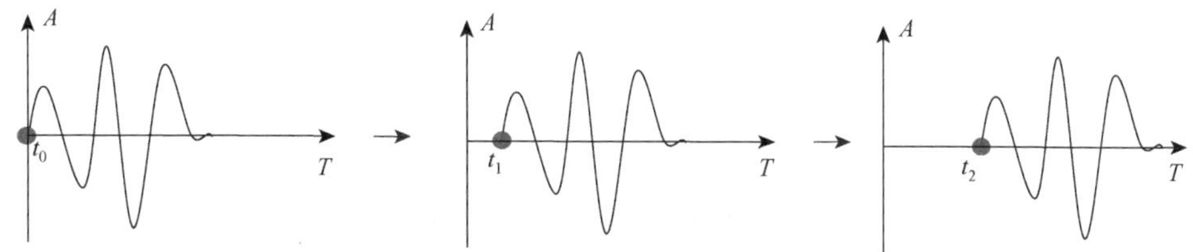


图 2-10　振动波传播过程示意图

*A* 表示振幅，*T* 表示时间；$t_0$～$t_2$ 表示不同的时刻，$t_0$ 为初始时刻，$t_1$、$t_2$ 分别为后续的时刻，表达的意思是随着时间的推移，地震波不断向前方传播（均匀介质且不考虑损耗情况下）

由于振动的波速是有限的，质点的振动先后顺序以离震源点距离远近为准，离震源点越近，越先起跳，远点则后振动。不同质点的起跳时刻不一致，振幅不同，在整体上呈现出“波动”的形态。因此，振动是局部的，波动则是整体的。波动是能量传递的重要方式。振动的传播过程，实际上就是能量的传递过程。

矿山微震监测技术主要包括微震信号采集、数据处理和数据解释三大部分。微震信号的采集是通过井下布置的拾震检波器拾取震动信号，然后经过信号转换为数字信号，并传输至地面；数据处理主要包括波形的预处理、波形分析、到时拾取及定位计算等处理过程；数据解释主要是利用计算求得震源位置、发震时间、能量以及震级等相关参数，并利用相关软件进行三维展示、统计分析和危险性分析，对矿山安全性进行评估和预测。

微震信号的采集过程实际上就是微震监测系统的工作过程，在此对微震监测系统的工作原理进行简要分析。以北京科技大学姜福兴教授团队自主研发的北京科技大学高精度微震监测系统（BMS）为例进行分析。图 2-11 为该系统的结构组成。

目前，国内外微震监测技术一般按监测区域、监测对象的不同进行划分。

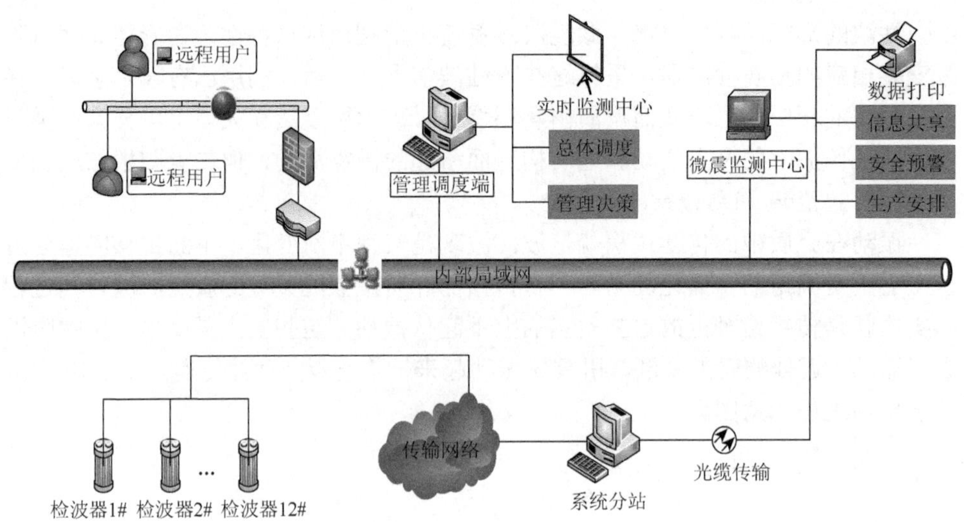


图 2-11　BMS 结构组成

（1）国内外微震监测技术按监测区域大致可分为三大类：第一类以大范围矿区岩层震动监测为主，这类震动一般会触发该地区的地震台网（能量大、频率低），其监测频率一般在 100Hz 以内；第二类以监测工作面周围的岩层震动为主，监测频率一般为 100～300Hz，主要针对采动过程中岩层运动诱发的局部岩体破裂，对定位精度要求较高（50m 误差以内）；第三类主要针对局部小范围的煤岩破裂，如掘进工作面、区域煤柱区等的针对性监测，这类监测信号的频率一般在 300Hz 以上，定位误差要求较高，因此，微震监测系统和声发射系统均可应用。

根据 Cai 和 Kaiser（2006）等的研究成果，震动波的频率及应用范围可划分为如图 2-12 所示分类。

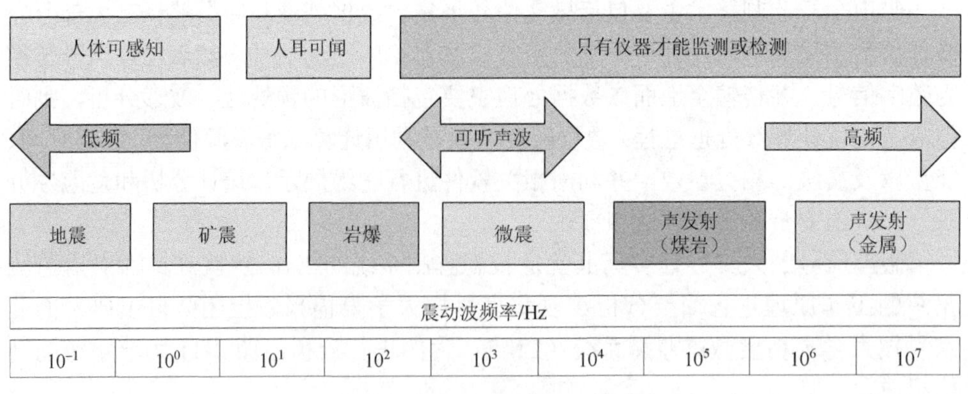


图 2-12　震动波频率及应用范围

（2）国内外微震监测技术按监测对象大致可分为分布式、集中式及分布与集中混合式三大类：①分布式微震监测系统适用于监测小型矿震。采用分布式结构监测小震级破裂事件，定位精度一般为50～100m。②集中式微震监测系统监测精度高，可用于监测矿震、岩层破裂等。其防爆主机安装于煤矿井下，监测中心设置于地面，检波器（传感器）集中布置，支持深孔检波器的布置、安装。利用集中式微震监测系统监测矿山微震、岩体破裂事件的定位精度小于10m，被广泛应用于采掘工作面、运输平巷、回风平巷周围的冲击地压、三维破裂场及高应力等的监测。③分布与集中混合式微震监测系统集中了分布式与集中式微震监测系统的优点，可服务于矿山井下多个监测区域的微震事件监测。在每个监测区域内布设1～2台多通道微震监测分站，安装多个检波器，可在监测区内实现集中式高精度微震监测，监测区之间利用时间同步技术实现大范围的监测和定位。

## 2.2　岩体破裂诱发微震震源力学机制

矿井开采实践表明，矿山深部工程灾害的发生与采动围岩结构稳定性、应力环境及岩体在高应力下的力学行为有关。当形成高应力场或产生高应力差时，便可能诱发冲击地压。这也是微震监测技术监测、预警矿山灾害的前提——通过追踪定位岩体内的破裂事件，划定破裂圈，从而确定高应力差区域与高应力场区域（吴坤波等，2023）。而事实上，高应力场的形成与高应力差的产生正是由开采活动导致的应力场重新分布引起的（Li and Chang，2021）。因此，开采活动引起围岩移动，围岩应力的转移与重新分布、动态支承压力作用于围岩，是诱发围岩结构失稳灾变的根本原因。

岩体破坏类型分为采矿活动引起和地质构造引起两大类。这种分类方法较为粗略，Horner和Hasegawa（1978）根据震动位置、震源类型，对矿山震动的类型进行细分，将岩体破坏的表现形式分为以下几类，如图2-13所示。

逄焕东等（2004）归纳了采矿活动导致的岩体破裂产生微震的力学机制，提出了4种剪切类型：高垂直应力、低侧压的压剪破坏为A类，高水平应力、低垂直应力条件下的压剪破坏为B类，单层或组合岩层下沉过程中由弯矩产生的层内和层间剪切破坏为C类，拉张与剪切耦合作用产生的拉张和剪切破坏为D类。

基于上述研究，下面从力学机制（集中力作用、单力偶作用、双力偶作用）角度对常见的岩体破裂诱发微震现象进行分析。

### 2.2.1　集中力作用机制

巷道或采场顶板冒落往往是由于顶板岩层中存在原生节理裂隙，或受高应力集中区影响产生新裂隙，导致自由面岩体整体或局部脱落。在岩体脱落的过程中，

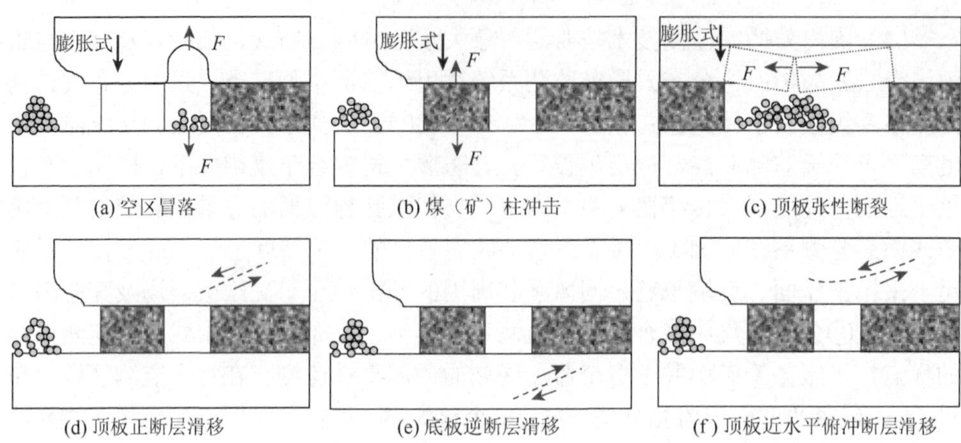

(a) 空区冒落　(b) 煤（矿）柱冲击　(c) 顶板张性断裂

(d) 顶板正断层滑移　(e) 底板逆断层滑移　(f) 顶板近水平俯冲断层滑移

图 2-13　诱发矿震的六种典型模型

$F$ 表示该处作用力，加粗箭头表示垂直应力方向；虚线表示断层，虚线两侧的箭头表示断层滑移方向

脱落岩体会对顶板的上部产生一个后坐力，对底板产生一个冲撞力。从力学的角度看，脱落岩体会受到后坐力和冲撞力的反作用，这对反作用力，在垂直方向上沿同一条直线且方向相反，因此可以看作是集中力的作用效果。

煤柱受压内爆式破裂是煤柱受压破坏的一种形式，实质上就是煤柱在顶底板的压力夹持下，煤岩逐渐丧失抵抗外力的能力，最终发生破裂。其受力类型等效于在垂直方向上的一对压缩力作用，这种压缩力是集中力的作用效果。

顶板水平拉张断裂是随着工作面的回采，顶板岩层在采空区后方处于悬露状态，这种悬露状态使得岩梁产生弯曲张裂。另外，在采场老顶初次来压（或周期来压）期间，也会引发顶板的拉张断裂，通过分析可知，这种岩体破裂或失稳也是集中力的作用效果。

### 2.2.2　单力偶作用机制

在采矿过程中，原岩中的应力场会发生变化，导致巷道或工作面附近的应力集中，高压应力区往往处于工作面前方。在高压应力区的上、下方各有一个高剪应力区（万永革，2004）。随着采掘面不断向前推进，高剪应力区也随之向前移动，当应力达到剪切破坏条件时，就会导致岩体沿最大优势剪切破坏方向发生破裂。这种剪切作用造成的岩体破裂或滑移，可以分成下列不同的类型：①在顶板中，可以形成正断层滑移；②在底板上往往发生逆断层滑移；③在顶板中，形成水平形态的俯冲断层滑移。

从力学的角度看，这些断层滑移的力学作用是一对剪切力的作用。由于这对剪切力作用在不同的断层面上，并且两个力的作用方向相反，是单力偶的作用效果。

### 2.2.3 双力偶作用机制

岩块滑移失稳：根据砌体梁理论，当顶板岩梁在破断之后，岩块间的水平力满足一定条件时，可形成外形如梁的砌体梁平衡结构。砌体梁是由多个破裂的岩块相互“铰链”着的，当这些破裂的岩块受到扰动时，砌体梁平衡结构就可能被打破，造成岩块的动态滑移失稳。还有一种情况，当砌体梁结构形成后，随着工作面的进一步回采，有时会使岩块回转，产生回转变形失稳。无论是岩块动态滑移失稳还是岩块回转变形失稳，分析岩块的受力类型可以发现，一般存在着双力偶的作用（陈光辉等，2017）。

煤柱冲击失稳破坏：煤柱不仅有受压内爆式破坏，还会受到动态冲击而破坏，煤柱的这种动态冲击破坏往往发生在具有强烈冲击倾向的煤层中，并容易发生连锁式反应，甚至造成采场大范围顶板瞬间垮落。由于煤柱的破裂牵动着顶底板的活动，除受顶底板的压力作用之外，煤柱还具有向侧向扩展的倾向，故在煤柱端部与顶底板接触处会产生阻碍水平变形的摩擦力，从而形成水平方向的拉应力。煤柱顶底板的压力和水平方向的张力构成了一个双力偶。

综上所述，岩体破裂或岩体失稳，在其破裂或失稳处所受的作用力，可以简化为集中力、单力偶或双力偶三种作用力之一。

## 2.3 岩体破裂失稳与微震震源之间的关系

从图 2-14 可以看出微震事件产生的原因及与相关联的岩体破裂、支承压力变化之间的逻辑关系。内循环可以看出，岩层运动引起了支承压力的重新分布，局部区域出现高应力差，应力集中导致岩体破裂，岩体破裂释放出的能量以弹性波的形式释放，从而产生微震事件。外循环可以看出，微震事件的发生表征着岩体发生破裂，并提供了空间坐标、能量、震级等震源信息；利用微震定位结果可以反演岩体破裂场，从而揭示支承压力的演化过程；而支承压力的分布情况，同样反映出岩体破裂过程和岩层的运动规律。

### 2.3.1 微震震源的相对性

在点震源的假设下，集中力、单力偶和双力偶作用下产生矿山岩体破裂失稳类型、微震震源的静态位移和震源函数之间的对应关系，利用这些对应关系可以得出如下结论：

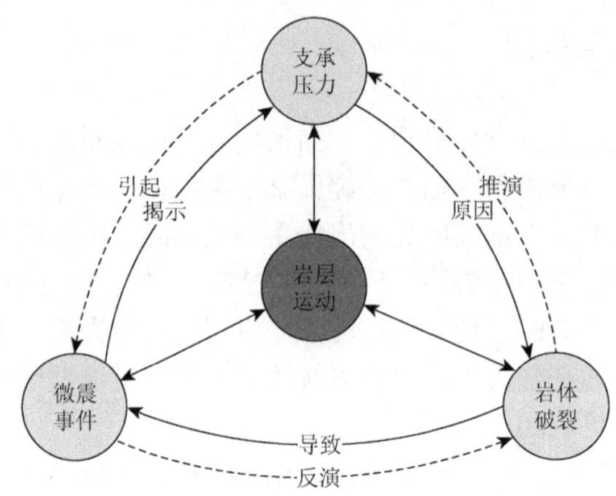


图 2-14　岩体破裂、支承压力以及微震事件之间的关系

（1）微震事件的纵波震源函数与顶板正断层滑移、底板逆断层滑移和顶板水平俯冲断层滑移等集中力作用下产生的岩体破裂失稳类型有关；

（2）微震事件的横波震源函数与巷道或采场顶板冒落、离层现象、煤柱受压内爆式破裂、顶板水平拉张断裂和爆破岩体破裂等单力偶作用下产生的岩体破裂失稳类型有关；

（3）微震事件中包含纵波和横波的情况，震源函数与涨缩旋转应变有关，矿山岩体往往受到双力偶或多力偶的作用，典型的岩体破裂失稳类型，如岩块滑落失稳和煤柱冲击失稳破坏。

以上这些结论提供了利用震源函数描述岩体破裂失稳的理论依据。在实际地震监测过程中，由于监测点与震源位置往往具有相对较大的距离，因而可以把震源看作是一个点震源模型来处理。震源函数可以看作是点震源的运动过程，每个台站上监测到的地震波信号，是震源函数在介质中传递后的结果，反映了震源函数的相对变化。因此，利用台站上监测到的地震波信号，反演震源函数，可以定量分析震源应变过程，最终解释矿山岩体破裂或失稳的问题。

从数字地震学的角度分析，震源函数与震源类型有关。目前地震震源存在多种假设的模型，点震源模型和断层模型是最为常用的两种震源模型。

所谓点震源是指观测点到震源中心之间的距离比震源的线性尺度大得多的震源。另外，点震源还可以表述为该震源发出的地震波的波长远大于震源的线性尺度的震源。事实上，在地震学中，点震源的概念可以作如下进一步的理解：当所考虑的地震波波长与震源线性尺度具有相同的数量级时，点震源的“点”指的是与质心概念类似的地震矩释放的矩心，具有明确物理意义的矩心位置便是点震源的点位置。

当所考虑的地震波是初至波时，尽管所考虑的特征波长甚至比震源尺度小，但点震源的概念仍可以使用，因为这时的点震源的“点”指的是岩体受力的起始（initiation）点，或者称为岩体受力的成核（nucleation）处。从测量的角度来看，此时所考虑的特征波长小于震源的总尺度，但仍远大于岩体受力起始点或成核处的尺度。

一次大地震事件可以看成是由不同的子事件组成的，每个子事件的震源尺度都远小于所考虑的特征波长。这些子事件所形成的点震源，标志着不均匀的地震矩释放的矩心。由一系列子事件的点震源所构成的大地震事件的震源模型，相当于真实震源成长过程的一个低分辨率的动态图像轨迹。

由上述讨论可知：震源的概念具有相对性，如图 2-15 所示。

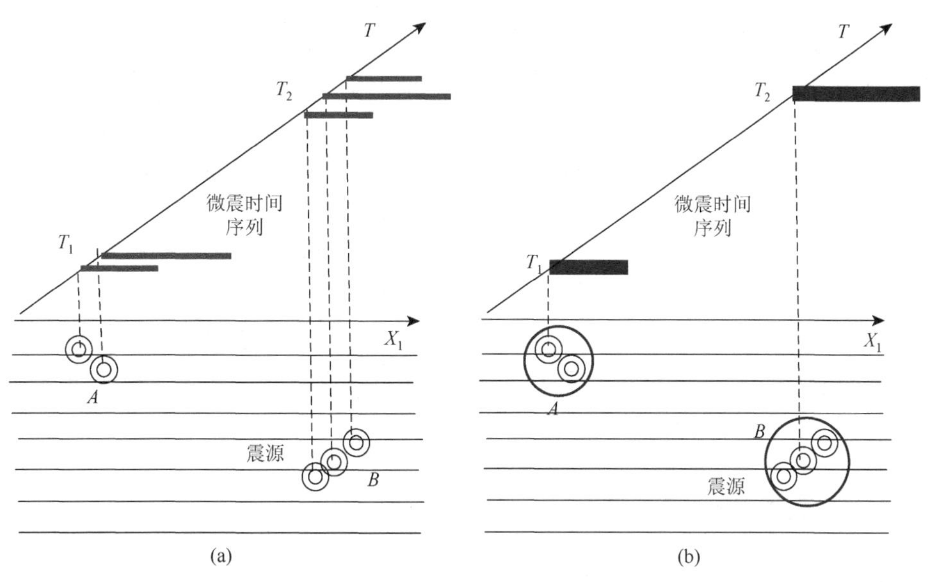


图 2-15 不同时空域中震源的相对性示意图

双圈代表微震事件个体（子事件，点震源）；大圈表示大地震事件（多个子事件的集合）

图 2-15 是一个震源相对性的示意图，从图 2-15（a）中可以看出：在 $T_1$ 左右时刻有两个微震事件发生，其震源位置位于 $A$ 处附近；在 $T_2$ 左右时刻有三个微震事件发生，其震源位置位于 $B$ 处附近。但从图 2-15（b）中可以看出：在 $T_1$ 左右时刻只有一个微震事件发生，其震源位置位于 $A$ 处附近；在 $T_2$ 左右时刻也只有一

个微震事件发生，其震源位置位于 $B$ 处附近。这是由图 2-15（a）和（b）两个时空域不一样的细分程度所致。由此可见，震源的大小不仅仅是一个空间上的几何概念，还是一个弹性和非弹性应变（破裂）的变化过程，具有一定的时间概念。不同类型的地震具有不同的时间尺度，一般说来，板块运动造成的地震，其时间尺度为几十年；地震丛集的时间尺度为年；一个大地震事件的前震和余震，其时间尺度为若干天；小微震和弹性波的释放时间为秒。

所谓平面断层震源是指在地震发生时，所有的非弹性应变变化只局限于非常狭窄的、几乎是扁平的体积内，基于这个假定，可以用断层表面的位移间断——位错来表示震源。平面断层震源模型与点震源模型不同的是：作为一个点震源，不考虑地震震源的几何形状和大小；而平面断层震源模型，需要考虑震源的几何形状和大小尺寸。那么如何考虑地震震源的几何形状和大小呢？平面断层震源模型把非弹性应变造成的破裂面或断层面的形状看作震源的形状，破裂面或断层面的面积看作震源的大小。

在地震学的研究中，震源模型的时间特性被称为地震震源应变起始问题。震源时间函数（简称：震源函数）是描述地震震源应变过程的一个重要的物理量。若把地震视为地下岩石的快速应变，则应变面上某一点的震源时间函数，便是该点的位错随时间变化的函数。许多研究工作表明：震源时间函数与震源应变的动力学过程有着密切的联系。所以确定震源时间函数有助于了解震源处的力学过程，通过震源时间-空间函数可以了解震源应变过程。

总而言之，用微震事件的震源函数来研究岩体破裂与失稳之间存在的密切关系，既要考虑震源函数及其描述震源函数的震源参数，还应当考虑影响震源函数的时空域细分程度。鉴于此，本书重点研究了矿山微震震源函数和震源参数的反演方法，在此基础上，研究了利用与时空域细分程度有关的地震冲量描述微震活动特征量。

## 2.3.2 微震事件的分区性

### 2.3.2.1 微震事件的分区性原理

岩层破裂发生在应力差大的区域，因此，岩层破裂区域总是与高应力差区域相重合，并与高应力场区域相接近。由此可见，只要监测到了岩层破裂区域，即可找到高应力场区域和高应力差区域，冲击地压的发生与这两个区域密切相关。根据前人研究成果，在岩石单轴压缩试验中，全应力-应变曲线的峰值和峰后一段区间内，声发射能量计数率有最大值。此阶段的声发射活动主要受试验机刚度的控制，刚度越小，在应力降处产生的声发射率峰值越高。由于在岩体的塑性变形破坏阶段，裂纹相互贯通，单位时间内产生裂纹的数量最多，因而此阶段产生的声发射信号强度最大，即在此阶段声发射能量计数率达到峰值。

受采动影响的采场岩体破裂过程与岩石单轴压缩试验中破裂失稳过程相似，岩体破裂产生的微震信号与岩体破裂的声发射信号也有基本的对应关系。在工作面推进过程中，其走向支承压力曲线的高峰位置总是位于煤岩塑性区前方，即煤岩的破裂区滞后于支承压力高峰位置。此外，微震事件是岩体破裂的直接表现形式，二者之间有着对应关系，即微震事件的集中分布区域与岩体破裂场重合。

根据应力场、岩体破裂场和微震事件分布场之间的关系，微震事件分区性原理表述如下：在采矿过程中，微震事件与采场围岩的破裂一一对应，一般而言，随着工作面的推进，采场围岩的破裂规律性地向前发展，微震事件的分布也随之规律性地向前推进。当微震事件在采场范围内的某一区域积聚，而这一区域以外没有或很少出现，这种微震事件分布的不均衡性，称为微震事件的分区性。

导致微震事件分区性的原因很多：①在断层附近，断层的存在切断了沿走向分布的超前支承压力的连续性，导致其附近应力异常增大，岩体破裂集中；②当下解放层中存在残留煤柱或残留区段煤柱时，残留煤柱的支撑作用使其周围形成强剪切区，从而使这一区域内的微震事件呈现分区性；③一侧采空工作面采空区侧巷道及煤岩受侧向支承压力的影响，其支承压力分布明显大于实体煤侧，从而导致了微震事件在采空区侧积聚；④工作面内存在特殊地质构造（如陷落柱、褶曲构造）时，构造附近存在的高应力导致岩体破裂增多，微震事件积聚。

微震事件的分区性是多种因素的综合表现，是采场应力场分布不均衡的反映，岩体应力场与微震分布场存在对应关系，因此可以应用微震事件的分区性原理找到采场围岩应力场的异常区域，据此划分冲击地压危险区、评价采场范围内各地点的冲击危险程度，实现冲击地压的预测、预报。此外，由于微震监测手段具有实时性的特点，使实现冲击地压预测、预警成为可能。

下面通过山东华丰煤矿 1410、3407 工作面开采实践，分别从断层、残留煤柱两个方面，阐述微震事件分区性原理的具体表现形式以及如何应用此原理预测冲击地压危险区的方法。

#### 2.3.2.2 微震事件分区性案例 1——断层

山东华丰煤矿 1410 工作面的埋深超过 1100m，是典型的“三硬”（顶板、底板煤层坚硬且具有强烈冲击倾向性）型冲击地压工作面。1410 工作面布置过程中，为了尽早形成生产系统，采用分段掘进的方法安排采掘关系，先掘进了石门 1 以西部分上平巷及下平巷，2006 年 5 月 1 日，1410 工作面正式回采。2006 年 7 月 1 日，开始在石门 2 分别向西和东两个方向掘进上平巷，如图 2-16 所示。

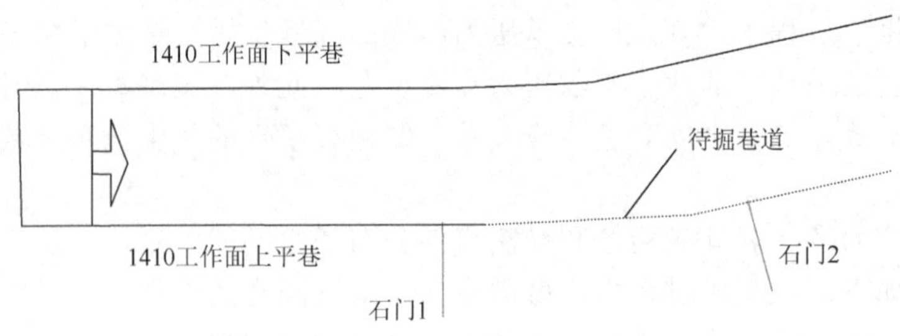


图 2-16　1410 工作面掘进关系图

工作面内存在多条落差不同的断层（图 2-17），在开采和掘进的过程中，断层附近出现了明显的微震事件分区性，作者所在的课题组根据微震监测结果进行了冲击地压危险性的分析和预测，取得了很好的成果。

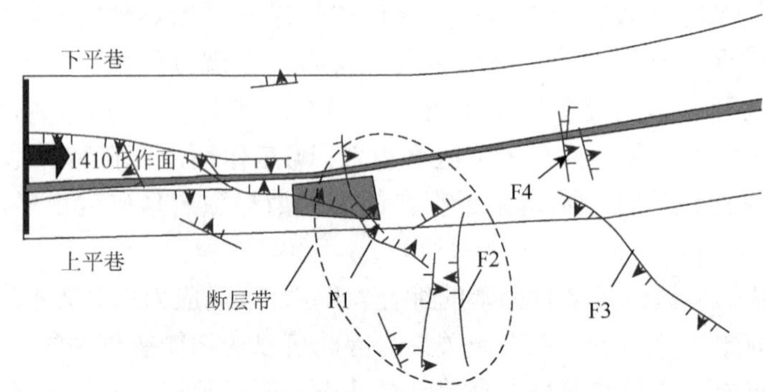


图 2-17　1410 工作面存在的主要断层分布

1）断层附近微震活动概况

自石门 2 向西的掘进头前方有一条斜交断层，图 2-18 是 2006 年 8 月 12 日掘进头与断层、微震事件分布的关系图。此时，在图示的掘进头位置，断层附近还未出现微震事件；8 月 13 日，F3、F4 断层两侧出现少量的微震事件（图 2-19）；到了 8 月 14 日、15 日，沿 F3、F4 断层的微震事件急剧增加（图 2-20 和图 2-21），表明断层活化程度增加，应力重新分布和积聚；到了 8 月 16 日 11 点 9 分 26 秒，掘进头发生震级 2.0 级的冲击地压（图 2-22），巷道变形严重，但没有造成人员伤亡。

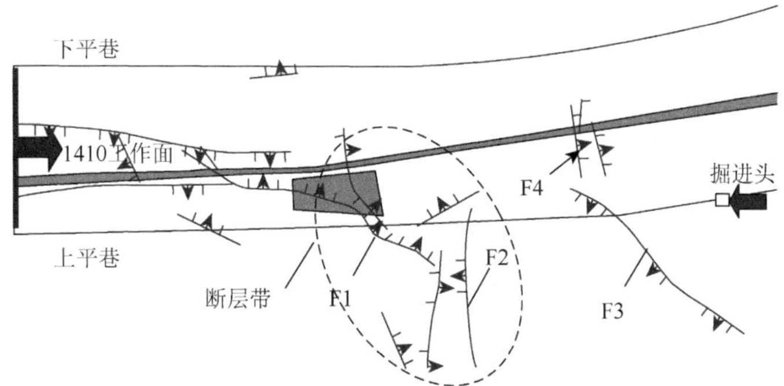


图 2-18　2006 年 8 月 12 日掘进头与断层、微震事件分布的关系

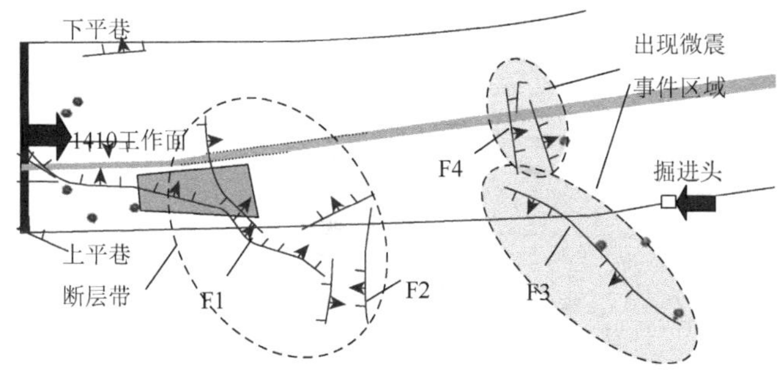


图 2-19　2006 年 8 月 13 日断层两侧出现沿断层的微震事件分布

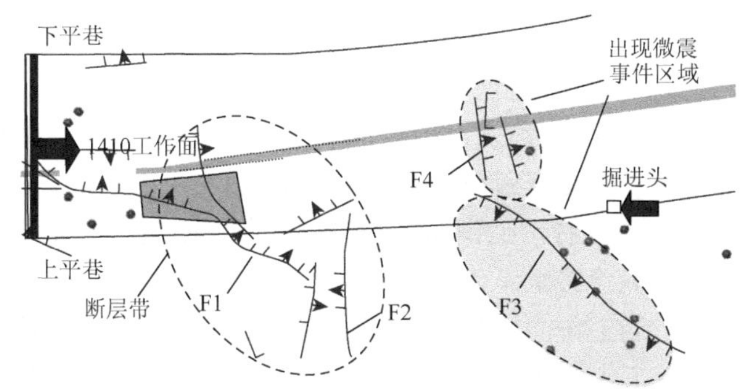


图 2-20　2006 年 8 月 14 日断层两侧出现沿断层的微震事件分布

从断层附近的微震事件出现位置和过程分析，断层的活化超前掘进头距离为 56m，分布形态为沿断层线呈条带状分布。

微震事件在 F3、F4 断层附近积聚的特征是典型的微震事件的分区性，根据应力与微震之间的关系，可以判断出现微震事件积聚的位置存在局部高应力。断层在高应力的作用下极易活化释放应力，形成较强的岩体震动，在具有强烈冲击倾向的 1410 工作面诱发冲击地压。

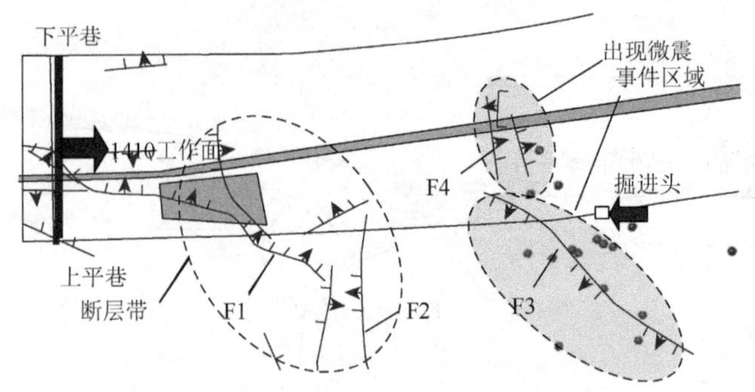


图 2-21　2006 年 8 月 15 日断层两侧出现沿断层的微震事件分布

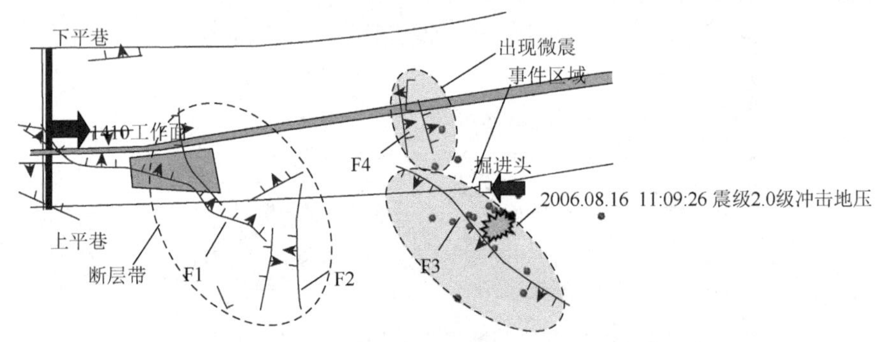


图 2-22　2006 年 8 月 16 日断层两侧出现沿断层的微震事件分布

2）断层附近微震事件分区性特征

综上所述，由于断层的存在，岩层在断层两侧失去连续性，工作面的超前支承压力在断层处也同样失去连续性，导致断层附近的应力积聚，进而诱发的微震事件相继增多。从平面上看，工作面推进过程中断层附近的微震事件具有分区性的特征，表现在以下几个方面：

（1）超前显现。当工作面或掘进头前方 30m 之远存在断层，断层附近首先出现微震事件，且随着工作面或掘进头的继续推进，断层附近的微震事件逐渐增多。根据微震和应力的关系，这是由断层附近的应力集中导致其活化，诱发微震事件。

（2）范围集中。微震事件在断层处积聚，呈现明显的分区性，但微震事件大都集中在断层附近 20m 范围内，分布比较集中。

当某一位置存在多条倾向、倾角不同的断层组成断层组时，微震事件的分布则多数分布于断层组围成的区域内。

（3）能量较大。断层附近出现大能量微震事件，其产生的微震事件震级最大能够达到 2.0 级，工作面或掘进头推进断层附近时，若不采取有力的卸压措施，这种大能量微震事件能够对工作面和掘进头形成较大危害。

### 2.3.2.3　微震事件分区性案例2——残留煤柱

开采六煤时，由于断层的原因，在距1410工作面开切眼328m的下方六煤中，留设了面积约1000m$^2$的煤柱［图2-23（a）］。煤柱边缘至四煤上顺槽的水平距离5～15m，煤柱走向长度约50m，倾向长度平均20m。

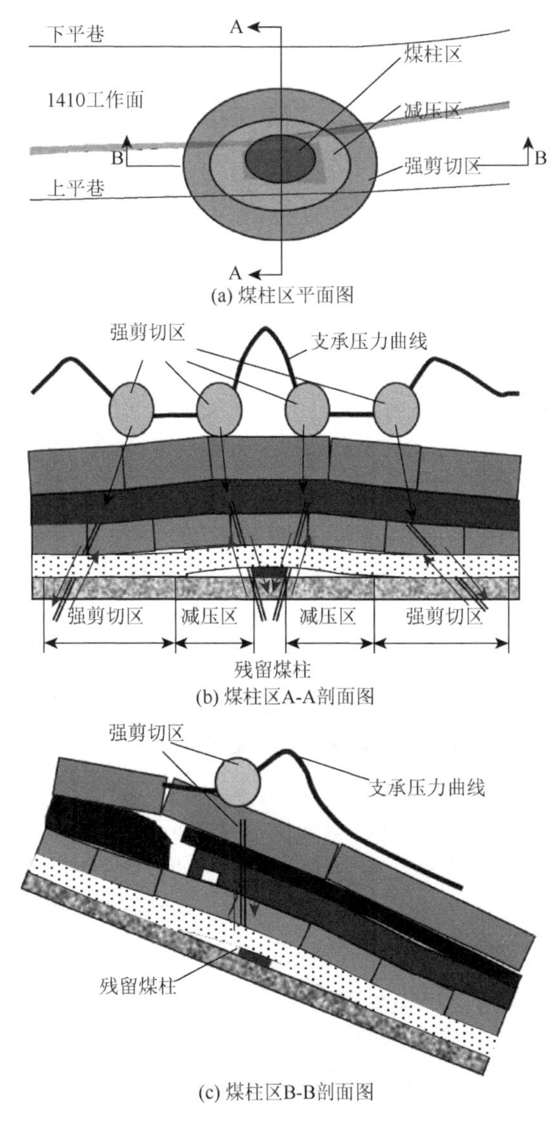

(a) 煤柱区平面图

(b) 煤柱区A-A剖面图

(c) 煤柱区B-B剖面图

图2-23　煤柱区应力模型

1）残留煤柱区的受力分析

残留煤柱的存在，使该位置处的应力场不同于其他区域。在残留煤柱的支撑作用下，其上方的岩体没有断裂沉降，而四周六煤采空区上方的岩体已经破碎沉降，残留煤柱区成为四周采空的孤岛，在煤柱上必然存在高应力。

（1）残留煤柱本身的应力计算。

残留煤柱区位置处的埋深（$H$）达到 1030m，按岩体平均容重 $\gamma = 2.5\times10^4\text{N/m}^3$，则岩体自重应力 $\sigma' = H\times\gamma = 25.75\times10^6\text{N/m}^2$，根据数值模拟得到的结论，残留煤柱的垂直应力集中系数 $\alpha = 1.93\sim4.56$，取 $\alpha = 3$，则此处煤岩应力 $\sigma = \alpha\sigma' = 77.25\text{MPa}$，已经大于煤岩单向抗压强度 20MPa。残留煤柱受力形变过程可以分为两个阶段，第一阶段为弹性转塑性阶段，即周围煤岩开采导致残留煤柱上的支承压力增大，直至发生塑性破坏；第二阶段为应力恢复阶段，即煤岩发生塑性变形后呈三向应力状态，在高支承压力作用下逐渐密实，应力恢复至开采前的静水压力，因此可以判断此处煤岩应力达到 77.25MPa。

（2）残留煤柱区上方四煤应力分析。

六煤残留煤柱的存在使该局部区域的四煤应力增高，在煤柱区与周围煤岩之间形成应力差［图 2-23（b）］。从六煤顶板形成的结构来看，残留煤柱四周的顶板岩体形成一端在煤柱、一端在采空区的梁式结构，此梁式结构的两个支承端的压力较大、中部较小，而距离残留煤柱较远处的采空区内的顶板岩梁沉降压实［图 2-23（c）］。

残留煤柱区正上方的四煤煤岩应力没有释放，受残留煤柱形成的孤岛效应影响在该区域产生应力集中，孤岛条件下的应力集中系数 $\alpha' = 3$，静水压力 $\sigma' = H\times\gamma = 24.68\times10^6\text{N/m}^2 = 24.68\text{MPa}$，该处集中应力达到 $\sigma = \alpha\sigma' = 3\times24.68 = 74.04\text{MPa}$。残留煤柱上方四煤煤岩其他位置已经因保护层的开采而发生应力释放，根据相关研究取应力松弛系数 $\beta = 0.8$，由于靠近上顺槽，考虑受侧向支承压力影响应力集中系数 $\alpha' = 1.5$，则残留煤柱周边煤岩应力 $\sigma = \beta\alpha'\sigma' = 0.8\times1.5\times24.68 = 29.616\text{MPa}$。

在四煤煤岩中由于残留煤柱区与周围区域的应力差达到 $\Delta\sigma = 74.04-29.616 = 44.424\text{MPa}$，强大的应力差导致残留煤柱区边缘的煤岩具有很大的不稳定性。

由于采场应力场的复杂性，以上力学计算中的数值只能作为残留煤柱区应力状态的定性分析，不能看作应力场的定量描述。

2）残留煤柱诱发冲击地压过程的微震事件分布特征

（1）强剪切应力带的微震事件分区性特征。

微震监测结果揭示了工作面推进过程中残留煤柱区高应力的特征。图 2-24 为 2006 年 7 月 16 日～8 月 6 日微震平面分布结果。超前工作面的微震事件主要集中在残留煤柱与工作面之间的范围内。随工作面推进，破裂点整体位置并没有按照一般规律随之向前发展，而是在工作面前方停滞不前，超前破裂区逐渐缩小，形成了明显的微震事件的分区现象。煤柱西面 30～50m 之远，是破裂点集中的区域，说明残留煤柱的影响范围在 30～50m。根据岩体破裂过程中应力与微震事件的关系，即微震事件产生于岩石全应力-应变曲线峰后区微震事件停止线附近，即残留煤柱两侧 50m 范围是支承压力高峰位置，证实了图 2-23（b）中此位置存在强剪切区的判断。

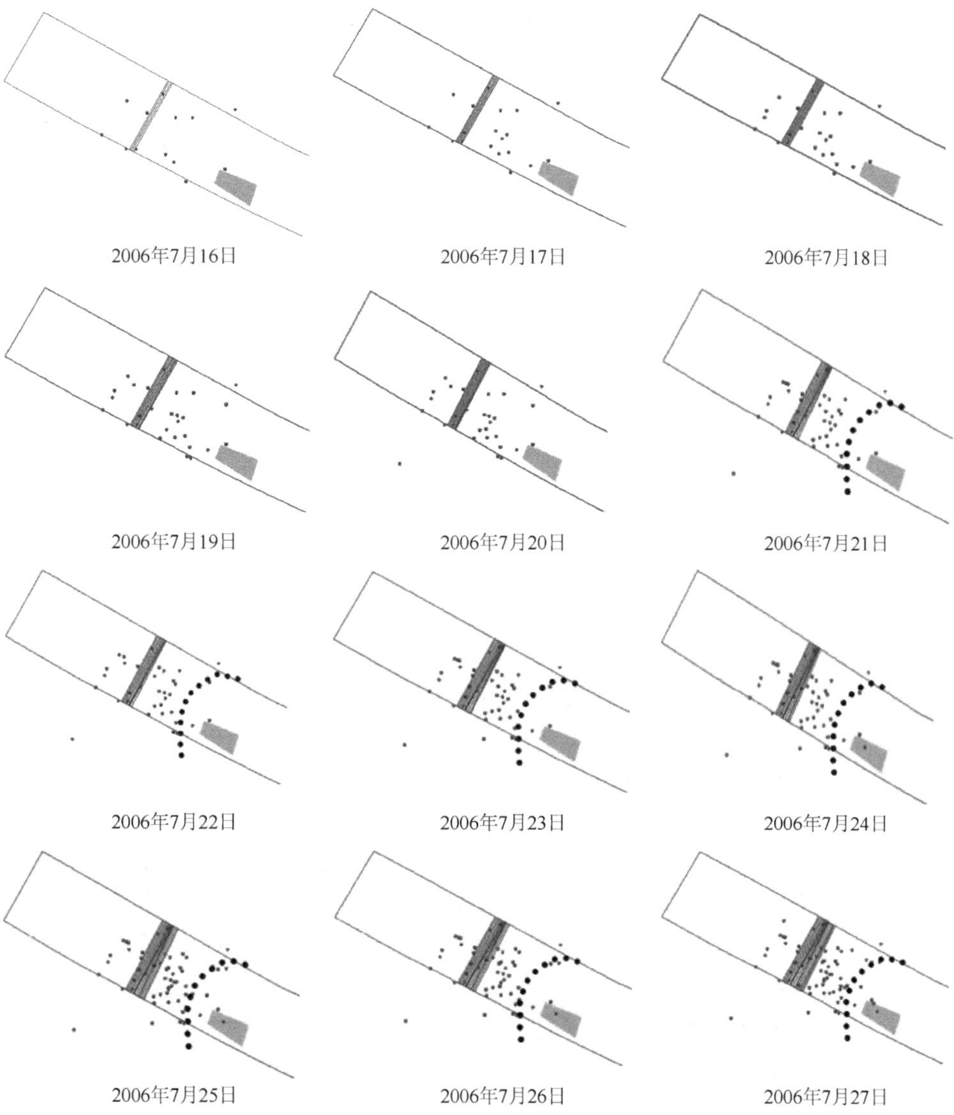

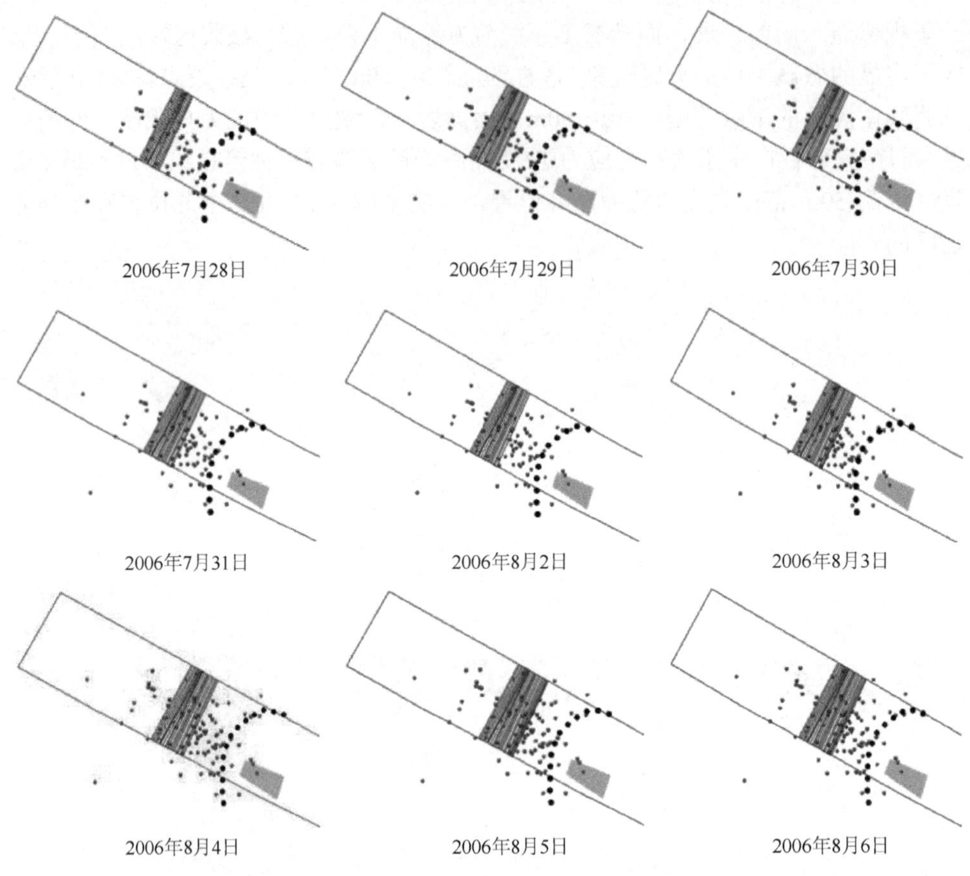


图 2-24　微震事件水平投影（2006 年 7 月 16 日～8 月 6 日）

（2）残留煤柱失稳的微震监测与解释。

残留煤柱的失稳破坏过程如下：①随着工作面的推进，残留煤柱区支承压力不断升高，存在于残留煤柱区中的薄弱点（断层带、裂隙区）首先产生微破裂，这些微破裂降低了残留煤柱的整体性，即降低了残留煤柱的支撑能力，残留煤柱上的应力重新分布，应力值小于破裂前；②工作面继续推进，残留煤柱区的支承压力重新升高，继续产生微破裂，微破裂的产生继续降低了残留煤柱的整体支撑能力；③当残留煤柱中的应力重新达到支撑极限时，突然失稳破坏，产生能量较大的矿山压力显现——冲击地压；④残留煤柱失稳后局部产生塑性变形，虽然其整体已经不具有积聚弹性能的能力，但局部的塑性变形结束后在周围岩体的“束缚下”呈三向应力状态，应力会逐渐恢复，这一过程称为应力恢复阶段。

残留煤柱的失稳过程是由渐变到突变、由微破裂到局部失稳，是循序渐进发展变化的。自 2006 年 8 月 10～26 日，单日最大微震事件能量均小于 $1\times10^5$J，累计释放能量为 $5.17\times10^5$J，残留煤柱破裂释放能量较小，说明其间残留煤柱破裂以微破裂为主；2006 年 8 月 27 日～9 月 3 日，单日最大微震事件能量达到 $1.09\times10^6$J，累计释放能量为 $1.87\times10^6$J，残留煤柱释放大量的能量，可以判断为残留煤柱局部失稳。

残留煤柱局部失稳后是应力恢复阶段，此阶段煤岩的单日释放能量和累计释放能量均较小。在不采取其他卸压措施的条件下，残留煤柱应力能够恢复到局部失稳前的水平，此时残留煤柱仍具有再次失稳的可能。

## 2.4 矿山常见震动波形及其特点

根据现有矿山微震波形特点，将微震系统监测采集到的信号分为以下四类：微震波形、爆破震动波形、机械振动波形以及人为干扰波形，其中爆破震动波形、机械振动波形以及人为干扰波形统称为干扰波形。针对上述分类，结合课题组相关科研项目，开展了基于矿山微震信号分类识别的试验研究，这些试验场地分布于山东、河南、河北以及山西等省份。其中，机械振动包括钻机、割煤机、运输车等引起的振动；爆破震动分为分段爆破、单次爆破两类；岩体破裂微震波形则主要与灾害类别相关，包括岩爆、矿震、瓦斯涌出等。根据后文需要将上述波形分为四类：A 类为背景干扰波形，包括底部噪声、电磁干扰及电脉冲；B 类为人为干扰波形，包括机械振动、人为敲击等；C 类为爆破震动波形；O 类为有效微震波形，即岩体破裂微震波形。

为了采集现场第一手数据，准备好相应的典型波形样本，在矿山现场进行了多次相关试验。下面将对各类波形的特点进行简要介绍。

### 2.4.1 岩体破裂微震信号

对于岩体破裂微震信号而言，由于传播介质的不连续性，在传播过程中，同样遵循惠更斯原理等波动定律，在不连续界面处，会形成折射、反射等情况，这些震源信号的分量，在传播过程中混为一体后，经传感器采集存储，同样会对定位结果产生影响。以体波为例，P 波、S 波由于波速的差异，到达拾震检波器处的时间不同，因此，采集到的完整矿山微震波信号里可能存在 P 波、S 波的内容。距震源越近的检波器，P 波、S 波的时间间隔越短，两类波的震相越难以分离。这为到时的拾取和能量的计算带来了困难。典型岩体破裂微震波形时频分析图如图 2-25 所示，岩体破裂微震波形频率一般分布于 50～200Hz。

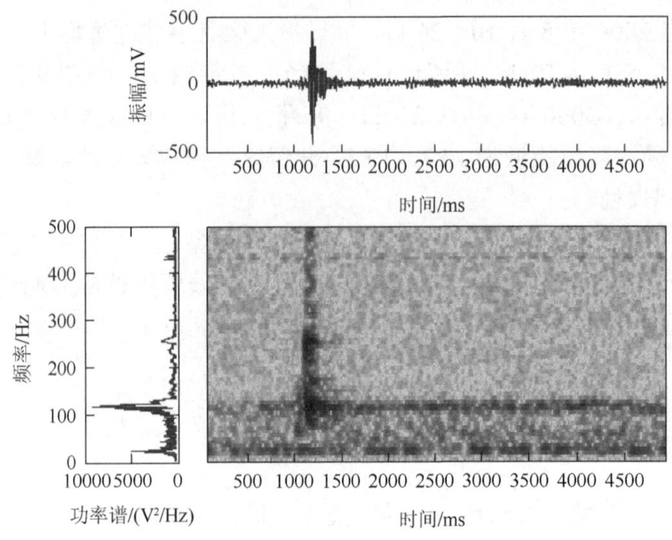


图 2-25　岩体破裂微震波形时频分析图

### 2.4.2　人为干扰信号

机械振动是较常见的人为干扰信号之一。为对机械振动波形进行研究，从实验室测试、地表机械振动以及矿山机械振动三方面进行了资料收集。

图 2-26 为实验室振动台试验，分别选用了 4.5Hz 和 60Hz 两种频率范围的检波器进行了测试，利用振动台自振激发，采集了 10～600Hz 范围内的振动信号数据。

图 2-26　实验室振动台试验

井下轨道运输、车辆行进振动同样会引起机械振动。2011 年 7 月 20～26 日，作者所在课题组在鸳鸯会右线隧道进行了机械振动试验（隧道 K182 + 750m 处地面安装，采集运动车辆的机械振动波形），对隧道施工过程中的运动机械的振动波形进行了采集，现场布置如图 2-27 所示。

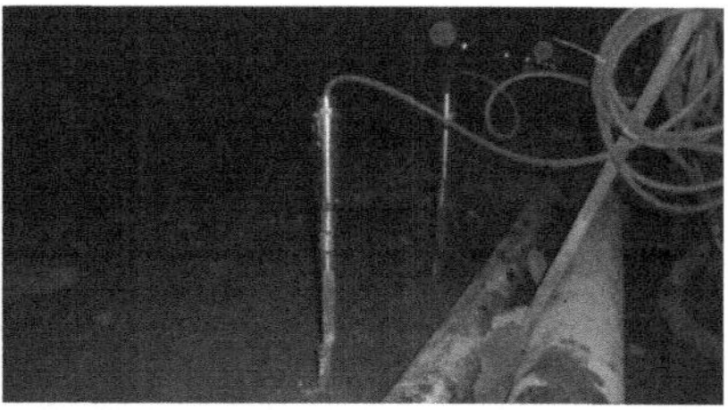

图 2-27 隧道内机械振动测试试验

监测到的典型机械振动波形，如钻机打钻、轨道运输等，如图 2-28 所示。此类波形也较常见，当触发通道为单通道时，检波器附近的钻机操作等会触发此类振动波形。钻机打钻振动波形规律出现，且间隔相同，波形锐利，但持续时间很短，振幅高低与离检波器的距离有关；轨道运输为低频信号，由运输车与轨道铁轨的撞击形成，波形持续时间稍长，相互叠加后波形平缓。

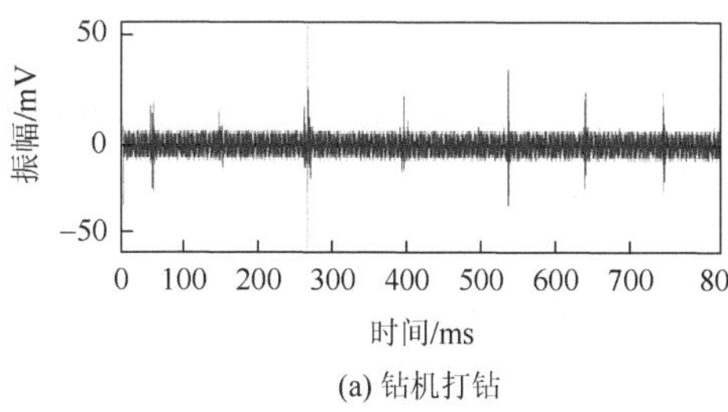


(a) 钻机打钻

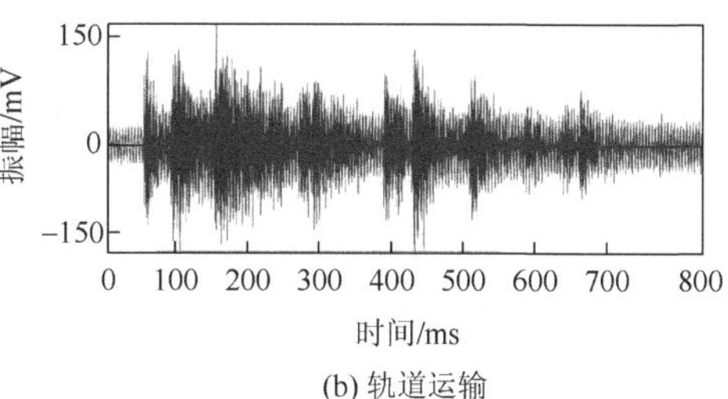


(b) 轨道运输

图 2-28 矿山典型机械振动数据的采集

为对井下人工活动造成的干扰信号进行分析研究，选择相应实验场地，采集行人跑步、人为敲击信号进行分析。行人跑步波形为低频信号，振幅较低，如图 2-29 所示。

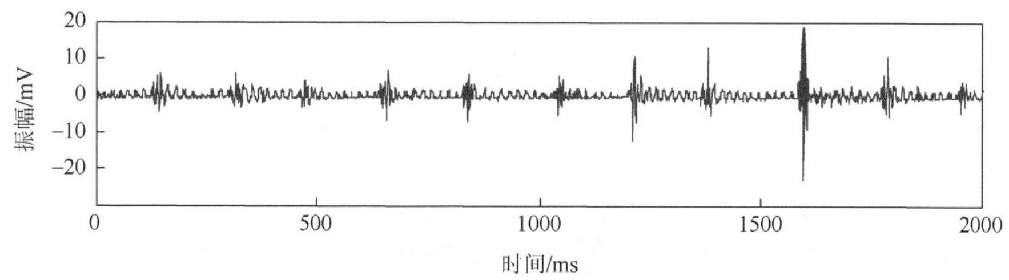


图 2-29 检波器监测到的行人跑步波形

不同类型的波形，在波长、频率、振幅等均有各自的特点，通过现场试验对比研究，初步获得各波形的可见特征。人为敲击波形一般为低频信号，在 50Hz 以内，与机械振动波形（矿山机械）类似，如图 2-30 所示。

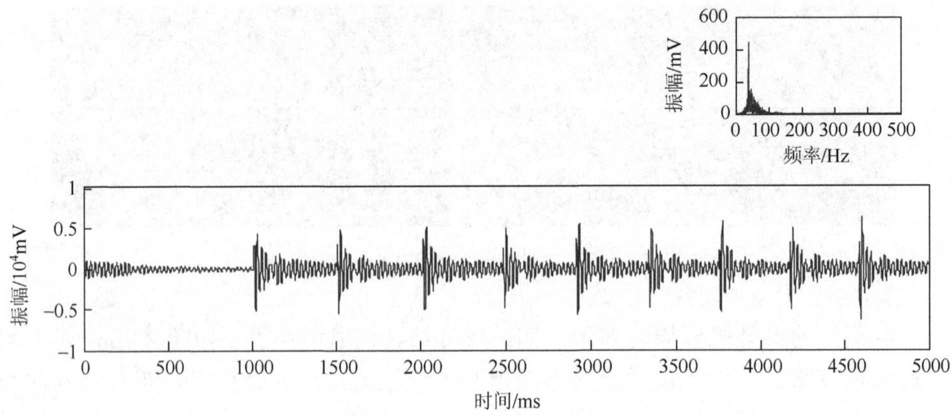


图 2-30　人为敲击触发的微震波形

### 2.4.3　背景干扰信号

在信号的传输和采集中经常会遇到一些信号干扰现象，致使传输的信号受到波动、干扰等。干扰信号按照来源不同分为以下三类。

1）前端设备引起的干扰

供电电源干扰主要有以下几种情况：50Hz 电源干扰及 50Hz 电源频率的二次谐波和三次谐波干扰。如图 2-31 为微震分析软件分析得出的结果，微震监测系统所采集到的电磁干扰波形存在固有 50Hz 主频。这类波形受大功率设备影响，起

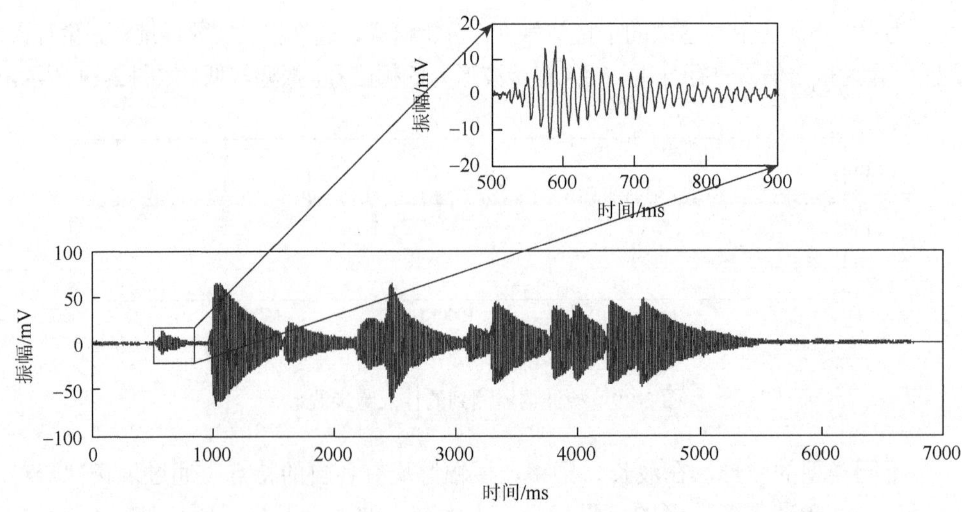


图 2-31　大功率设备干扰波形

伏端锐利，呈伪三角状，不断脉冲式激发。波形上下端平整、规则，放大后观察似菱形。

不洁净电源干扰，这里所指的电源不洁净，是指在正常的电源上叠加有干扰信号。特别是大电流、高电压的可控硅设备，对信号的污染非常严重。

2）传输过程的干扰

传输过程的干扰主要是传输电缆损坏引起的干扰、电磁辐射干扰和地线干扰（地电位差）三种。对于传输电缆损坏引起的干扰可以通过更换电缆或增加抗干扰设备解决。毛刺状干扰由线接触不紧或线缆有松动所造成，该波形间或出现，忽上忽下，起伏较大，小则 10mV 左右，大则几十上百毫伏，持续时间不长。这类波形的出现，或影响触发判断，或影响初始到时的精确拾取。图 2-32 为毛刺状干扰波形示意图。

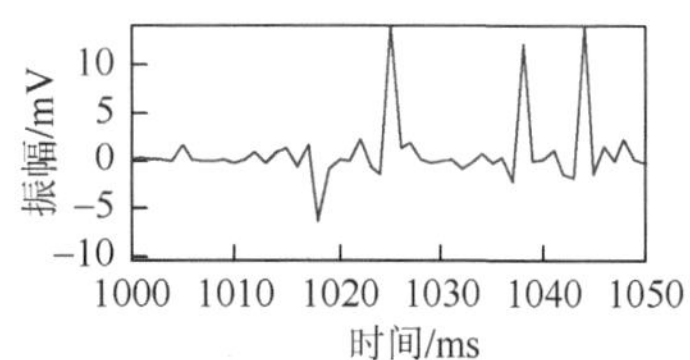


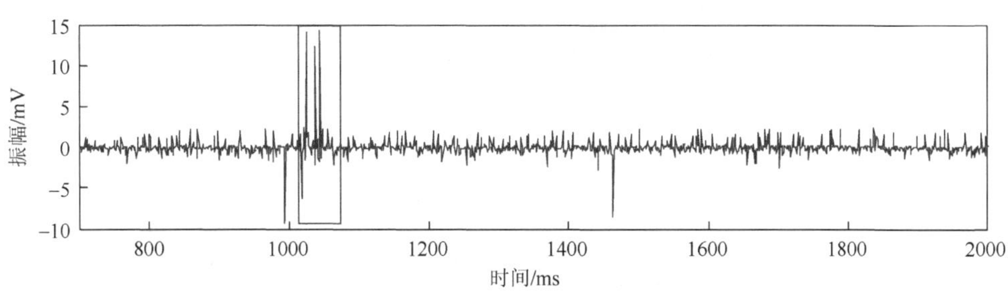


图 2-32 毛刺状干扰波形

3）终端设备干扰

终端设备干扰主要是监控室的供电、设备本身产生的干扰、接地引起的干扰、设备与设备连接引起的干扰等，简单判断方法是在监控室直接连接摄像机观察。

电磁干扰信号的显著特征为，信号的频率集中于 50Hz 及其倍频，且信号规则，将信号放大后，其上下起伏非常一致。利用这些特征能够很好地对其进行分辨。

## 2.4.4 爆破震动信号

矿山爆破震动波形较为常见，也是最难以区分的干扰信号之一。由于爆破震动信号在时长、频率、振幅等特征与有效微震信号存在较多的交集，在矿山波形自动识别中，爆破震动信号的剔除难度最大。因此，对爆破震动信号的采集与分析至关重要。

爆破发生后，岩体在其作用下会分成三个区，即粉碎区、裂隙区和弹塑性区。爆破震动的实质是，弹性体内相邻质点间的应力变化会引起质点的相对位移，当存在应力梯度时，便会产生地震波动。岩层中爆破激发的地震波，其形成是由于炸药起爆后，产生的外力超过周围岩石的弹性极限，将岩石拉断或压碎，并形成一个破坏圈。随着与震源距离的增大，应力降逐渐减小，岩体也由完全破碎、破坏、裂隙转向不明显的塑性形变、弹性形变，直到无影响。典型波形如图 2-33 所示。

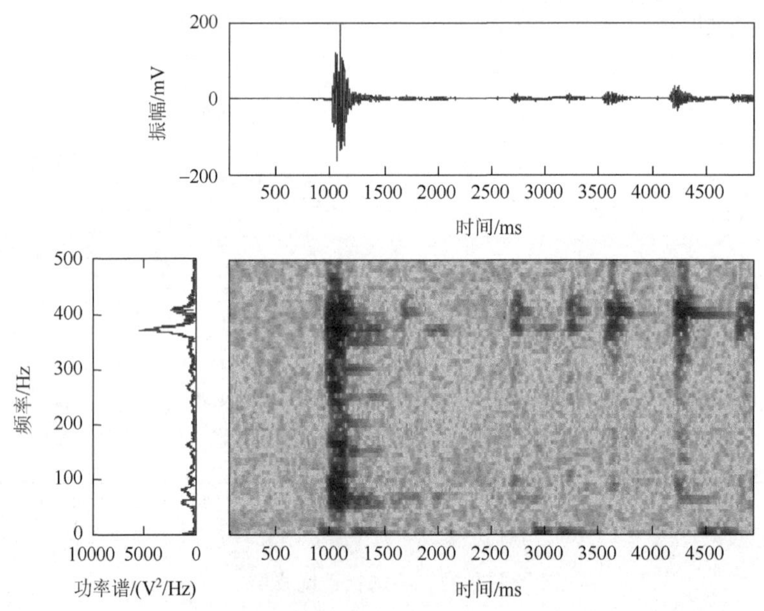


图 2-33　爆破震动信号时频分析图

2012 年 10 月 12～16 日，在内蒙古自治区鄂尔多斯市神东煤炭集团辖属榆家梁煤矿进行井下爆破监测测试。监测方式为地表监测，通过井下放炮（用药量 20kg），利用地表布置的传感器阵列采集爆破震动信号。图 2-34 为爆破震动信号采集试验。

爆破震源受多因素影响，如装药量、爆破参数等，加之介质的不连续性，使爆破震动波形具有随机、不可重复的特性，体现为波形的振幅、频率、持续时间等的不同。爆破震动波形作用的时间较短，其波形为瞬时脉冲型，波形初动强烈突起，周期较大，但振幅衰减较快，其初动方向向上，如图 2-35 所示。

图 2-34 爆破震动信号采集试验（内蒙古自治区）

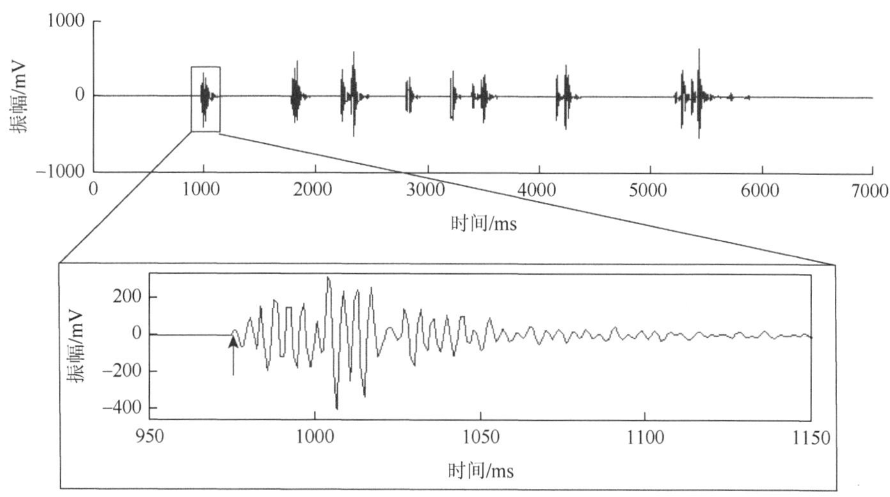


图 2-35 分段爆破形成的爆破震动波形

爆破震动波形是矿山微震波形识别中难度最大的一类波形。与岩体破裂微震波形一样，爆破震动波形的形成与传播较为复杂。仅仅依靠震动波的形状特征，很难对其进行区分，但二者还是有明显的区别。具体表现如下：

（1）衰减规律不同。爆破震动波形高频成分居多，衰减速度快。用药量越大，其波形的衰减越剧烈；而岩体破裂微震波形低频成分居多，衰减速度相对缓慢。当然，这与爆破方式、用药量以及现场条件等有关。

（2）频率不同。大体上，爆破震动波形频率分布于 100～300Hz，岩体破裂微震波形则分布于 10～200Hz。

（3）持续时间不同。岩体破裂微震波形的时长较长，为 100～800ms；爆破震动波形则分布于 200～1000ms。

（4）初动方向不同。爆破震动波形的释放为膨胀式，其初动方向在确定爆破震源及检波器位置的时候，可以得以确定。例如，震源点在检波器下方时，此时接收到的信号的初动方向为向上。岩体破裂事件则较为复杂，有多种方式存在。

（5）破坏能力不同。天然地震波由于其频率低、衰减慢、持续时间较长和携带能量巨大，造成的损失和破坏要远远大于爆破震动波所带来的危害。在一定条件下，爆破震动波不会造成破坏，而天然地震波造成巨大的破坏。

# 3 矿山微震信号的预处理与去噪分析

矿山微震信号的特征提取是实现微震信号自动识别的基础。通过对典型矿山微震信号属性的分析，提取相应的属性作为特征量，通过现场数据的研究，确立不同特征属性的定量表达方法与模型，并建立相应的特征向量指标，为后文自动识别模型的建立提供基础。

## 3.1 微震信号的读取与预处理

微震信号的采集过程主要包括以下几个步骤：微震事件发生触发井下传感器，达到预先设定的阈值条件，经井下采集仪采集拾取，并通过光纤、线缆传输至地表，地表监控主机将信号接收并存储，以备后期的分析与处理。

在这个过程中，井下采集到的原始微震信号会发生变化甚至变异。硬件设备的干扰、线缆传输的噪声、大功率电器的干扰等因素，会使本来“纯”的微震信号夹杂大量无效信息。出于上述考虑，在对微震波形进行分析前，首先对采集到的原始微震信号进行预处理。

### 3.1.1 微震信号的读取

为对矿山微震信号的特征进行研究，借助 MATLAB 平台编制相应的程序模块，对信号进行分析处理。微震信号的读取基于预先编写的“FileRead.m”模块，取出原始微震信号中的采样通道、采样频率、采样长度以及波形数据等信息，如图 3-1 所示。

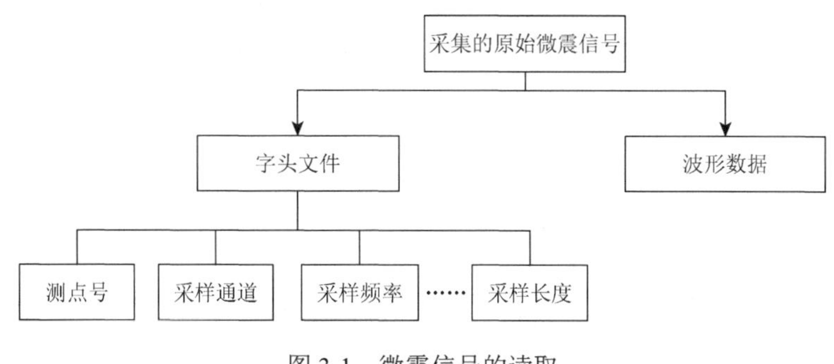


图 3-1 微震信号的读取

一份完整的微震事件数据包含字头文件和波形数据两部分。字头文件包含采样长度、采样频率、采样通道、测点号等信息。波形数据则是波形信息的表征，为一串包含幅值与时间的时序数据。幅值类型包括加速度、位移以及速度三种类型。

本书中的数据采集参数设置为：采样频率 1000Hz，滞后点数 1024，采样点数随监测对象不同而改变，在 2000～7000 范围内，采样长度为 2～7s。

### 3.1.2 去趋势项及平滑处理

微震数据在采集传输过程中，受内部和外部因素影响，夹杂了许多干扰成分。在进行小波包分析前，需对原始微震数据进行初步的加工处理，修正波形的畸变，剔除信号中的噪声干扰，尽可能真实地还原微震信号。微震信号的预处理主要包括去趋势项、平滑、去噪三个过程。

首先，采用最小二乘法去趋势项，对偏离基线形成畸变的微震信号加以修正。矿山现场采集到的震动数据由于硬件原因，会出现零点漂移等现象，这些波形往往偏离基线，这类波形的形成过程被称为信号的趋势项。常用的去趋势项方法为最小二乘法。

假设离散信号（实际采样数据）为$\{x_k\}$（$k$ 为采样点编号），采样时间间隔为 $\Delta t$，则有

$$f(t_k)=\sum_{j=0}^{m}a_j t_k^j=a_0+a_1t_k+a_2t_k^2+\cdots+a_mt_k^m \quad (j=0,1,2,3,\cdots,m) \tag{3-1}$$

假设函数 $f(t)$的各待定系数为 $a_j(j=0,1,2,\cdots,m)$，为了使函数 $f(t)$逼近离散信号 $x_k$，即此时最接近原始信号 $x_k$，需最小化二者的误差平方和 $E$。对于每个离散点$(t_k, x_k)$，误差 $E$ 可表述为 $f(t_k)-x_k$，其计算公式为

$$E=\sum_{k=1}^{n}\left(x_k-f(t_k)\right)^2=\sum_{k=1}^{n}\left(\sum_{j=0}^{m}a_jt_k^j-x_k\right)^2 \tag{3-2}$$

当上式存在极值时，满足条件

$$\frac{\partial E}{\partial a_j}=2\sum_{k=1}^{n}t_k^j\left(\sum_{j=0}^{m}a_jt_k^j-x_k\right)=0 \quad (j=0,1,2,\cdots,m) \tag{3-3}$$

依次取 $E$ 对 $a$ 求导，可以得到

$$\sum_{k=1}^{n}t_k^j\left(\sum_{j=0}^{m}a_jt_k^j-x_k\right)=0 \quad (j=0,1,2,3,\cdots,m) \tag{3-4}$$

解上述方程组，并求解待定系数 $a_j$（$j=0, 1, 2, \cdots, m$）。此处，选择 $m=2$，简化方程，得到去趋势项的计算公式为

$$y_k = x_k - f(t_k) = x_k - (a_0 - a_1 t_k) \quad (k = 1,2,3,\cdots,n) \tag{3-5}$$

其次，采用滑动平均法，对信号曲线进行平滑处理，消除混杂于信号中的噪声干扰和影响。

滑动平均法的一般公式为

$$y_k = \frac{1}{m}\sum_{i=k-\frac{m}{2}}^{k+\frac{m}{2}} h_{k,i} x_i \tag{3-6}$$

式中，$x_i$ 为采样数据；$m$ 为滑动窗口的长度；$h_{k,i}$ 为加权平均因子；$y_k$ 为经过平滑处理后的结果。

加权平均因子满足下式：

$$\sum_{i=k-\frac{m}{2}}^{k+\frac{m}{2}} h_{k,i} = 1 \tag{3-7}$$

五点加权平均可取

$$\{h\} = (h_{-2}, h_{-1}, h_0, h_1, h_2) = \frac{1}{9}(1,2,3,2,1) \tag{3-8}$$

图 3-2 为畸变微震信号预处理前后对比图，可以看出预处理后微震波形更集中于基线，曲线更平滑。

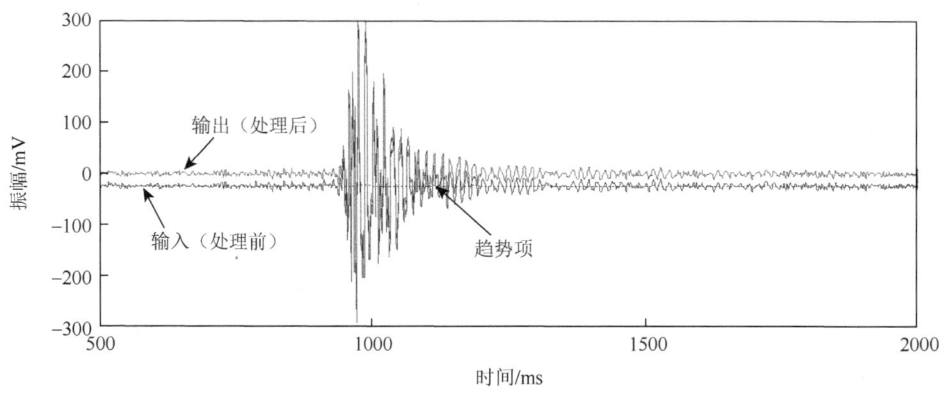


图 3-2 畸变微震信号预处理前后对比图

## 3.2 微震信号的滤波处理方法

矿山微震监测现场复杂，噪声繁杂，大量的背景噪声大大降低了有效信号的分辨率，给提取微震信号的有效信息带来了困难，同时也为微震波形的后处理埋下了隐患。在对微震信号进行分析之前，对信号进行有效的预处理，滤除其间混杂的干扰成分，并保留有效成分的细节信息，为后续的精确定位及挖掘更多的震源信息奠定基础（Oliveira et al.，2012）。信号的降噪与滤波是不同的：降噪以有效信号为主，去除其中夹杂的噪声信号；滤波是为了抑制干扰，把信号中的特定波段滤除，滤波可以看作是去噪的一个手段。

根据不同的特征提取，设计相应的滤波方法。例如，门限阈值、振幅分布、小波包能量以及互相关特征，主要侧重于时域方面的特征，因此，可选择小波包阈值去噪，发挥小波包抑制噪声的特性；而 EMD 带通滤波则在局部特性上表现得更为稳定，可以实现对指定频率信号的去除，可应用于能量、分形等特征的提取。此外，在信号处理时，可根据实际情况，选择其他方法，如反切比雪夫低通滤波、巴特沃思高通滤波以及切比雪夫带通滤波等进行滤波去噪处理。

### 3.2.1　EMD 带通滤波

经验模态分解（EMD）法，是由美籍华人 Huang 等（1998）在深入研究瞬时频率概念后，于 1998 年创造性地提出了本征模式函数分解的概念，即将任意信号分解为本征模式函数组成的新方法。目前，EMD 法已普遍应用于地震、爆破工程、机械以及其他领域的信号分析中，其中地震信号处理、爆破震动信号分析方面应用得尤为广泛（李夕兵等，2006）。经验模态分解和希尔伯特谱分析相结合，也被称为希尔伯特-黄变换，简称 HHT。

EMD 法建立在自适应的基础上，是一种时频非线性和非平稳数据分析优越的工具，并且不受不确定性原理的限制。其适用于非线性、非平稳数据处理，并能在时频空间提取能量特征。其基本原理如图 3-3 所示。

（1）把原始信号 $x(t)$作为待处理信号，确定该信号的所有局部极值点，并将所有极大值点和极小值点分别用三次样条曲线连接起来，从而得到 $x(t)$的上、下包络线，使信号的所有数据点都处于这两条包络线之间。取上、下包络线平均值组成的序列为 $m(t)$。包络线示意图如图 3-4 所示，图中显示了原始信号和信号的上、下包络线及二者的平均值。

（2）用待处理信号 $x_1(t)$减去其上、下包络线的平均值 $m(t)$。以第一次计算为例[$x_1(t)$为原始信号]，计算可以得到 $h_1(t) = x_1(t)-m_1(t)$。并检测 $h_1(t)$是否满足模式分量的两个条件。如果不满足，则把 $h_1(t)$作为新的待处理信号。重复上述操作，直至 $h_n(t)$满足基本模式分量，$h_n(t) = c_n(t)$。

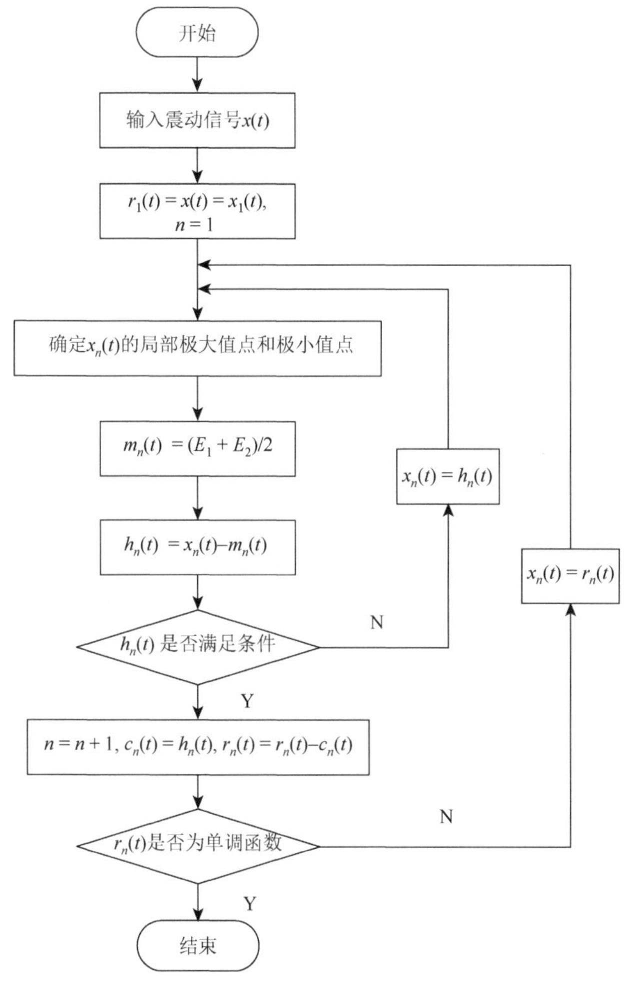


图 3-3 EMD 法的基本原理

（3）从原始信号 $x(t)$中分解出第一个基本模式分量 $c_1(t)$之后，从 $x(t)$中减去 $c_1(t)$，得到剩余值序列 $r_1(t)$，其中 $r_1(t) = x_1(t) - c_1(t)$。

（4）把 $r_1(t)$作为新的“原始”信号重复上述操作，依次可得到第 2, 3, ⋯, $n$ 个基本模式分量，记作 $c_2(t), c_3(t), \cdots, c_n(t)$。直到满足预先设定的停止准则后，即可停止，最后剩下的原始信号的余项为 $r_n(t)$。原始信号 $x(t)$表述为若干基本模式分量和一个余项的和：$x(t) = \sum_{i=1}^{n} c_i(t) + r_n(t)$。

利用上述步骤对岩体破裂微震波形进行 EMD 带通滤波处理，带通设定为 30～200Hz，处理结果如图 3-5 所示，第一条曲线为原始信号，c1～c4 为信号的基本模式分量。信号经分解后，频率由高到低，振幅逐级降低。

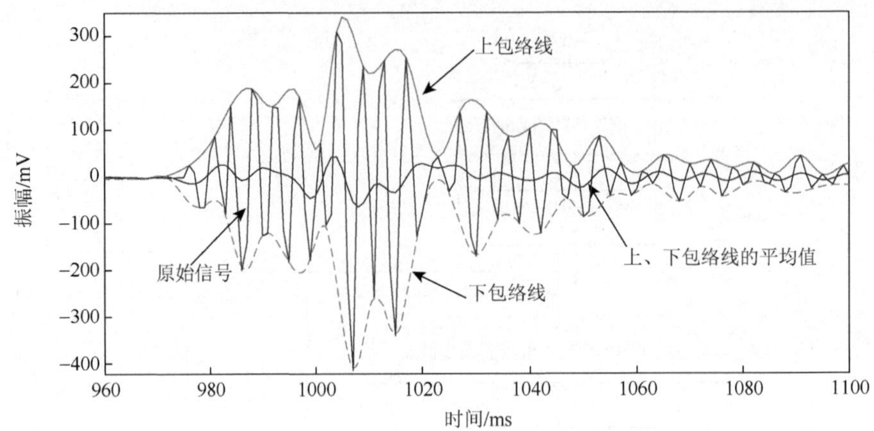


图 3-4　典型震动信号的 EMD 包络线示意图

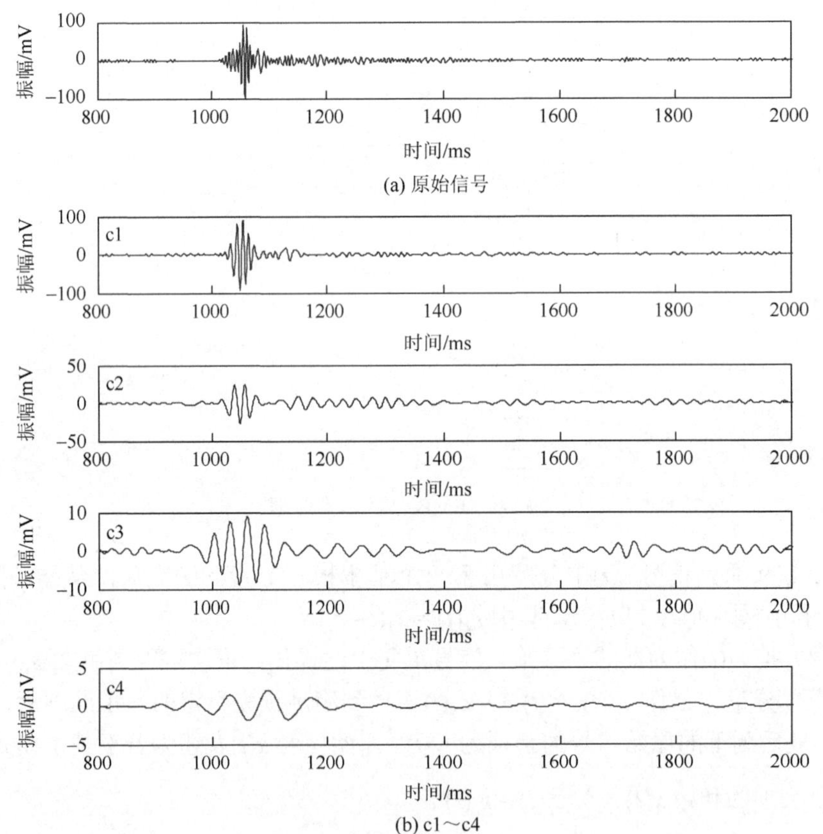


图 3-5　爆破震动信号的 EMD 分解

预处理前后的微震波形如图 3-6 所示。

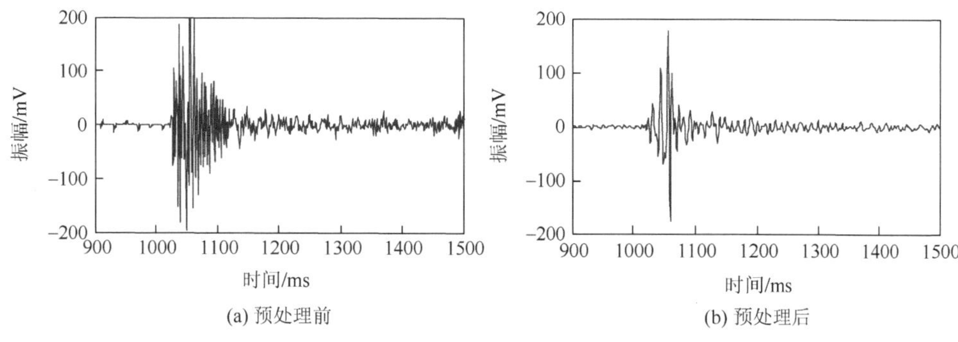


(a) 预处理前　(b) 预处理后

图 3-6　EMD 带通滤波预处理前后对比

### 3.2.2　小波包阈值去噪

利用小波分析进行微震波形的识别应用较为广泛（和雪松等，2006），其常规方法有傅里叶变换、小波变换和小波包变换。傅里叶变换仅适用于处理稳定和渐变的信号，无法表述非平稳信号的时频局域性质；小波变换可以描述微震信号的时频特性，但在高频段频率分辨率较差，低频段时间分辨率较差。由于爆破与岩体破裂微震信号均为非平稳信号，频域特性随时间不断变化，用上述常规的手段还不足以完整、正确地分析微震信号复杂的变化。与上述方法相比，小波包变换在小波变换的基础上进行了改进，弥补了其不足，并能根据信号的特性，自适应地选择相应的频带，使之与信号的频谱相匹配，提高时频分辨率，对于处理突变信号或具有孤立奇异性的函数效果较为显著。

利用小波包变换将微震信号分解到不同频带和时段内，然后根据不同信号间的主频成分不同，去除不同频带内的信号分量。假定岩体破裂微震信号的频率分布在 30～200Hz，其时间长度假定为 5000ms，则其干扰为 0～30Hz 以及大于 200Hz 频段，将信号进行 5 次小波分解，其中，30～200Hz 范围外的小波包变换系数全部置零，然后利用公式对信号进行重构，恢复的信号即是消除干扰后的新信号。利用 MATLAB 实现对信号的小波包阈值去噪处理，其具体步骤如下：

（1）读取波形序列，设定相关参数。

（2）计算小波包阈值去噪的阈值参数（默认值）。

根据信号 WaveData 的噪声强度，求取全局阈值 thr。全局阈值的求解公式为

$$\mathrm{thr} = \sigma\sqrt{2\ln N} \tag{3-9}$$

式中，$\sigma$ 为噪声信号的标准差；$N$ 为信号长度。

（3）进行降噪处理。

将 ddencmp（）获得的默认阈值参数，代入函数 wdencmp（），并进行降噪处理。全局阈值 thr 可根据降噪情况进行调整。

```
[c2,treed,perfo,perf12]=wdencmp('gbl',WaveData,'db3',
wplev,thr,sorh,keepapp)
```

利用小波包变换方法滤波的效果如图 3-7 所示。

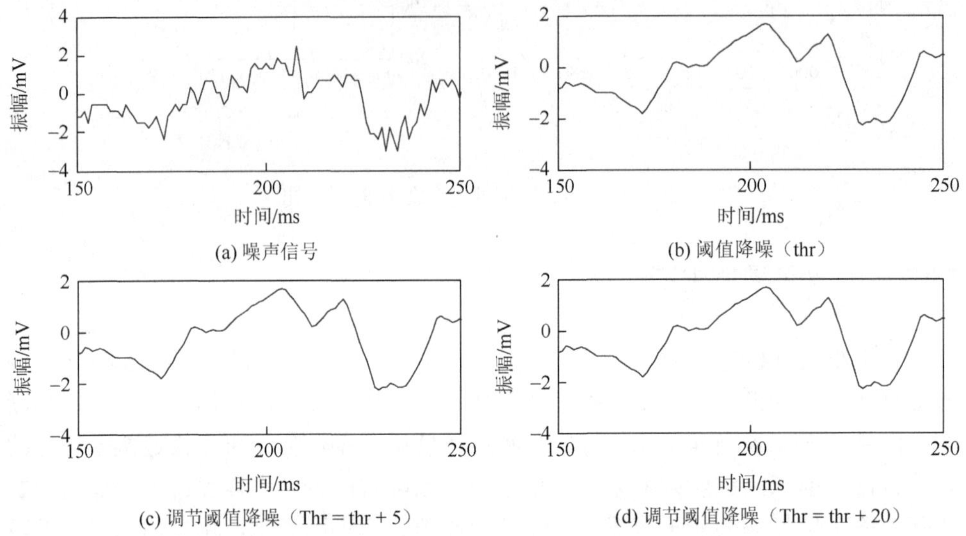


图 3-7　利用小波包变换进行滤波处理

### 3.2.3　数据预处理检验方法

信噪比（signal to noise ratio，SNR）可以表示为采集到矿山微震信号与没有有效信号的环境噪声的比值。通过信噪比可以反映信号的分辨率高低，一般而言，信噪比越高，表明有效信号越清晰，能量越大，混在信号里的噪声越小；反之，信噪比越低，混在信号里的噪声越大，信号越不清晰。

微震信号的信噪比可以利用初始到时前后的波形数据来计算。假设原始信号的信噪比（单位：dB）为

$$\mathrm{SNR}=20\lg\frac{A}{A_0}=20\lg\frac{\sqrt{\dfrac{1}{m}\displaystyle\sum_{j=t_0+1}^{t_0+m}x(j)^2}}{\sqrt{\dfrac{1}{n}\displaystyle\sum_{i=t_0+1-n}^{t_0}x(i)^2}} \tag{3-10}$$

式中，$t_0$ 代表分界噪声和有效波形部分的临界点，往前推移 $n$ 个采样点，是噪声部分，往后推移 $m$ 个采样点，是有效波形部分；$x$ 为含有噪声的原始信号；$x(i)$ 为第 $i$ 个数据点的值；$x(j)$为有效信号采样点对应的振幅值；$A$ 为信号有效部分振

幅的均方根；$m$ 为有效信号的点数；$A_0$ 为信号中噪声部分振幅的均方根；$n$ 为噪声信号中采样点数。

通过式（3-10）计算，得到两种方法滤波的效果对比，如表 3-1 所示。从表 3-1 中可以看出，EMD 法对低信噪比的信号滤波效果较为明显；小波包对电脉冲信号及机械振动信号的滤波效果不明显。针对不同的波形特征提取，可采用不同滤波方法。EMD 带通滤波可以用于对爆破、岩体破裂微震信号能量分布的对比分析；小波包滤波可应用于提取波形的统计特征等。

**表 3-1　EMD 法与小波包滤波前后信噪比对比**

| 类别 | EMD 带通滤波 | | 小波包滤波 | | 备注 |
|---|---|---|---|---|---|
| | 原始信号 | 预处理后 | 原始信号 | 预处理后 | |
| 岩体破裂微震信号 | 94.91 | 99.82 | 97.64 | 122.07 | 单次 |
| 爆破微震信号 | 64.91 | 85.88 | 121.14 | 150.95 | |
| 机械振动信号 | 18.20 | 42.53 | 16.51 | 20.23 | |
| 电脉冲信号 | 20.05 | 43.09 | 36.11 | 47.08 | |

信噪比从一定程度上可以反映信号的噪声影响程度。通过对比预处理前后的信噪比值，可以反映预处理的效果（信号的信噪比与其振幅紧密相关，因此，SNR 值大小仅能反映去噪、滤波差异，不能反映程度）。

## 3.3　小波包多层阈值去噪方法

### 3.3.1　多层阈值去噪法

利用小波包变换进行去噪处理，其实质是抑制信号中的噪声成分，增强信号中的有效部分。借助 MATLAB 软件编制了相应的去噪模块，该软件提供了小波包软件包，包括小波包分解函数和去噪函数 ddencmp（），其基本使用规则为

```
[thr,sorh,keepapp,crit]=ddencmp('den','wp',data);
xwpd=wpdencmp(data,sorh,wplev,wname,crit,thr,keepapp)
```

在上述规则中，ddencmp（）函数计算出去噪模块 wpdencmp 所需参数，如 SORH 软硬阈值类型、阈值参数 PAR、熵 CRIT、KEEPAPP 阈值量化判断。其中，全局阈值 thr 是一个关键参数，它是函数去噪的准则模式。小波包去噪阈值准则包括四种模式，分别是固定阈值 sqtwolog、自适应阈值 rigrsure、启发式阈值 heursure 以及极小化极大阈值 minimaxi。

传统小波包去噪方法只是单纯选用，忽略了信号自身的多变特性，如固定阈值 sqtwolog 易造成信号过度失真；自适应阈值 rigrsure 具有一定自适应特性，但对于低信噪比信号去噪效果不佳。总而言之，单独的阈值去噪很难兼顾多个阈值的特性。如图 3-8 所示，对 CH5 通道内信号进行 4 层小波包分解，分别提取第 3、5、9 子频带信号［图 3-8（a），①、②、③分属不同频率范围时的波形特征］，信号的傅里叶变换结果如图 3-8（b）所示。因此，本书在确立煤层水力压裂微震信号有效成分主频特征的基础上，对常规小波包去噪方法进行改进，提出基于多层小波包阈值的联合去噪方法，流程如图 3-9 所示。

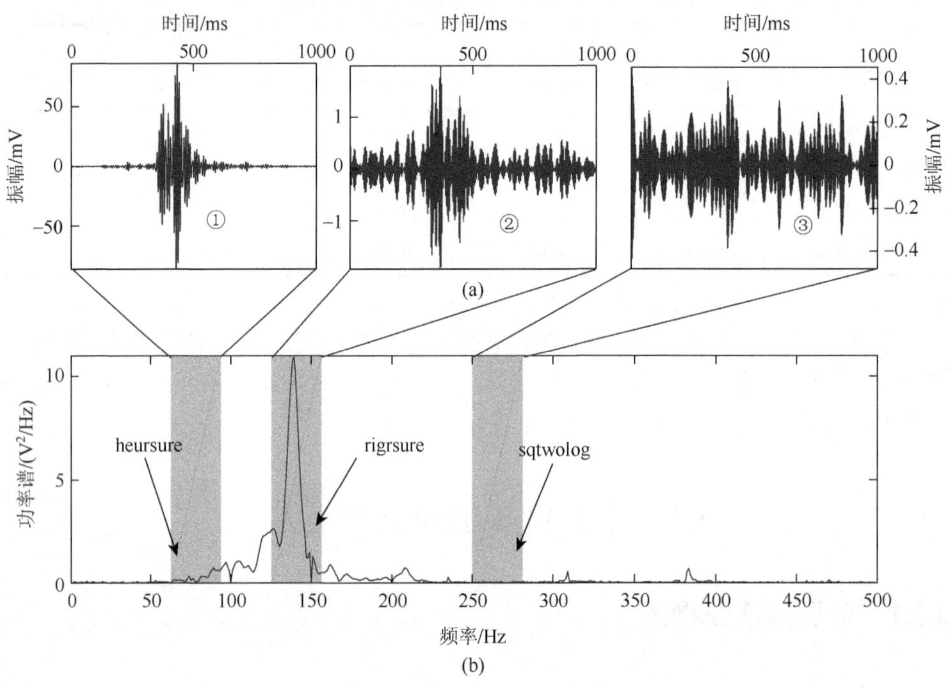


图 3-8　小波包多层阈值去噪方法原理

小波包多层阈值去噪方法的原理可以概述为：①对信号进行傅里叶变换，确立有效压裂信号的主频分布、噪声分布频段和范围；②按照步骤①信号的主频特点，确立小波包分解尺度和小波基函数，并进行小波包分解，得到相应的小波包系数序列；③分别采用不同的去噪阈值准则对不同频段的小波包系数进行去噪处理；④重新组合去噪后的小波包系数，并进行重构，得到预处理后的信号。

需要说明的是，在步骤③中当频带完全属于上述区间时，则采用 rigrsure 去噪规则；当频带与上述区间部分相交时，选用 heursure 去噪规则；完全不相交时，则采用 sqtwolog 去噪规则。以水力压裂微震信号为例，多层阈值准则选取标准可参考下式：

$$f=\begin{cases}0\sim30\text{Hz} & \Rightarrow \text{heursure}\\ 30\sim200\text{Hz} & \Rightarrow \text{rigrsure}\\ >200\text{Hz} & \Rightarrow \text{sqtwolog}\end{cases} \tag{3-11}$$

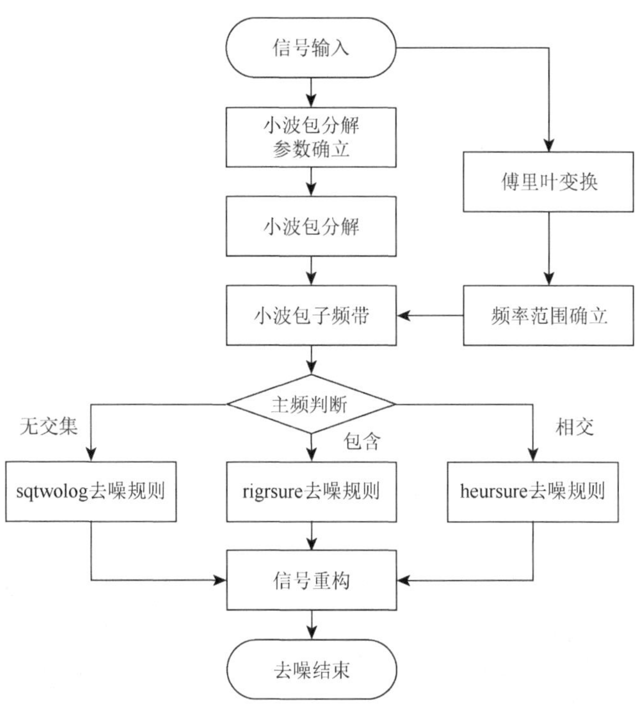


图 3-9 小波包多层阈值去噪流程

例如，30～200Hz 为水力压裂微震信号有效成分聚集频段范围，该区域可采用保守的 rigrsure 去噪规则，保证细节信息不易丢失；>200Hz 信号为干扰成分区域，利用 sqtwolog 去噪规则强制去噪；0～30Hz 范围为底噪成分分布频段，但又包含部分有效成分，因此，该频带可使用 heursure 去噪规则。

### 3.3.2 去噪效果验证

经研究发现，煤层水力压裂微震信号的频率多分布于 30～200Hz（基于现场监测环境和目标监测信号分析），首先利用小波包多层阈值去噪方法对微震信号进行去噪预处理。已知现场微震监测系统的采样频率 $f=1000$Hz（奈奎斯特采样频率 500Hz，频率范围为 0～500Hz），小波包分解参数设定为 wplev = 5， wname = ‘sym6’（Abi-Abdallah et al.，2006），由此得到 $2^5 = 32$ 个子频带信号，记为 $S_i$（$i = 0, 1, 2, \cdots, 31$），每个子频带的带宽为 15.625Hz。

根据煤层水力压裂微震信号的特点，取[30, 200]区间为信号的主频区间，利用循环判断对信号进行去噪处理，最后将去噪后的各子频带进行重构形成去噪后的新信号。以 CH3 通道为例，其去噪前后的波形和频率如图 3-10 所示。从图 3-10 中可以看出，去噪后底部噪声得到有效压制，信号曲线变得更为平直光滑；从时频图［图 3-10（b）］上可以看出，去噪后的频率、能量分布与原有信号相近，表明去噪保留了原有信号的频谱特征，没有造成信号的失真和主要成分的丢失。

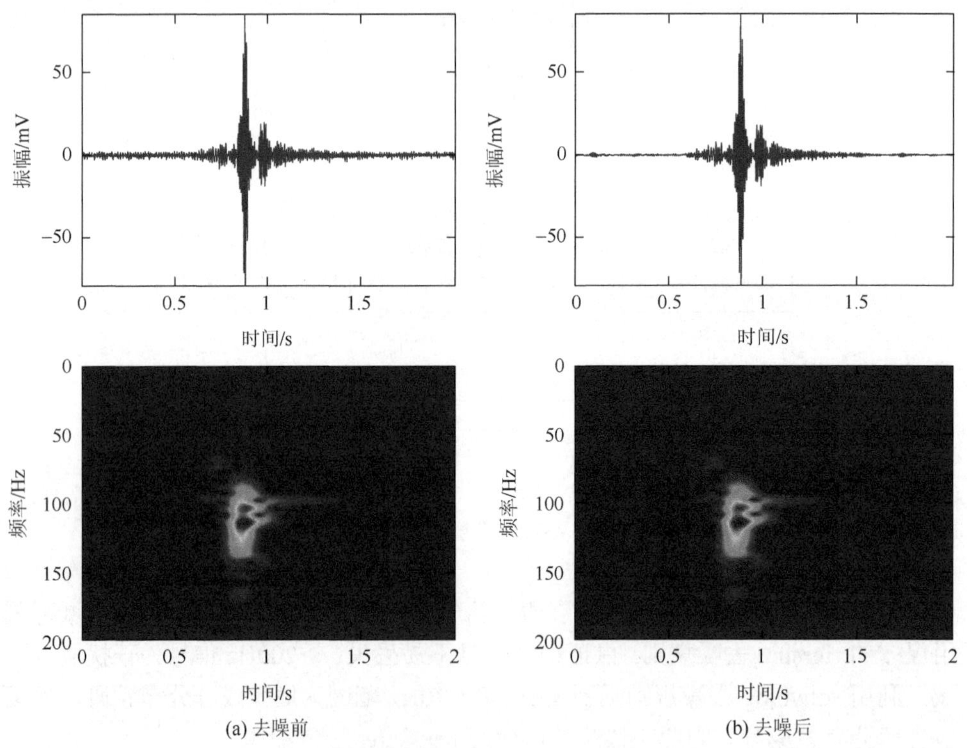


图 3-10　小波包多层阈值去噪结果对比

为说明去噪前后的效果，利用李成武等（2012）提出的信噪比 $R_{sn}$ 和能量百分比 $E_{sn}$ 对去噪前后信号进行比较。如表 3-2 所示，原始信号的信噪比默认为 0dB，对比结果表明，去噪后的新信号保留了原始信号的能量特征，最大值高达 99.65%，最小值也达到 90.93%，与原始信号能量持平。在信噪比方面，受噪声干扰严重的 CH1、CH2 和 CH11 的信噪比分别达到 7.73dB、0.81dB 和 18.38dB；而较“干净”的 CH5、CH6 和 CH12 三通道的信噪比分别达到 27.23dB、41.35dB 和 27.68dB，分别对应的能量百分比为 99.62%、99.65%和 97.18%。由此可以看出，经过小波包多层阈值预处理的微震信号具有较高的信噪比（均约 12.67dB）和能量百分比（均约 97.15%），既保留了原始信号的能量特征，又实现了有效去噪，这为下一步的初始到时精确拾取提供了帮助。

**表 3-2 小波包多层阈值去噪效果对比**

| 编号 | 信噪比 $R_{sn}$/dB | | 能量百分比 $E_{sn}$/% |
|---|---|---|---|
| | 去噪前 | 去噪后 | |
| CH1 | 0.00 | 7.73 | 92.92 |
| CH2 | 0.00 | 0.81 | 90.93 |
| CH3 | 0.00 | 3.36 | 98.47 |
| CH4 | 0.00 | 3.40 | 99.21 |
| CH5 | 0.00 | 27.23 | 99.62 |
| CH6 | 0.00 | 41.35 | 99.65 |
| CH7 | 0.00 | 1.96 | 98.55 |
| CH8 | 0.00 | 9.63 | 98.76 |
| CH9 | 0.00 | 5.49 | 98.66 |
| CH10 | 0.00 | 4.97 | 98.10 |
| CH11 | 0.00 | 18.38 | 93.69 |
| CH12 | 0.00 | 27.68 | 97.18 |

## 3.4 SVD 频域去噪方法与原理

### 3.4.1 SVD 原理

奇异值分解（SVD）降噪的原理可概述为，利用特征值或奇异值作为正交基在信号空间正交分解的特征增强相干能量，压制干扰信号（沈鸿雁和李庆春，2012）。常规地震波奇异值分解是针对多道地震记录的，通过从多道地震数据中提取相关信息，再利用特征值或奇异值作为正交基增强信号特征的相干能量，最后通过地震波的相干性差异来实现波长分离与去噪。假设二维地震剖面为 $P$，道数为 $m$，每道的采样点数为 $n$，对 $m\times n$ 矩阵 $P$ 进行奇异值分解，可得到如下关系式：

$$P = USV^{\mathrm{T}} = \sum_{k=1}^{r}\left(\sigma_k U_k V_k^{\mathrm{T}}\right) \tag{3-12}$$

式中，$U$ 和 $V$ 分别为左、右奇异阵（正交矩阵），$U \in R_{m\times m}$，$V \in R_{n\times n}$；$P$ 的秩为 $k$ $[k=\min(m, n)]$，一般地，$m$ 远小于 $n$；$S$ 为由 $PP^{\mathrm{T}}$（或 $P^{\mathrm{T}}P$）的特征值 $\sigma$ 按递减顺序组建的对角矩阵；$r$ 为 $S$ 的秩，奇异值个数 $k$ 与矩阵的秩 $r$ 相等。

对角矩阵 $S=\mathrm{diag}$（$\sigma_1, \sigma_2, \cdots, \sigma_k$）为矩阵 $R$ 的特征值，其中，$\sigma_k$ 为第 $k$ 个特征值，其关系式可表述为

$$S=\begin{bmatrix} \sigma_1 & & & 0 \\ & \sigma_2 & & \\ & & \ddots & \\ 0 & & & \sigma_k \end{bmatrix}_{m\times n} \tag{3-13}$$

矩阵 $PP^{\mathrm{T}}$（或 $P^{\mathrm{T}}P$）的奇异值 $\lambda_k$ 与特征值 $\sigma_k$ 的关系可定义为 $\sigma_k=\sqrt{\lambda_k}$，其中 $\lambda_1 \geqslant \lambda_2 \geqslant \cdots \geqslant \lambda_k \geqslant 0$。信号在重构过程中，第 $k$ 个特征值 $\sigma_k$ 对整个信号的贡献与第 $k$ 个奇异值 $\lambda_k$ 成正比。因此，以 $\lambda_k$ 或 ${\sigma_k}^2$ 来表征该通道内地震信号的能量大小，则第 $j$ 通道内信号的能量贡献率 $C_j$ 可表述为

$$C_j=\frac{\sigma_j^2}{\sum_{i=1}^{k}\sigma_i^2} \tag{3-14}$$

可以看出，特征值或奇异值的分量越大，在整个地震信号中的贡献率越高。

### 3.4.2　单通道信号 SVD 降噪原理

矿山现场微震监测可分为区域大范围（如全矿井）、局部区域（如回采工作面、掘进工作面）监测两大类。不同于地震领域的多通道联合 SVD 降噪处理，常规矿山微震监测多选用 12～36 个传感器进行实时监测，监测区域和范围不确定，因此，各通道之间的相关性不强，由此所构建的 Hankel（汉克尔）矩阵维度不高。利用各个通道之间的相关性进行去噪，很难去除噪声干扰。此外，矿山现场采集的波形因地质环境影响、监测范围和精度的要求，多通道内的波形常常呈现出较大差异，因此，无法采用常规的多通道联合去噪。本书提出针对单个通道的 SVD 降噪，利用该方法对矿山微震信号进行分解降噪，主要是利用了单个通道内微震信号的周期性。利用 SVD 对微震信号进行分解，可以将该信号按能量大小划分为若干个本征值，并一定程度拓宽了该信号本征值的有效频宽，根据能量的分布对本征值进行相应的频率补偿，同时剔除以噪声为主的本征值，进而对信号进行重构，这是该滤波方法的基本思想。重构信号的信噪比与分辨率与原始信号相比，得到较大幅度的提升。

要实现对单通道微震信号的奇异值分解，首先需要对微震信号进行“定长”划分。假设单通道微震信号表述为 $X=\left[x_1, x_2, x_3, \cdots, x_N\right]$，总采样点数为 $N$。为便

于 SVD 分析，将单通道微震信号划分为 $m$ 维（道），每一维（道）为采样点数为 $n$ 的一列数据，后一列数据为前一列数据延迟 $\tau$ 后的等长序列，由此构建的分解矩阵 $D_m$ 可表述为

$$D_m = \begin{bmatrix} x_{(1,1)} & x_{(1,1\times\tau)} & \cdots & x_{(1,n)} \\ x_{(2,1)} & x_{(2,1\times\tau)} & \cdots & x_{(2,(m-1)\times\tau)} \\ \vdots & \vdots & & \vdots \\ x_{(n,1)} & x_{(n,1\times\tau)} & \cdots & x_{(n,(m-1)\times\tau)} \end{bmatrix} \tag{3-15}$$

此时，微震信号可以看作是由未受噪声干扰子空间 $\bar{D}$ 和噪声子空间 $N$ 组成的，其 Hankel 矩阵可表述为

$$D = \bar{D} + N = \begin{bmatrix} U_r \; U_0 \end{bmatrix} \begin{bmatrix} S_r & 0 \\ 0 & S_0 \end{bmatrix} \begin{bmatrix} V_r^{\mathrm{T}} \\ V_0^{\mathrm{T}} \end{bmatrix} \tag{3-16}$$

由此可以看出，$U$、$V$ 只是对原矩阵的旋转，而 $S$ 则确立了矩阵的线性（压缩）程度，线性程度越好，则 $\bar{D}$ 越逼近 $D$，而利用 SVD 进行降噪处理，实质上就是寻求对未受噪声干扰子空间 $\bar{D}$ 的最佳逼近，逼近的效果越好，则降噪效果越佳。

利用上述分析，对分解矩阵 $D_m$ 进行奇异值分解后，奇异值由三部分组成，可表述为

$$S_{D_m} = S_{\mathrm{W}} + S_{\mathrm{D}} + S_{\mathrm{N}} \tag{3-17}$$

式中，$S_{\mathrm{W}}$ 为强干扰成分对应的奇异值；$S_{\mathrm{N}}$ 为随机干扰对应的奇异值；$S_{\mathrm{D}}$ 为有效信号的奇异值。因此，利用 SVD 对单通道微震信号的降噪处理，其过程就是保留 $S_{\mathrm{D}}$ 对应的有效信号，而将 $S_{\mathrm{W}}$ 和 $S_{\mathrm{N}}$ 对应的干扰信号奇异值置为 0，再进行 SVD 反变换得到降噪后的微震信号。对干扰信号奇异值置零的过程实际上是对矩阵 $D_m$ 进行“压缩”的过程，如图 3-11 所示，$S_{\mathrm{N}}$ 和 $S_{\mathrm{W}}$ 分别对应的是外围浅色噪声（noise）部分，而深色部分则是对应 $S_{\mathrm{D}}$ 有效信号（signal）部分。

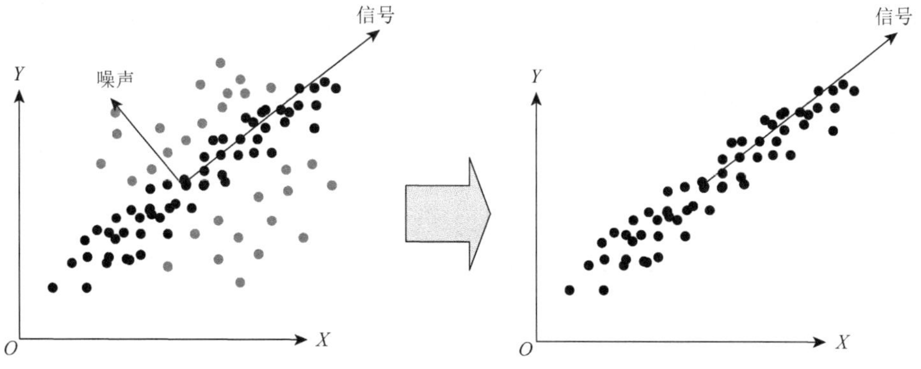


图 3-11　降噪原理

一般地，由于奇异值是按从大到小顺序排列的，地震领域会选取最初的几个特征量（贡献集中的部分）来对原始信号进行描述，也就是保留对角矩阵 $S$ 中的前几个有效奇异值，将其他的奇异值置为零，然后利用奇异值分解的逆过程对信号进行重构。其中，如何优化选择对角矩阵 $S$ 中有效奇异值是一个关键问题，这将会在下文中进行详细介绍。

### 3.4.3 单通道 SVD 频域降噪流程

由于现场环境复杂，矿山微震数据混入的干扰成分较多，同时信号传输过程中也会混入电磁干扰等干扰信息，这些干扰因素会影响后期的信号分析与处理。干扰成分导致信号信噪比降低，会引起微震波形到时拾取难度增大、精度降低，从而导致定位计算误差增大。对于工作面微震监测而言，由于精确监测区域范围基本固定（传感器 200m 范围内），有效微震信号自身的主频区间大致相同，而干扰成分的频谱分布较宽，这为矿山微震信号的波场分离提供了依据。根据这一特性，本书尝试利用 SVD 频域降噪技术对矿山微震信号进行波场分离与降噪。

矿山微震信号可以看作是由不同频率成分的谐波叠加而形成的。利用傅里叶变换可以将微震信号从时间域变换到频率域，并针对不同微震信号的频率特点进行分析和处理，然后进行反变换，即可获得所需的重构信号。这个过程可以描述为

$$\varphi(f)=\int_{-\infty}^{\infty}X(t)\mathrm{e}^{-\mathrm{i}2\pi ft}\mathrm{d}t \tag{3-18}$$

$$X(t)\varphi(f)=\int_{-\infty}^{\infty}\varphi(f)\mathrm{e}^{\mathrm{i}2\pi ft}\mathrm{d}f \tag{3-19}$$

式中，$\varphi(f)$为频率域信号，表示信号在 $\omega$ 上的幅度和相位；$\omega$ 为角频率，$\omega=2\pi f$；$X(t)$为时间域信号。

不同于地震信号，矿山微震监测最大范围约为 2km，精确监测范围约为 200m，属于小范围监测。因此，常规的岩体破裂微震信号在频域分布上具有一定的规律性——主频带信号区间大致是相同的，即各通道微震信号的频谱具有较好的相干性。考虑矿山微震信号的特点，为了保留尽量完整的波形信息，剔除信号中的无效干扰部分，针对微震信号的非平稳、随机特性，提出了基于 SVD 的单通道微震波形频域降噪方法，并利用 MATLAB 编制了相应的模型。该方法可概述为两大部分：一是确立有效波与干扰波频谱分布范围；二是选择合适降噪方法进行处理，压制干扰波、突出有效波。其思路如图 3-12 所示，具体流程可概述如下：

（1）傅里叶变换[$X_1(x,t)\rightarrow\varphi_1(x,f)$]。对微震信号 $X_1$ 进行傅里叶变换，将其转换到频域［式（3-18）］，得到与之对应的频域信号 $\varphi_1$。

（2）参数确立。确立单通道微震数据奇异值分解的相关参数，如时间延迟量 $\tau$、重构阶数 $k$ 以及 Hankel 矩阵长度 $n$ 和维度 $m$。

（3）奇异值分解$\left[\varphi_1(x,f)\to U\Sigma_1V^{\mathrm{T}}\right]$。根据第（2）步中相关参数，将二维微震信号进行等长度划分，构建 Hankel 矩阵 $D$，并对矩阵进行奇异值分解［式（3-12）］。

（4）二维信号重构$\left[U\Sigma_2V^{\mathrm{T}}\to\varphi_2(x,f)\right]$。分析奇异值分布规律，并根据奇异值优选原则，确立合理的重构阶数 $k$ 和奇异值序号；利用 SVD 反变换获得降噪后的单通道二维微震信号。

（5）傅里叶逆变换$[\varphi_2(x,f)\to X_2(x,t)]$。根据式（3-19），利用傅里叶逆变换将重构的频谱 $\varphi_2$ 变换为期望的目标信号 $X_2$。

（6）判断降噪后信噪比是否满足要求。如不满足，则需返回至第（1）步，再次执行（1）～（4）步骤。

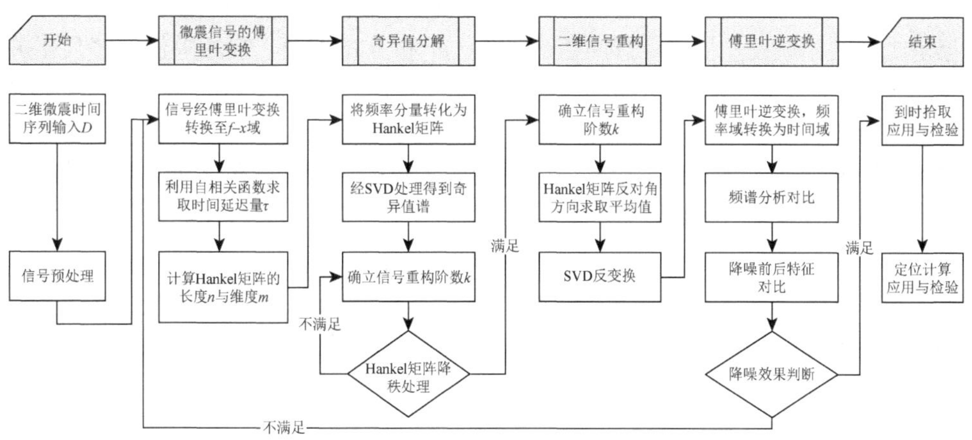


图 3-12　矿山微震信号 SVD 频域降噪流程图

从上述分析可知，单通道微震信号降噪的关键在于分解矩阵 $D_m$ 构建时参数的选取，其中以时间延迟量 $\tau$ 尤为关键，该值的选取不仅会关系到 $D_m$ 各维数据记录的相关性，同时也影响着其他参数的取值。由此可以看出，这些关键参数的选取直接关系到降噪效果的优劣。由此可见，利用 SVD 进行去噪处理，绕不过对参数 $\tau$、$n$ 和 $m$ 的确定，这是进行去噪处理的关键参数。针对这一问题，下面作者将对相关关键参数的选择和确定进行详细分析。

### 3.4.4　关键参数的优选与确立

单通道矿山微震信号的 SVD 降噪涉及时间延迟量 $\tau$、重构阶数 $k$ 以及 Hankel 矩阵长度 $n$ 和维度 $m$。其中，$\tau$、$n$ 和 $m$ 三个参数确定了 Hankel 矩阵的构建；重构阶数 $k$ 则确立了 SVD 反变换所选择的奇异值，并将未选择的奇异值置为零。下面将对这几个参数的确立过程进行分析。

目前采用 SVD 进行去噪的研究中，存在以下两种普遍情况：一是随意给定 $m$、$r$ 的值，进行去噪计算；二是借助外部模型对信号进行降维处理（信号多维构建），如利用 EMD 等，再调用 SVD 进行去噪处理。两种方式各有优点，但同时也存在明显的缺陷。作者利用上述两种方法对矿山微震信号进行去噪处理，结果发现，EMD 去噪会引起信号的畸变，导致后续降噪处理不理想，因此，需要对这些关键参数进行合理的优选和确立。

#### 3.4.4.1　时间延迟量 $\tau$ 的选择

时间延迟量 $\tau$ 是单通道 SVD 降噪的关键参数之一，该值不仅决定了 $D_m$ 各维记录之间的相关性，同时还影响着后续 $k$、$m$ 和 $n$ 的取值。自相关法为序列相关法的一种，该方法可以提取序列间的线性相关性，利用自相关函数可以获得 SVD 相空间矩阵构建的延迟时间。延迟时间的选取可以使重构后时间序列元素之间的相关性降低，并尽量保留了原始序列的动力学特征。假设存在单通道微震时间序列 $X$，该序列的自相关函数 $R$ 可表述为

$$R_{\min}(\tau) = \lim_{N\to\infty}\frac{1}{N}\sum_{n=1}^{N}X(n)X(n+\tau) \tag{3-20}$$

式中，$N$ 为单通道微震信号记录的采样点数；$R$ 取最小值 $R_{\min}$ 时所对应的延迟时间作为 $\tau$。

#### 3.4.4.2　Hankel 矩阵的构建

对微震数据进行 SVD 处理，首先需要明确信号矩阵内各维度具有一定的相关性，否则奇异值大小区分不明显，SVD 降噪也将会丢失有效信号或降噪不干净。因此，在进行微震数据降噪处理前，首先对其内部蕴藏的关联性进行分析，并选择合理的 Hankel 矩阵参数，进而构建单通道微震数据（二维时间序列）的相空间矩阵。Oropeza 和 Sacchi（2011）提出将 Hankel 矩阵构建为方阵，即认为 $n$ 和 $m$ 相同，这与 Trickett（2008）的观点基本相同，即 $m$ 与 $n$ 近似。Oropeza 和 Sacchi（2011）的计算公式如下：

$$\begin{cases} n = \dfrac{N}{2} + 1 \\ m = N - n + 1 \end{cases} \tag{3-21}$$

因此在 $m$、$n$ 的取值上，可以参考上述方法，但由此构建的 Hankel 矩阵维数过高、特征值过多，对计算时间和过程要求较高。胡永泉等（2013）认为 $m$、$n$ 可近似相等，但其与 $\tau$ 之间的关系可以用下列关系式进行描述：

$$(m-1)\times\tau+n=N \tag{3-22}$$

假定 $m=n$，则有

$$m=\frac{N+\tau}{1+\tau} \tag{3-23}$$

#### 3.4.4.3　重构阶数的确立

根据 SVD 理论和最佳逼近定理可知，为了减小噪声带来的影响，矩阵 $X$ 的秩 $k<m$，而含有噪声信号重构的矩阵 $X$ 为列满秩矩阵，即 $k=m$。因此，对原始信号进行降噪的实质就是求取 $X$ 的最佳逼近矩阵 $X'$，逼近效果越好，则降噪效果越明显。SVD 降噪原理可简述为：利用奇异值分解求出 $X$ 的奇异值矩阵 $S$，确立矩阵 $X$ 的秩 $k$，并依据 $k$ 值保留矩阵的 1～$k$ 个奇异值（$\lambda_1,\lambda_2,\cdots,\lambda_k$）、置零 $k+1$～$m$ 个奇异值（$\lambda_{k+1},\lambda_{k+2},\cdots,\lambda_m$），然后利用逆过程反算最佳逼近矩阵 $X'$。

前人研究结果（Zhao and Ye，2011）表明，SVD 降噪的关键在于降噪阶数的选择，不同阶数的选择所得到的降噪效果明显不同。阶数过低时，原始信号的信息会遗漏、丢失，信息保存不完整；阶数过高时，会保留过多的噪声信息，信号被噪声污染，无法实现充分降噪的目的。因此，重构阶数 $k$ 的确立对降噪效果起到关键作用。在进行 SVD 重构时，首先确立重构阶数 $k$。常规阶数确立方法包括阈值法、试凑法以及奇异熵法，这类方法依赖于经验值，降噪效果具有随机性。

借鉴徐锋和刘云飞（2014）研究，引入奇异值能量差分谱概念，用于确立奇异值分解重构 SVD 阶数。奇异值能量差分谱 $E$ 描述了相邻奇异值所代表能量的变化情况，其计算公式可表述为

$$E(i)=\frac{\lambda_i^2-\lambda_{i+1}^2}{\lambda_{\max}^2-\lambda_{\min}^2} \tag{3-24}$$

式中，$E(i)$为第 $i$ 个奇异值能量差分谱（$i=1,2,\cdots,k-1$），$E$ 为 $k-1$ 个奇异值能量差分谱组成的序列；$\lambda_i$ 为第 $i$ 个奇异值；$\lambda_{\max}$ 和 $\lambda_{\min}$ 分别为奇异值矩阵中的最大值和最小值。

### 3.4.5　降噪处理及效果分析

为验证 SVD 频域降噪方法的有效性，以山东某矿现场实测的一次微震事件为例（时间为 2014 年 6 月 10 日 20:13:42），对本书所提出方法的降噪处理过程进行介绍，如图 3-13 所示。现场微震监测系统的相关参数如下：采样频率 1000Hz，连续采集缓存（连续采集长度 15min），后续采用长短时窗（STA/LTA）法进行事件的拾取与截取，传感器选用速度型，频率特性为 50～5000Hz，灵敏度为

110mV·s/m，采集的频率范围为 0～1000Hz。为了完好地采集煤岩破裂的微震信号，将微震传感器埋设于煤层内部（距孔口 20～45m）。

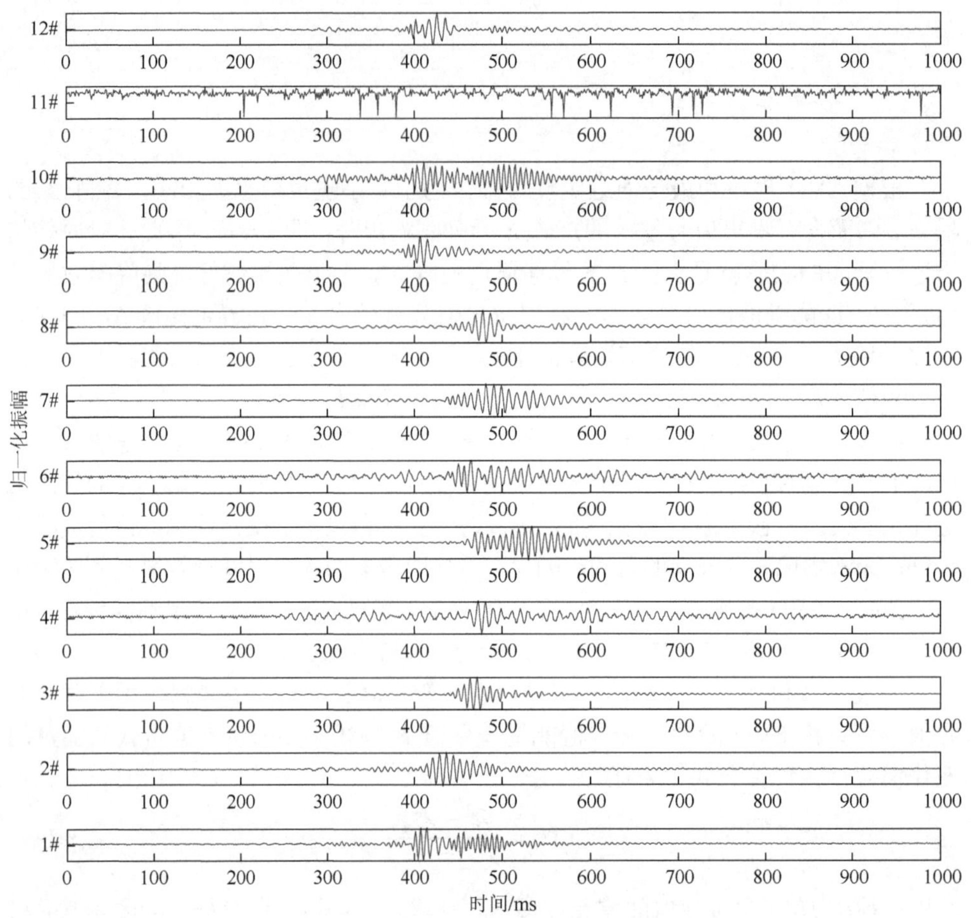


图 3-13　某典型微震事件波形图

1～12 为通道编号

#### 3.4.5.1　参数选取与数据处理

以图 3-13 所示现场微震事件为例，下面就各关键参数的选取过程进行叙述。首先以单通道 9#为例，介绍各关键参数如何获取，降噪后效果如何评判。

1）计算时间延迟量

针对单通道微震记录的特点，作者所在课题组利用 MATLAB 的 autocorr（）函数求取信号的自相关系数，计算结果如图 3-14 和表 3-3 所示。

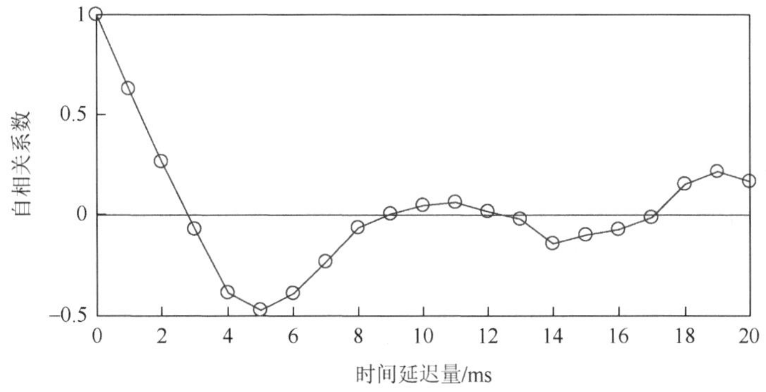


图 3-14 现场监测示意图

**表 3-3 时间延迟量 $\tau$ 与自相关系数 $R$**

| 编号 | $\tau$/ms | $R$ | 编号 | $\tau$/ms | $R$ |
|---|---|---|---|---|---|
| 1 | 0 | 1 | 12 | 11 | 0.0623 |
| 2 | 1 | 0.6287 | 13 | 12 | 0.0169 |
| 3 | 2 | 0.2667 | 14 | 13 | −0.0210 |
| 4 | 3 | −0.0713 | 15 | 14 | −0.1430 |
| 5 | 4 | −0.3860 | 16 | 15 | −0.1000 |
| 6 | 5 | −0.4724 | 17 | 16 | −0.0725 |
| 7 | 6 | −0.3896 | 18 | 17 | −0.0132 |
| 8 | 7 | −0.2335 | 19 | 18 | 0.1527 |
| 9 | 8 | −0.0638 | 20 | 19 | 0.2156 |
| 10 | 9 | 0.0049 | 21 | 20 | 0.1663 |
| 11 | 10 | 0.0472 | | | |

根据 3.4.4.1 节和式（3-20）选取相关性最小的点作为时间延迟量 $\tau$。从图 3-14 和表 3-3 可以看出，当 $\tau$ 选取 9ms 时，自相关系数绝对值最低（$R = 0.0049$），因此，最终确立时间延迟量 $\tau = 9$ms。

2）构建 Hankel 矩阵

基于上述分析，将时间延迟量计算结果 $\tau = 9$ms 代入式（3-23），最终求解出 $m = 100$，$n = 109$。由此，获得了 Hankel 矩阵构建的关键参数，利用这些参数可以实现对单通道的微震信号的 SVD；下一步需要明确的是如何选取合理的 SVD 重构阶数，即如何选择有效信号所对应的奇异值。

3）重构阶数的确立

为了说明重构阶数选择的合理性，下面将按不同奇异值范围对信号进行重构，观察各奇异值对原始微震信号的贡献程度。由前文可知，矿山微震信号的主频集中于 50～200Hz，噪声能量比较强、分布宽。通过对该频谱进行 SVD，确立原始信号的能量谱主要集中在前 20 个，因此，研究的对象为前 25 个奇异值序号所对应的信号成分。

对构建好的 Hankel 矩阵进行频域奇异值分解（FSVD），并按一定规律对奇异值序列进行选择和信号重构——分别选取序号 1～5、6～10、11～15、16～20、21～25 的奇异值，最后得到 FSVD 奇异值能量分布和对应重构信号的频谱图（如图 3-15 中所示，图中显示了能量占比和奇异值序号；右侧为选择的奇异值序列所重构信号的频谱图）。从图 3-15 中可以看出，选择不同的序列（阶数）所重构的信号特征不同，图 3-15（a）、（b）中还完整体现了波形信号本身，而图 3-15（c）～（e）中噪声部分已占据主导。图 3-15（a）噪声得到有效抑制，但细节信息丢失较多，这主要是由选择的奇异值不完整所致（沈鸿雁和李庆春，2010）；通过对图 3-15（b）分析发现，该序列奇异值既有有效成分又有干扰成分，属于一个过渡带；而图 3-15（c）～（e）频谱特征体现出对噪声波形有效成分的影响较小。因此，选择 1～10 作为有效奇异值序列。从最终的降噪结果也能看出，图 3-15（d）的降噪效果最佳，主频成分得到有效保护，底噪压制干净，初始起跳点明显。

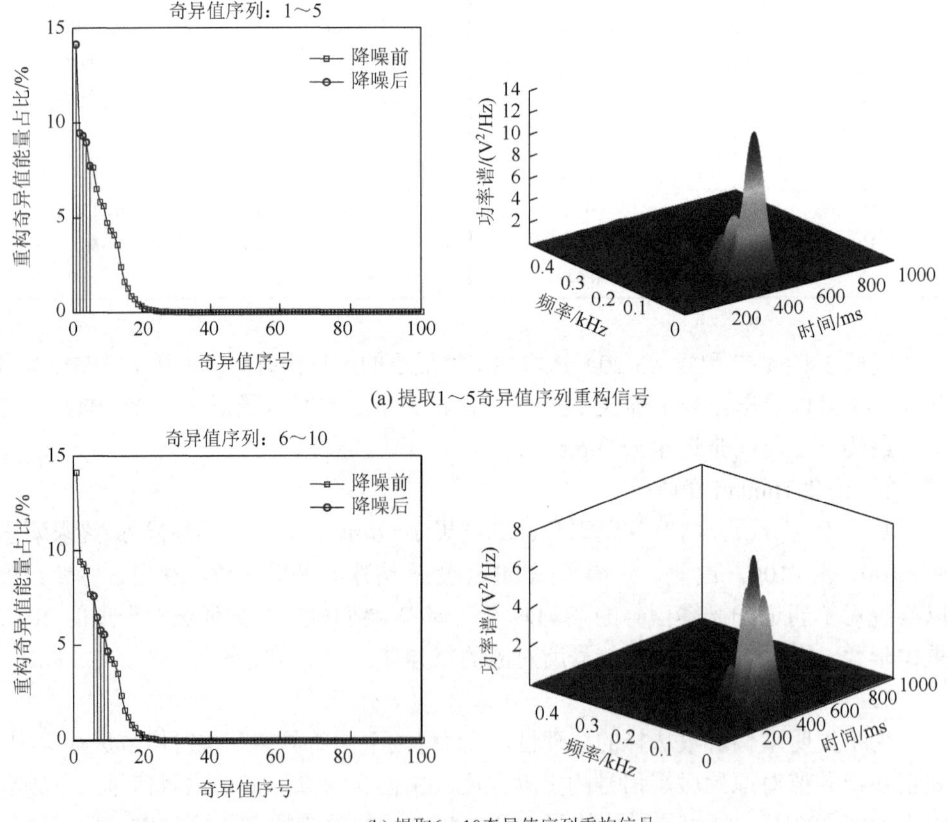


(a) 提取1～5奇异值序列重构信号

(b) 提取6～10奇异值序列重构信号

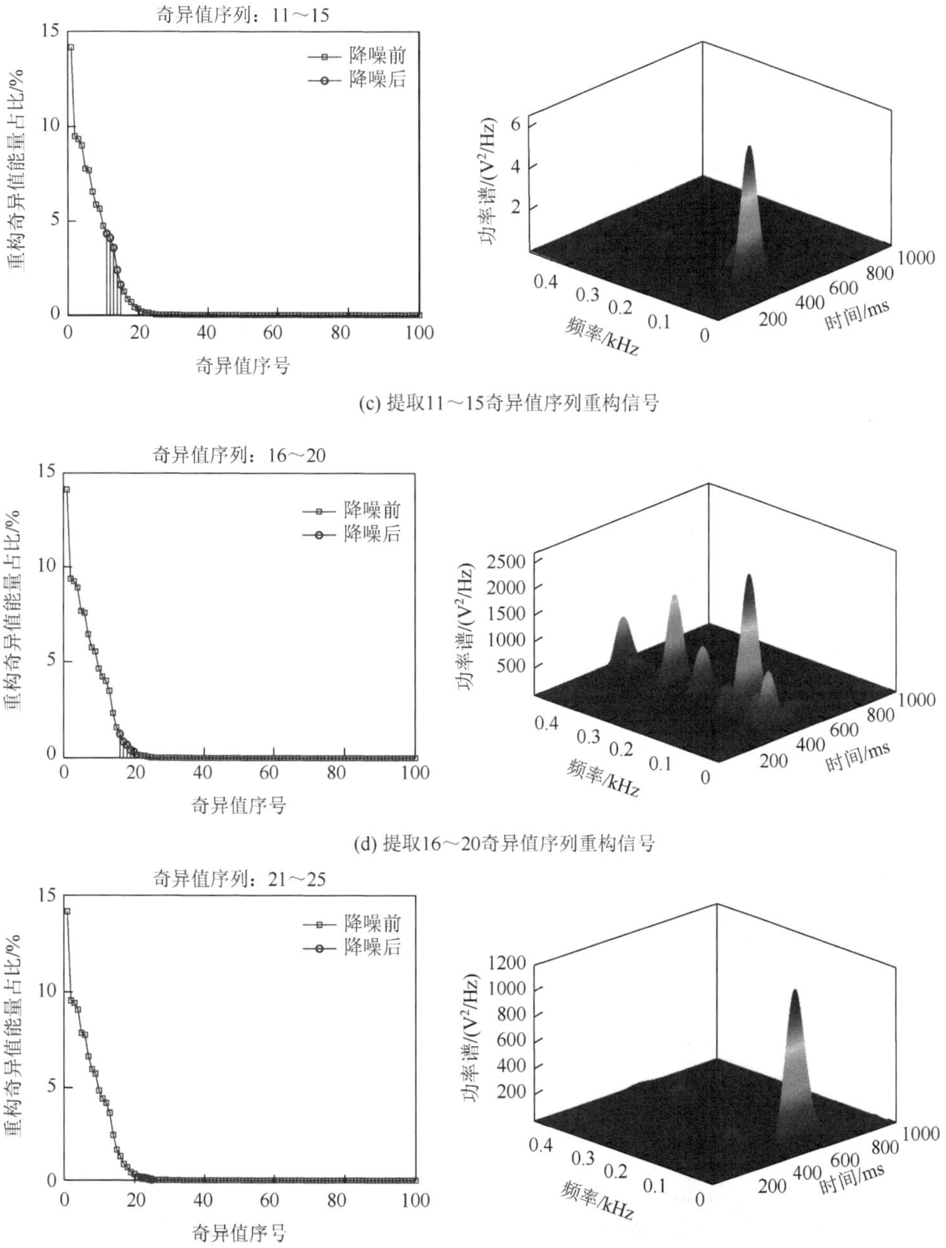


(c) 提取11～15奇异值序列重构信号

(d) 提取16～20奇异值序列重构信号

(e) 提取21～25奇异值序列重构信号

图 3-15　奇异值优选

### 3.4.5.2 频谱分析对比

为了说明利用本书方法对矿山微震信号进行降噪处理的有效性，以 5#、12# 通道为例（分别代表高、低信噪比信号），对比两通道内降噪前、后的波形变化及频谱变化规律，其结果如图 3-16 所示。对比图 3-16（a）、（b）中降噪前后效果，可以看出，微震信号的噪声得到有效压制，时频分布范围更为集中，与此对应的是明显被压制的底噪。从时频图［图 3-16（a）］中看，降噪前微震信号的频率广

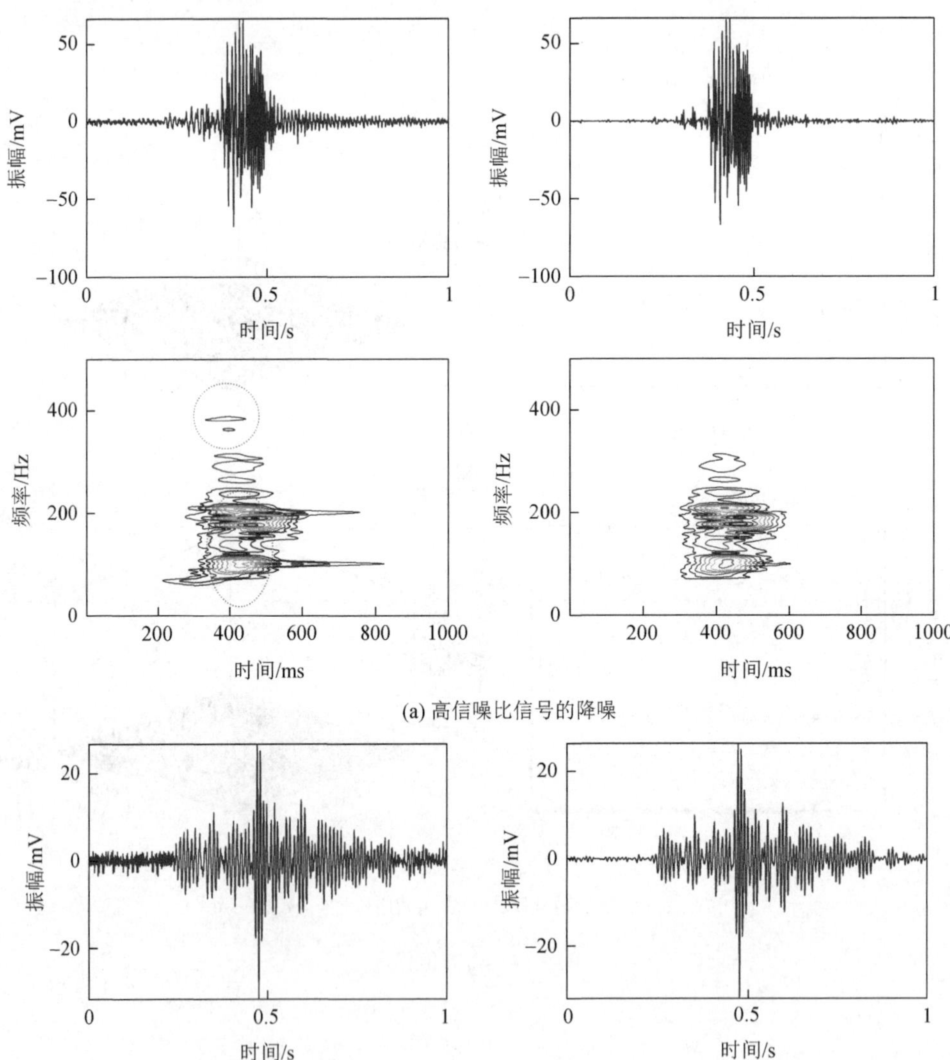


(a) 高信噪比信号的降噪

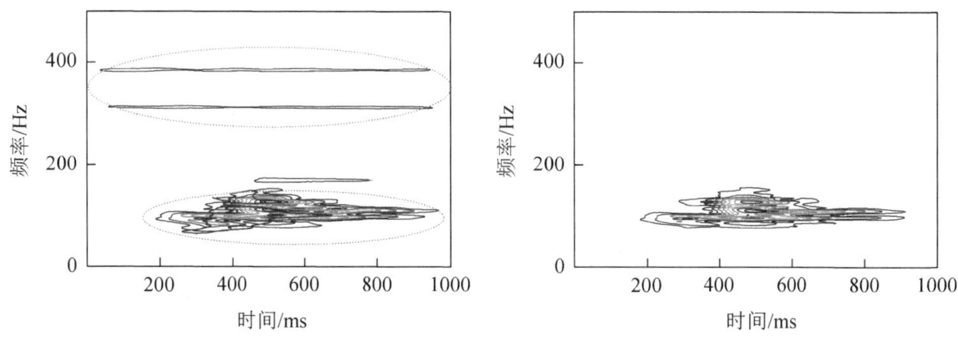


(b) 低信噪比信号的降噪

图 3-16　频域 SVD 降噪结果分析

左侧为降噪前，右侧为降噪后

泛分布于 0～400Hz，持续范围约为 200～800ms；而降噪后，600～800ms 的频率成分被去除，320Hz 以上频段的成分被削弱。图 3-16（b）低信噪比信号的降噪效果更为明显，尤其是图 3-16（b）中 300～400Hz 范围的频率完全去除，对应的波形噪声得到很好的抑制。

由此说明，本书方法从频率角度对微震信号进行降噪，在保留原有信号的主要成分基础上，充分利用了矿山微震信号频率范围小的特点，对异常的频率成分进行了抑制和去除，有效降低了背景噪声等干扰成分的影响，得到了更高的信噪比。

# 4 矿山微震信号的特征提取与定量表达

矿山微震信号的特征提取是实现微震信号自动识别的基础。通过对典型矿山微震信号属性的分析，提取相应的属性作为特征量，通过现场数据的研究，确立不同特征属性的定量表达方法与模型，并建立相应的特征向量指标，为后文自动识别模型的建立奠定基础。

由于微震信号的“三非”（非平稳、非高斯、非线性）特性，加之矿山小范围背景下的低信噪比、背景干扰多的特征，通过一种或几种特征实现对矿山微震信号的有效识别，是一项异常艰巨的任务。

考虑到矿山微震信号的特殊性，矿山微震波形的分类识别应该以矿山地震学理论为基础，在采矿学、岩石力学等知识的支撑下，对微震波形进行研究，建立相应的、行之有效的判据进行判别。其思路可以概括如下：

（1）利用矿山微震波的时长、振幅以及时频特征等常规的特征，建立时域类型判别的波形特征标志；

（2）借助信号领域衍生出来的时域、频域分析等方法，求解微震信号的频域特征指标，包括拐角频率、功率谱密度以及谱比值等特征，并建立相应的判断模型；

（3）通过小波包变换的分解与重构，提取隐含在微震信号中的时频特征。包括信号不同频带的能量分布特征、分形特征。这类特征主要应用于爆破震动信号与岩体破裂微震信号的分类；

（4）基于数理统计方法，对矿山范围内各类典型事件进行统计分析，寻求其统计特征，如过零率、门限阈值统计以及振幅分布统计等，并建立相应的类型判别统计特征标志；

（5）通过建立井下监测、人工巡检，联合井下异常现象（冒落、片帮等）和宏观现象（震感强烈、巷道变形等），构建基于综合评价的大能量事件的宏观评价指标。

总体而言，根据不同表征方式或针对不同研究对象，将矿山微震波形特征分为五类，分别是时域特征、频域特征、时频特征、数理统计特征以及宏观评价指标，如图 4-1 所示。

根据这些不同的矿山微震波形属性解释微震信号的内涵信息，这些属性并不是相互独立，但均能从某一方面很好地解释波形的特征。宏观评价指标作为识别结果人工核对指标，可在识别时或完成后进行比对验证，此处不作详细介绍。

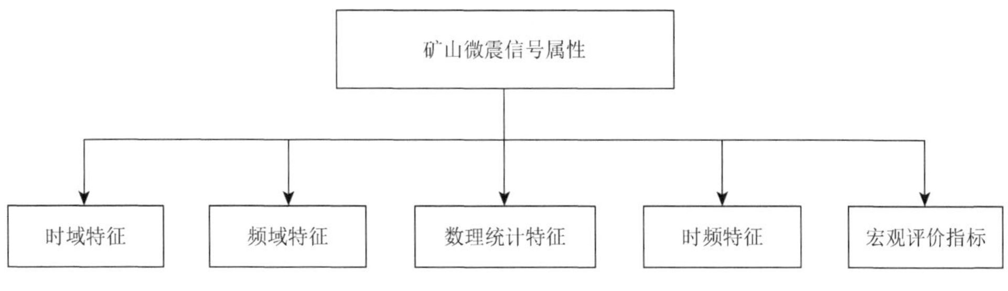


图 4-1　矿山微震信号的属性

## 4.1　矿山微震信号特征分析

### 4.1.1　时域特征

时域特征，主要是指微震信号的时间域属性。常见的微震信号特性有波形时长、振幅、振幅比、波形复杂度以及常规时域指标等参数。

#### 4.1.1.1　波形复杂度 $C$

一般情况下，岩体破裂事件比同震级的爆破事件要复杂得多，震源特性也更为复杂。因此，波形的复杂度可以从一定程度上反映不同微震波形的特征。波形复杂度的定义方法有很多种，最常用的定义方法为波形复杂度（complexity of waveform）$C$

$$C = \frac{\int_{t=0}^{t=L} x(t)\mathrm{d}t}{\int_{t=L}^{t=H} x(t)\mathrm{d}t} \tag{4-1}$$

式中，$x(t)$为波形的时间序列；$L$、$H$ 分别为选定的时段。

#### 4.1.1.2　时长 $L$

波形的时长 $L$ 指沿着波的传播方向，在波的图形中，第一个起跳质点到最后一个起跳质点的时间长度。不同类型的波形通常具有不同的波形时长，如爆破震动分布在 200～1000ms，岩体破裂分布在 100～800ms，电磁干扰与底部噪声则不同，电磁干扰较稳定，一般在 400～800ms，底部噪声不会触发，时长为 0。如图 4-2 为微震波形的时长特征。

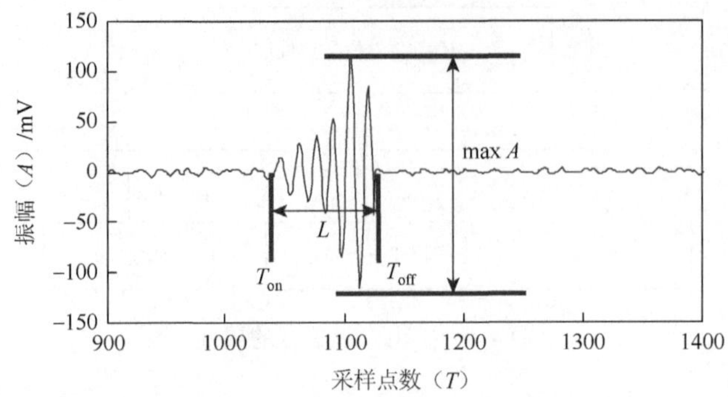


图 4-2　微震波形的时长特征

采用长短时窗（STA/LTA）法作为有效事件触发条件，并拾取事件初始到时。计算求得波形初始起跳点 $T_{on}$ 和终止点 $T_{off}$。因此，时长 $L$ 可记为

$$L = T_{off} - T_{on} \tag{4-2}$$

#### 4.1.1.3　振幅比

振幅比表征了地震的动力学特性，其大小与震级无直接关系，且不取决于地震波振幅的绝对值。波形的振幅可以反映信号的起跳程度，振幅越小，信噪比越低。微震信号 $x(i)$的最大振幅 max $A$ 可表述为

$$\max A = \max\left(\text{abs}(x(i))\right) \tag{4-3}$$

式中，abs()为取绝对值；max()为取最大值；max $A$ 为绝对值最大的采样点的振幅值。

求取信号的振幅比（AR），可以有效剔除底部噪声信号，其计算公式为

$$\text{AR} = \frac{H_2 - H_1}{T_{off} - T_{on}} \frac{\int_{t=T_{on}}^{t=T_{off}} |x(t)| \mathrm{d}t}{\int_{t=H_1}^{t=H_2} |x(t)| \mathrm{d}t} \tag{4-4}$$

式中，$H_2$、$H_1$ 分别为底部噪声部分的终止和起始时刻。

振幅比求取的一般步骤为：①先对数据进行滤波处理；②后将滤波数据进行归一化操作；③计算有效波形段振幅的平均值，并求取与底部干扰波形振幅绝对平均值的比值。

#### 4.1.1.4　相关系数

地震领域利用相关分析描述地震两道记录的相似程度，其相似值称为相关系数（$R$）。计算一系列变化时移的相关系数，就可以构成相关函数。通常，利用两

道记录作相关运算，求取相关系数，如图 4-3 所示，可以求取道间时差、地震子波以及进行相关滤波、波形识别。

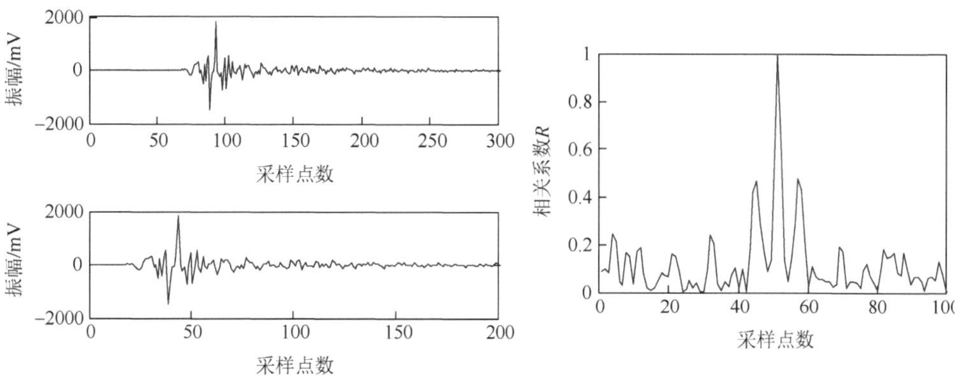


图 4-3 微震波形的相关系数

微震波形自身携带有震源的特性信息，在传播过程中，虽然受不均匀介质的影响，如断层、空区、不连续界面，会形成折射、反射等，从而使波形信息发生变化，但总体而言，微震波形仍保留大量震源特性，因此，从波形本身来看，不同通道波形间仍具有极高的相似性。如图 4-4 所示，四幅波形为一次矿震震动触发，分属四个不同通道，且到时各异。

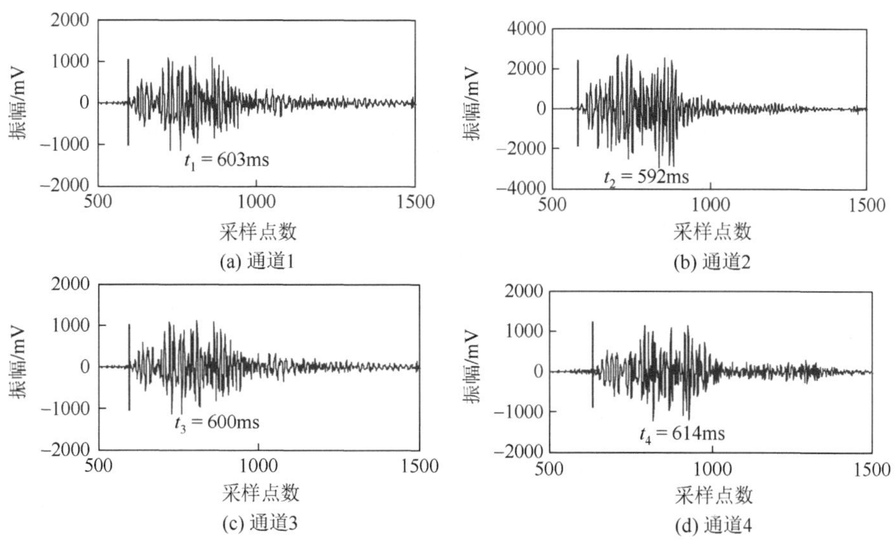


图 4-4 同一事件在不同通道的波形图

$t_1$～$t_4$ 表示对应初始到时用竖线标记

滑动时窗自相关比较法的算法如下：

（1）任取两微震信号样本序列$\{x(t)|t=1,2,3,\cdots,N\}$与$\{y(t)|t=1,2,3,\cdots,N\}$。通过计算求取两者的新样本序列，计算公式为

$$\begin{cases} x'(t)=\sum_{i=1}^{t}\left(x(i)-\bar{x}\right) \\ y'(t)=\sum_{i=1}^{t}\left(y(i)-\bar{y}\right) \end{cases} \tag{4-5}$$

式中，$\bar{x}$为序列$x(t)$的平均值；$\bar{y}$为序列$y(t)$的平均值。

（2）利用 STA/LTA 法求取信号的初始到时与终止到时。并截取相应的有效波形部分，分别记作$L_1$和$L_2$。其计算方法参见 6.1 节。

假定采样频率为$f$，则有效信号的波形长度$L_w$的计算公式为

$$L_w=\frac{T_{off}-T_{on}}{f} \tag{4-6}$$

式中，$T_{on}$与$T_{off}$分别为微震波的初始到时与终止到时。

（3）比较$L_1$和$L_2$波形段的大小。以波长较短的信号长度作为滑动时窗的区间长度$l$，一个采样点作为滑动间距，在长波长上滑移，并计算每次的相关性，如图 4-5 所示。

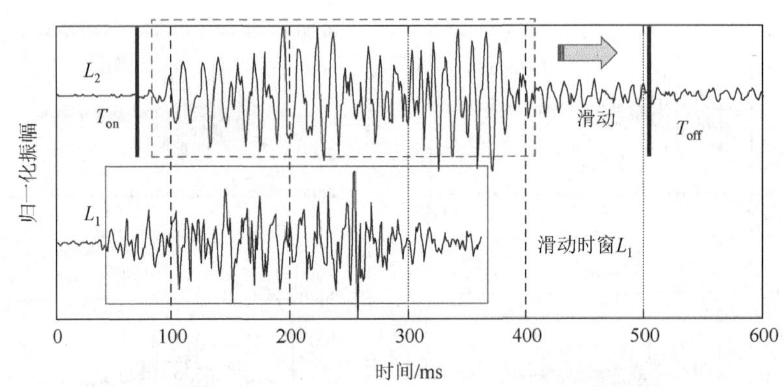


图 4-5　滑动时窗相关性示意图

假设 1#波形小于 2#，则利用滑动时窗互相关计算法，波形$L_1$与$L_2$的相关系数$R$表达为

$$R=\max\left(\frac{\sum_{i=n+1}^{n+L_1}(x_i-\overline{x})(y_i-\overline{y})}{\sqrt{\sum_{i=n+1}^{n+L_1}(x_i-\overline{x})^2\sum_{i=n+1}^{n+L_1}(y_i-\overline{y})^2}}\right)\quad(n=0,1,2,\cdots,L_2-L_1)\tag{4-7}$$

式中，$x_i$为该波形第 $i$ 个采样点的振幅值；$\overline{x}=\frac{1}{n}\sum_{i=1}^{n}x_i$；$\overline{y}=\frac{1}{n}\sum_{i=1}^{n}y_i$；$i$ 为对应通道的采样点序号；$n$ 为总的采样点数。

两类信号相关与否的判据为：当$|R|=1$时，称为完全线性相关；当$|R|=0$时，称为无线性相关；$|R|$越接近 1，线性相关越大。由于相关系数受干扰影响较大，因此，$|R|$的取值在不同背景干扰及噪声中不同，该值与观测次数或采样点 $n$ 及所给可信度有关。采样点越多，由于影响相关性的因素随之增多，$|R|$的值越小。

#### 4.1.1.5　常规时域指标

此外，常规时域指标{sf, Cf, If, CLf, Kv}同样可以应用于波形识别之中。在对信号分析过程中，常规时域指标是一个重要特征。常规时域指标可以分为两类：一类是有量纲指标，包括均值、均方根、方根幅值、绝对平均值、偏斜度、峭度、方差、最大值、最小值以及峰值；第二类是无量纲指标，包括五类：波形指标（sf）、峰值指标（Cf）、脉冲指标（If）、裕度指标（CLf）以及峭度指标（Kv）。

无量纲指标对电脉冲较为敏感，可以用于电磁信号的识别。信号$\{x_i\}$的五类无量纲指标可表述为

$$\mathrm{sf}=\frac{\sqrt{\frac{1}{N}\sum_{i=1}^{N}x_i^2}}{\frac{1}{N}\sum_{i=1}^{N}|x_i|}\quad(波形指标)\tag{4-8}$$

$$\mathrm{Cf}=\frac{\max\limits_{1\leqslant i\leqslant N}|x_i|}{\sqrt{\frac{1}{N}\sum_{i=1}^{N}|x_i^2|}}\quad(峰值指标)\tag{4-9}$$

$$\mathrm{If}=\frac{\max\limits_{1\leqslant i\leqslant N}|x_i|}{\sqrt{\frac{1}{N}\sum_{i=1}^{N}|x_i|}}\quad(脉冲指标)\tag{4-10}$$

$$\mathrm{CLf}=\frac{\max\limits_{1\leqslant i\leqslant N}|x_i|}{\left(\sqrt{\frac{1}{N}\sum_{i=1}^{N}\sqrt{|x_i|}}\right)^2}\quad(裕度指标)\tag{4-11}$$

$$\mathrm{Kv}=\frac{\frac{1}{N}\sum_{i=1}^{N}x_i^4}{\left(\sqrt{\frac{1}{N}\sum_{i=1}^{N}x_i^2}\right)^4}\text{（峭度指标）} \tag{4-12}$$

式中，$x_{rms}$ 为微震信号的均方根值；$x_{max}$ 为微震信号的最大值；$x_i$ 为序号为 $i$ 的波形的振幅值；$N$ 为波形长度。

#### 4.1.1.6　功率谱密度

随机信号的功率谱密度（PSD）用来描述信号的能量特征随频率的变化关系，是指用密度的概念表示信号功率在各频率点的分布情况。功率谱在爆破、地震信号的识别中应用较多。假设 $f_\omega(t)$与 $F_t(\omega)$是傅里叶变换对，二者关系是唯一对应的，它们之间满足帕什瓦定理（Parseval theorem）。帕什瓦定理表明功率谱密度曲线下的面积等于信号幅度平方下的面积，如式（4-13）为

$$\int_{-\infty}^{\infty}|f(t)|^2\mathrm{d}t=\int_{-\infty}^{\infty}|F(\omega)|^2\mathrm{d}\omega \tag{4-13}$$

式中，$f(t)$为连续时间信号，它的傅里叶变换为 $F(\omega)$；$t$ 为时间；$\omega$ 为频率。

通过短时傅里叶变换，可以研究某一特定频率的时间特性。用式（4-14）即可定义联合时频分布

$$P(t,\omega)=\int_{-\infty}^{\infty}|f(t)|^2\mathrm{d}t=\int_{-\infty}^{\infty}|F_t(\omega)|^2\mathrm{d}w \tag{4-14}$$

信号瞬时功率的表达式可定义为

$$P=s(t)^2 \tag{4-15}$$

式中，$P$ 为瞬时功率；$s(t)$为 $t$ 时刻的幅值。

四类典型矿山波形的功率谱特征如图 4-6 所示。

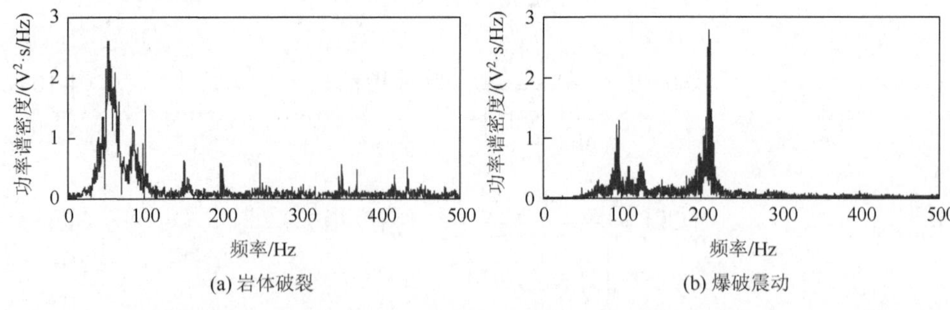


(a) 岩体破裂　　(b) 爆破震动

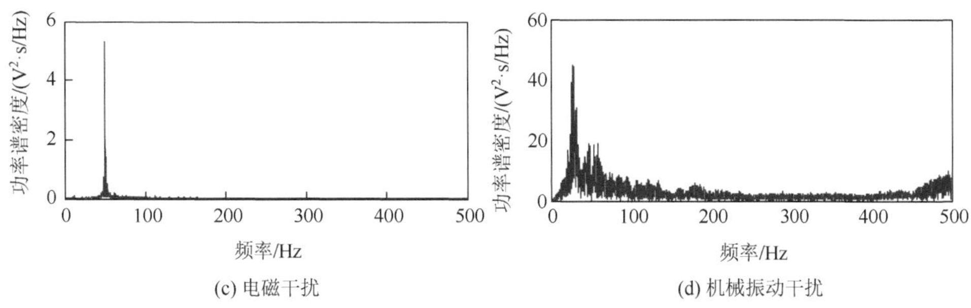


图 4-6 四类典型矿山波形的功率谱特征

### 4.1.1.7 谱比值

谱比值（spectral ratio，SR）是利用频谱的复杂度反映信号的性质。不同信号具有不同的频谱分布，如爆破震动信号偏向于高频部分，机械振动则分布于低频部分。因此，通过频谱分布的不同，可以鉴别频率特征明显的信号。谱比值定义为

$$\mathrm{SR}=\frac{\int_{f=L_1}^{f=H_1} F(f)\mathrm{d}f}{\int_{f=L_2}^{f=H_2} F(f)\mathrm{d}f} \tag{4-16}$$

式中，$f$ 为信号的频率；$F(f)$为微震信号的幅度谱值；积分上下限 $H_1$、$L_1$ 与 $H_2$、$L_2$ 分别为选定的频段，$H_1$、$L_1$ 为高频段上下限，$H_2$、$L_2$ 为低频段的上下限。

### 4.1.1.8 拐角频率

Brune 于 1970 年提出了 $\omega^{-2}$ 模型（Brune 模型），由此模型定义的震源位移谱可以表示为

$$\Omega(f)=\frac{\Omega(0)}{1+(f/f_{\mathrm{c}})^2} \tag{4-17}$$

式中，$\Omega(f)$为 $\omega^{-2}$ 模型的震源位移谱；$\Omega(0)$为震源位移谱的零频极限值；$f_{\mathrm{c}}$ 为震源位移谱的拐角频率。

假设矿山微震震动位移函数的振幅谱为

$$U(f)=\frac{F(f)}{2\pi f} \tag{4-18}$$

式中，$F(f)$ 为傅里叶变换后的速度振幅谱；$2\pi f$ 为速度振幅谱 $F(f)$ 与位移振幅谱 $U(f)$ 的比例系数。

零频震源位移谱 $\Omega(0)$和拐角频率 $f_c$ 的求解，可以转化为求解式（4-19），使该式的残差值达到最小。其中，$\Omega(0)$和 $f_c$ 为该式的自变量，利用最小二乘法求解方程。

$$\text{errrate}=\frac{\min\left\{\sum\left[\Omega(0)\left[1+\left(\frac{f}{f_c}\right)^2\right]^{-1}-U(f)\right]^2\right\}}{U(f)^2} \tag{4-19}$$

从而确定该微震事件的零频极限值 $\Omega(0)$和拐角频率 $f_c$。下面对典型的爆破震动波形和岩体破裂微震波形进行求解，如图 4-7 和图 4-8 所示，分别得出爆破震动波形的拐角频率为 301.54Hz，岩体破裂微震波形的拐角频率为 105.36Hz。

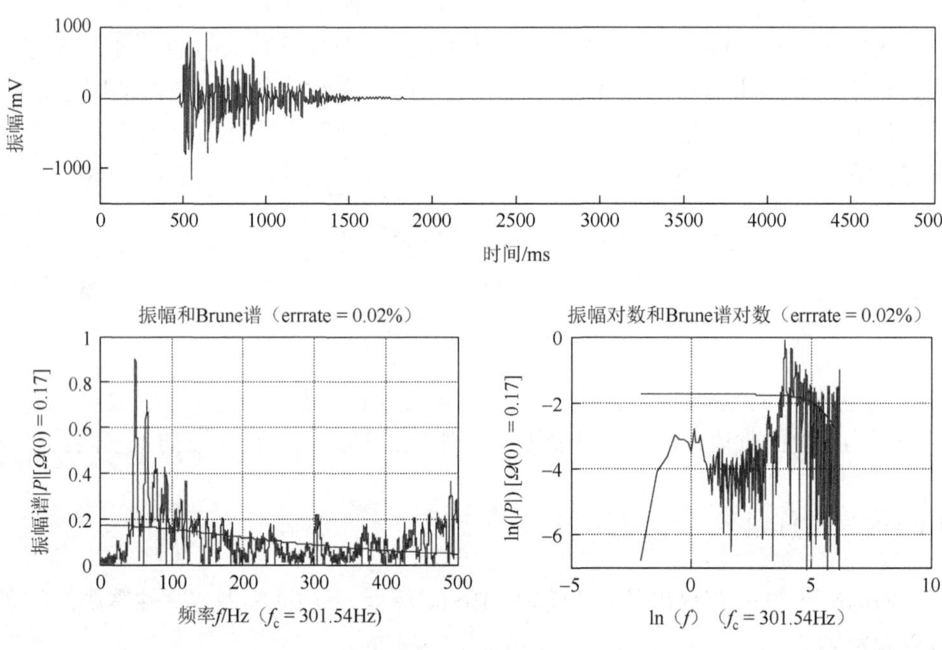


图 4-7　爆破震动波形及其震源位移谱

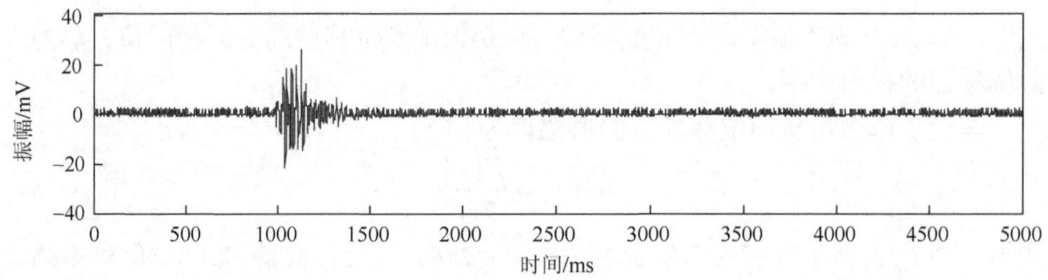

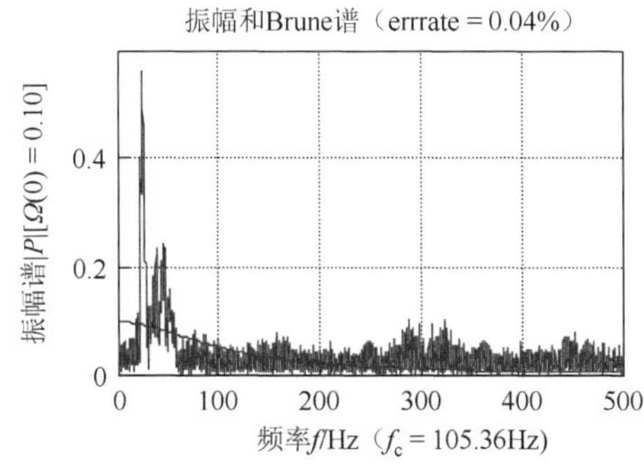


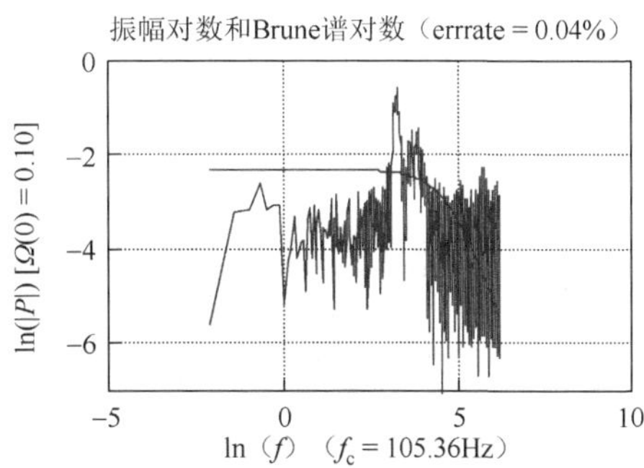


图 4-8 岩体破裂微震波形及其震源位移谱

### 4.1.2 时频特征

在平稳信号分析中，时域和频域分析是两种不同的表现形式，傅里叶变换及其反变换建立了信号频域与时域的映射关系。通过傅里叶变换可以将信号从时域转换到频域，也可以将信号从频域转换到时域，但由于傅里叶变换是一种全局变换，因此，要么完全时域，要么完全频域，这样就导致时域显示了时间信息但隐藏了频率信息，频域分析显示了频率信息但隐藏了时间信息（孙延奎，2005）。

地震信号属于非平稳信号，常规傅里叶变换方法不能刻画任一时刻的频率成分，无法对其进行全面的分析。时频分析方法将一维时域信号变换到二维的时频平面，能够全面、直观地反映地震信号的时频联合特征。常见的时频分析方法有多种，其中应用较为广泛的有短时傅里叶变换、Zhao-Atlas-Marks 时频分析方法等，其中短时傅里叶变换在速率上较快。短时傅里叶变换是研究非平稳信号使用最广泛的方法。Gabor 于 1946 年引入了短时傅里叶变换，将信号划分为许多小的时间间隔，用傅里叶变换分析每个时间间隔内的频谱信息，克服了傅里叶变换的不足。其基本思想是，给定窗口 $r(t)$，把窗口划分成许多小的时间间隔，再用傅里叶变换对每一个窗口进行单独分析，求取窗口内信号的频率。通过局部的频率变化，反映整体的频谱特性。

岩体破裂微震信号的频率分布范围主要集中于 10～200Hz（朱权洁等，2012b），爆破震动信号则在高频 100～300Hz 表现得较为集中；在时域方面，二者也存在较大不同。不同岩体破裂微震信号持续时长不同，从 100ms 到 800ms 不等，有时甚至持续数秒，爆破震动信号则分布于 200～1000ms。

时频分析的目的有二：一是通过求振幅谱了解有效波和干扰波所处的频段，从而求取地震记录有效波的主频，掌握各种波的频谱特征；二是通过时频分析可以清晰看出不同频率所处的时间区间。后面将从时频角度，对矿山微震波形的小波包能量和分形特征进行分析，提取信号的小波包能量 We、小波包分形特征 Wd。图 4-9 为典型微震信号的时频分析图。

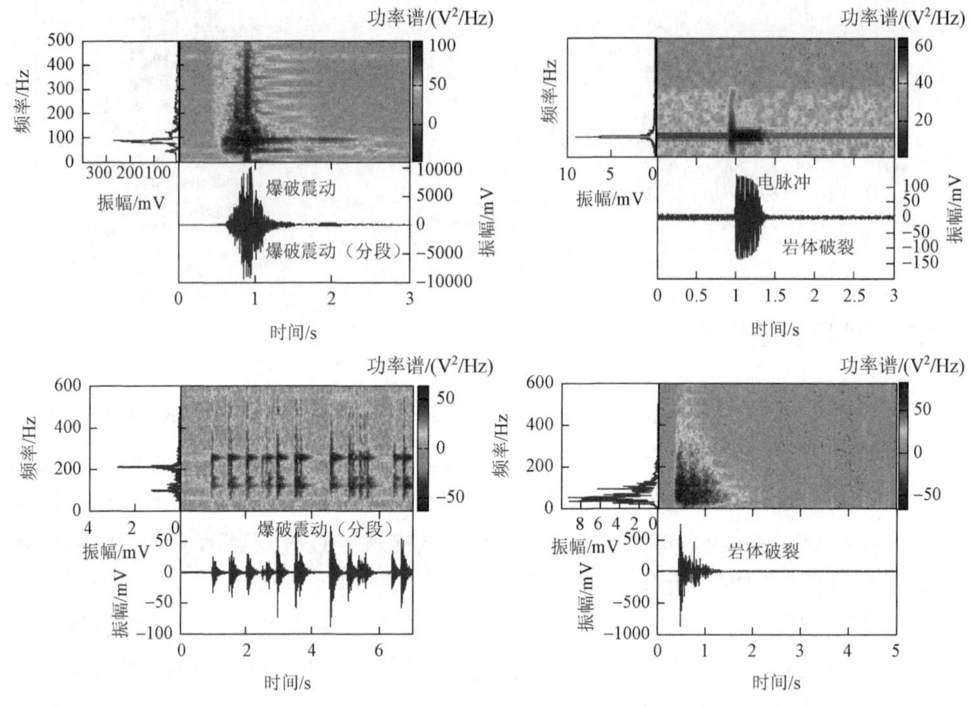


图 4-9　典型微震信号的时频分析图

设微震信号 $f(t)$，其频谱为 $F(\omega)$。一般情况下，快速傅里叶变换的复指数函数的积分或积数形式为[频率域函数 $F(\omega)$表示为时间域函数 $f(t)$的积分]

$$F(\omega)=F\left[f(t)\right]=\int_{-\infty}^{\infty}f(t)\,\mathrm{e}^{-\mathrm{i}\omega t}\mathrm{d}t \tag{4-20}$$

式中，e 为自然对数的底数；i 为虚数单位；$\omega$ 为角频率；$f(t)$为连续波形，其频谱为 $F\left[f(t)\right]$。在通信或信号处理方面，频率 $f=\omega/2\pi$。

其逆变换可表示为

$$f(t)=F^{-1}\left[F(\omega)\right]=\frac{1}{2\pi}\int_{-\infty}^{\infty}F(\omega)\,\mathrm{e}^{\mathrm{i}\omega t}\mathrm{d}\omega \tag{4-21}$$

简单来说，短时傅里叶变换可以理解为，信号函数 $x(t)$在时间窗函数下进行一维变换，不断移动窗口位置，从而得到一系列的傅里叶变换结果。用频率窗函数给频谱 $F(\omega)$加窗，并利用傅里叶逆变换求取时间变换。数学上，信号的短频时间变换 $f_\omega(t)$表示为

$$f_{\omega}(t)=\frac{1}{\sqrt{2\pi}}\int\left[F(\omega')H(\omega-\omega')\right]\mathrm{e}^{\mathrm{i}\omega' t}\mathrm{d}\omega' \tag{4-22}$$

式中，$H$ 为频率窗函数。

建立时间窗函数 $h(t)$与频率窗函数 $H(\omega)$的关系式

$$H(\omega)=\frac{1}{\sqrt{2\pi}}\int h(t)\mathrm{e}^{-\mathrm{i}\omega t}\mathrm{d}t \tag{4-23}$$

则可得到

$$F_t(\omega)=\mathrm{e}^{-\mathrm{i}\omega t}f_{\omega}(t) \tag{4-24}$$

## 4.1.3 统计特征

统计特征能够有效提取出波形质点的时序分布特征，主要从短时平均过零率（ZCR）、门限阈值（ATS）以及振幅分布（MAR）统计三方面对微震信号进行统计分析。

### 4.1.3.1 短时平均过零率

短时平均过零率是指单位时窗内通过零点的次数与时窗内采样点数的比值。其公式可表达为

$$f_{\mathrm{zc}}=\frac{N_{\mathrm{zc}}-1}{2(t_2-t_1)} \tag{4-25}$$

式中，$f_{\mathrm{zc}}$ 为短时平均过零率；$N_{\mathrm{zc}}$ 为时窗内通过零点的次数；$t_1$ 与 $t_2$ 分别为时窗的起始点和终止点。短时平均过零率对时窗比较敏感，当时窗比较小时，其值变化较平均频率更为明显。

过零点存在一个明显特征，即过零点的两个采样点必然异号，因此，可以建立过零点的判断准则

$$x(i)x(i+1)<0 \tag{4-26}$$

式中，$x(i)$为波形上的任一采样点，当前后两点的乘积为负时，则此两点过零点。

图 4-10 所示为两类典型微震信号波形及其短时过零率计算曲线。图 4-10 中，爆破震动的有效波形部分其频次约占总采样点数的 12%，体现了爆破震动信号的高频特性；岩体破裂微震信号振幅变化较快，有效波形部分其频次约占总采样点数的 22%，表现为低频部分较为明显。

为了研究微震波形曲线的短时平均过零率特征，选取 80ms 的时窗，对时窗内短时平均过零率进行动态计算，每滑移一个采样点，得出全局的短时平均过零率，如图 4-11 所示。

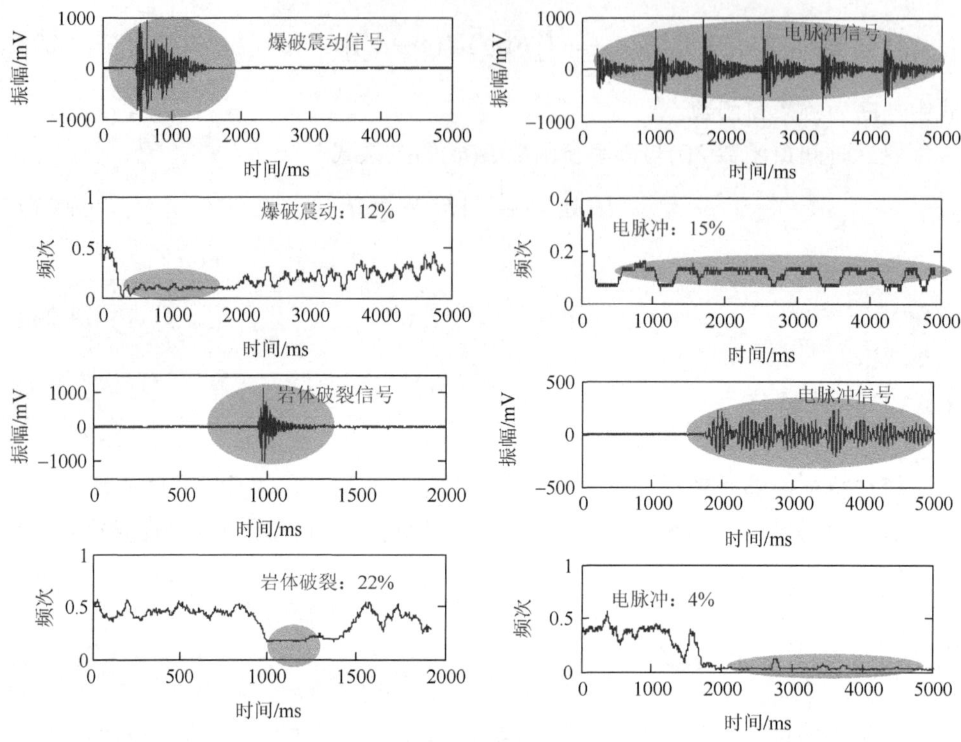


图 4-10　两类典型微震信号波形的短时过零率统计（窗口为 80ms）

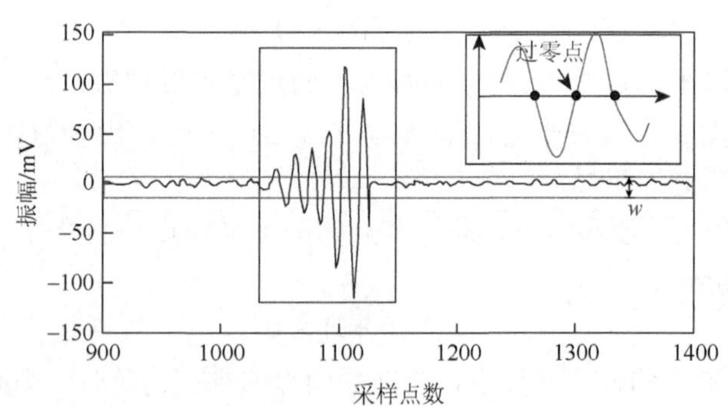


图 4-11　微震波形的短时平均过零率计算

过零点平均频次的计算步骤为：

（1）对原始微震信号进行[–1, 1]归一化处理。

（2）定义一个窗口，长度为信号总长度 $l$，高度为 $w$。将窗口的数据点全部归零，即 $y(x) = 0$。

（3）利用长短时窗法获取整个波形中的有效波形部分。求取有效波形部分的过零点次数 $N_{zc}$。

（4）利用式（4-25）计算波形的短时平均过零率 $f_{zc}$。

对典型的四类波形进行短时平均过零率统计，得到表 4-1 结果。

**表 4-1 不同类型波形短时平均过零率统计（时窗 80ms）**

| 波形类别 | 总过零点次数 | 总采样点数 | 短时平均过零率/% | 备注 |
|---|---|---|---|---|
| 爆破震动 | 930 | 5000 | 18.60 | 单次爆破 |
| | 3261 | 5000 | 65.22 | 分段爆破 |
| 岩体破裂 | 1780 | 5000 | 35.60 | |
| 电脉冲 | 750 | 5000 | 15.00 | |
| 人为敲击 | 573 | 5000 | 11.46 | |

### 4.1.3.2 门限阈值

当时窗内振幅属性采样率为平均采样率时，根据求得的振幅大值或小值所占比例可知，大于门槛值的占比就决定了大于设定的振幅门槛值的采样数的多少。在某种意义上讲，主要计算的是门限范围外的相对高的振幅部分。

门限阈值（ATS）统计是指，设定一个门限 $w$，将底部噪声的振幅 $y$ 归零，统计振幅大于门限的采样点的数量，并计算该采样点数占总采样点数的比例。如图 4-12 所示，阴影区域为门限窗口。

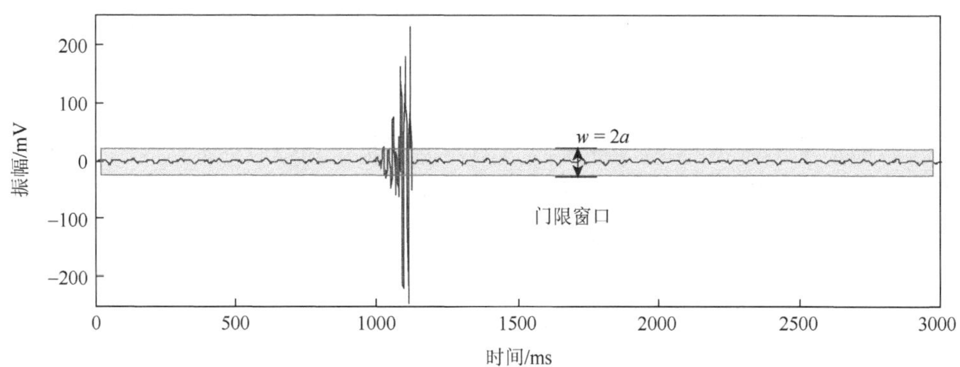


图 4-12 门限窗口统计

设阴影区域外的采样点数为 $N_i$，则其公式 $f_{st}$ 可表达为

$$f_{\text{st}} = \frac{N_i}{N} \tag{4-27}$$

求解门限阈值统计的计算步骤为：

（1）归一化处理。对原始微震信号进行[−1, 1]归一化处理。

（2）设定门限阈值。定义一个窗口 $w$，长度为信号总长度 $l$，高度即为振幅，大小为 $-a < w < a$。$w$ 的大小应根据系统内部干扰大小确立。

（3）统计过门限的采样点。去除窗口内的低振幅点，统计所有门限窗口外的高振幅点。

（4）计算过门限采样点的占比 $f_{\text{st}}$。

通过设定固定的门限阈值，可以获得底部噪声以外振幅点所占比例。对四类典型波形的门限外点数进行统计，得到表 4-2 结果。

**表 4-2　不同类型波形门限外点数统计（$w$ = 10mV）**

| 波形类别 | 门限外点数统计 | 总采样点数 | 占比/% | 备注 |
|---|---|---|---|---|
| 爆破震动 | 545 | 5000 | 10.9 | 单次爆破 |
| 岩体破裂 | 326 | 5000 | 6.52 | |
| 电脉冲 | 346 | 5000 | 6.92 | |
| 底部噪声 | 51 | 5000 | 1.02 | |

从表 4-2 中可以看出，电脉冲与岩体破裂微震信号的门限外点数接近；爆破震动信号的门限外点数占总采样点数的 10.9%；底部噪声信号的门限外点数占比大约占总数的 1.02%，较其他三类信号有较大变化。因此，通过此方法可以有效分辨出底部噪声信号。

### 4.1.3.3　振幅分布

振幅分布（MAR）的特征说明了采样点在一定幅宽内的聚集程度，可以从侧面反映信号频率特征，如图 4-13 所示。假设信号中存在随机的事件序列，波峰值为 $A_{\max}$，波谷值为 $A_{\min}$。将信号从振幅角度划分为 $n$ 个长条区域，长条间隔为 $b$，则有统计时窗总数 $n$ 为

$$n = \left\lceil \frac{A_{\max} - A_{\min}}{b} \right\rceil \tag{4-28}$$

式中，$\lceil\ \rceil$ 为取最接近的整数。

令 $m_k$ 为矩形统计时窗内的采样点个数，则有

$$m_k \to \left[ A_{\min} + kb \leqslant d_i \leqslant A_{\min} + (k+1)b \right] \tag{4-29}$$

式中，$m_k$ 为第 $k$ 个统计时窗；$d_i$ 为时窗内统计的所有采样点点数。编制相应的 MATLAB 模块进行统计计算。

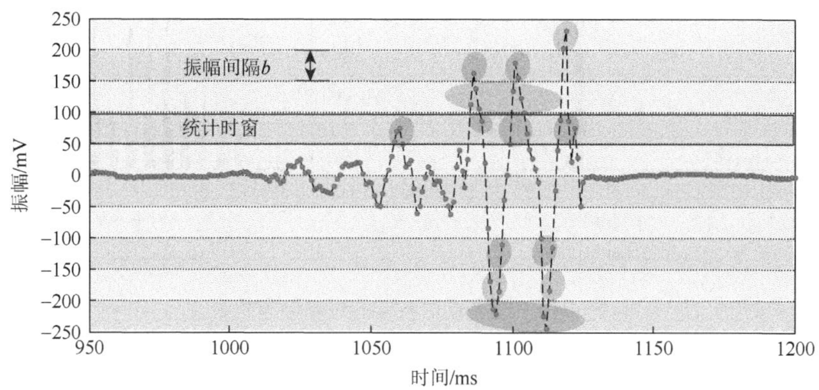


图 4-13　振幅分布统计示意图（$b = 50$mV）

每个圆圈表达了该区间内的所有微震事件

振幅分布特征的计算步骤为：

（1）归一化处理。对原始微震信号进行[−1, 1]归一化处理。

（2）设定门限阈值。定义一个窗口 $w$，长度为信号总长度 $l$，高度即为振幅，大小为$-a < w < a$。$w$ 的大小应根据系统内部干扰大小确立。

（3）寻找波形中最大振幅 $A_{\max}$ 和最小振幅 $A_{\min}$，设置统计时窗总数 $n$（为便于观察，将时窗数定为 100），求解相应的统计时窗间隔 $b$。

（4）利用 MATLAB 编制相应模块，循环统计时窗内的采样点的数量。

通过上述步骤，对四类典型波形进行振幅分布特征分析，得到图 4-14 所示内容。

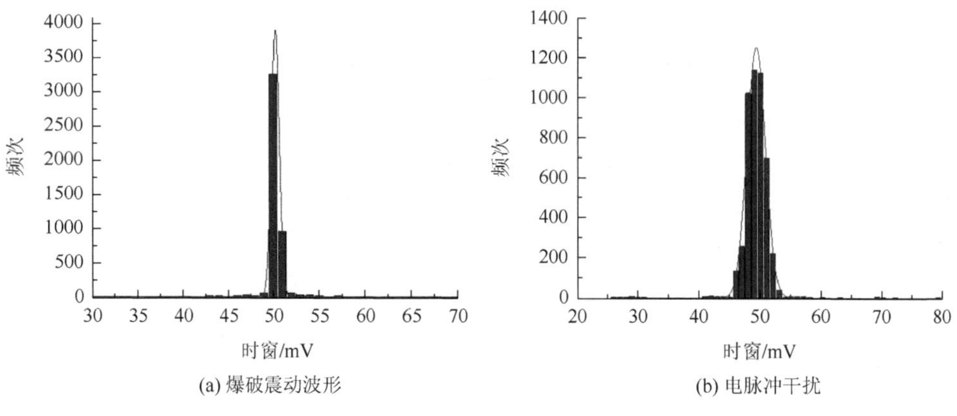


(a) 爆破震动波形　　(b) 电脉冲干扰

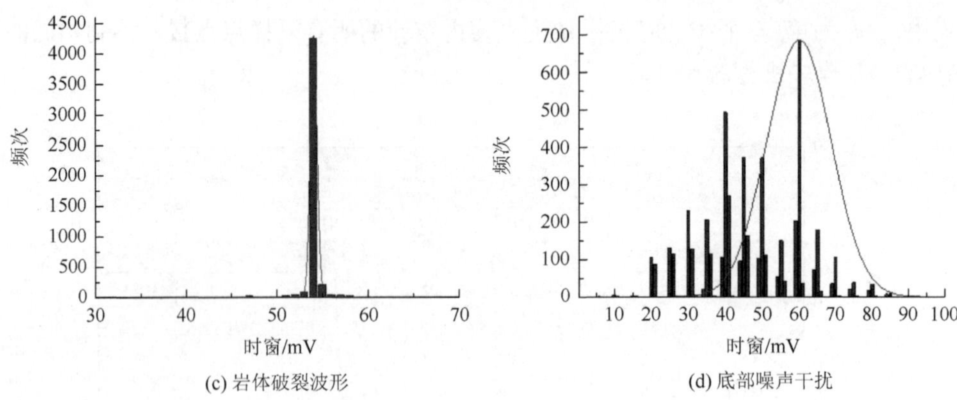


(c) 岩体破裂波形　(d) 底部噪声干扰

图 4-14　四类典型波形的振幅分布特征

由图 4-14 可以看出，岩体破裂事件与爆破震动事件在振幅分布上较为集中，主要分布在零点线附近，波峰波谷分布区段频次较低；电脉冲干扰的振幅分布较为集中，自零点最高频次处向两边平缓衰减，其分布情况较为均匀；底部噪声干扰的振幅分布较为离散，最高频次为 700 左右，因此，底部噪声干扰的振幅分布特征最为明显。对典型的四类波形进行振幅分布统计，得到表 4-3 结果。

**表 4-3　不同类型波形过零点频次统计（$n = 100$）**

| 波形类别 | 分布区间 | 最高频次 | 总采样点数 | 占比/% |
| --- | --- | --- | --- | --- |
| 爆破震动 | 49～50 | 3262 | 5000 | 65.24 |
| 岩体破裂 | 50～54 | 4248 | 5000 | 84.96 |
| 电脉冲 | 46～53 | 1138 | 5000 | 22.76 |
| 底部噪声 | 20～80 | 686 | 5000 | 13.72 |

## 4.2　矿山微震信号特征提取

使用常规的手段还不足以完整、正确地分析微震信号复杂的变化。小波包变换方法是目前较为常用的一种地震分析方法，它在小波变换的基础上进行了改进，弥补了小波变换的不足，并能根据信号的特性，自适应地选择相应的频带，使之与信号的频谱相匹配，提高了时频分辨率，处理突变信号或具有孤立奇异性的函数效果较为显著。因此，选用小波包分析对微震信号进行特征分析（程铁栋等，2021）。

### 4.2.1 小波包特征提取原理

小波包分解在兼顾时域的前提下，对信号的频域部分进行精细划分，从而获得信号的细节特征。

#### 4.2.1.1 小波包的分解与重构

假设存在正交尺度函数 $\phi(t)$和正交小波函数 $\varphi(t)$，两函数满足尺度方程和小波方程。标准化的尺度函数与小波函数可表述为

$$\begin{cases}\phi_{j,k}(t)=\sqrt{2^j}\phi(2^j t-k)\\ \varphi_{j,k}(t)=\sqrt{2^j}\varphi(2^j t-k)\end{cases} \tag{4-30}$$

式中，$j$ 为尺度指数；$k$ 为平移参数；$t$ 定义小波函数和尺度函数的输入，是描述信号随时间或空间变化的变量。

若$\{h_k\}_{k\in\mathbf{Z}}$、$\{g_k\}_{k\in\mathbf{Z}}$分别是正交尺度函数 $\phi(t)$和正交小波函数 $\varphi(t)$对应的低通实系数滤波器和高通滤波器，且 $g_k=(-1)^k h_{1-k}$，记 $u_0(t)=\phi(t)$，$u_1(t)=\varphi(t)$，将式（4-30）转换为一般形式，即

$$\begin{cases}u_0(t)=\sqrt{2}\sum\limits_{k\in\mathbf{Z}}h_k u_0(2t-k)\\ u_1(t)=\sqrt{2}\sum\limits_{k\in\mathbf{Z}}g_k u_0(2t-k)\end{cases} \tag{4-31}$$

利用尺度函数和小波函数的递推关系，我们可以定义小波包。设 $u_0(t)=\phi(t)$为尺度函数，$u_1(t)=\varphi(t)$为小波函数，则小波包$\{u_n(t)\}_{n\in\mathbf{Z}}$可以通过以下递推关系定义

$$\begin{cases}u_{2n}(t)=\sqrt{2}\sum\limits_{k\in\mathbf{Z}}h_k u_n(2t-k)\\ u_{2n+1}(t)=\sqrt{2}\sum\limits_{k\in\mathbf{Z}}g_k u_n(2t-k)\end{cases} \tag{4-32}$$

其中 $n$ 是一个重要参数，代表小波包子空间的索引，即小波包函数的编号。

小波包函数 $g_j^n(t)$ 可以通过尺度函数和小波函数的递推关系定义，令 $g_j^n(t)\in U_j^n$，则有 $g_j^n(t)$ 表述为

$$g_j^n(t)=\sum_{k\in\mathbf{Z}}d_{j,k}^n u_n(2^j t-k) \tag{4-33}$$

推演出小波包分解算法

$$\begin{cases} d_{j,k}^{2n} = \sum_{m\in\mathbf{Z}} h_{m-2k} d_{j+1,k}^{n} \\ d_{j+1,k}^{2n+1} = \sum_{m\in\mathbf{Z}} g_{m-2k} d_{j+1,k}^{n} \end{cases} \tag{4-34}$$

其中，$d_{j,k}^{2n}$是低频分量（近似部分）；$d_{j+1,k}^{2n+1}$是高频分量（细节部分）。

小波包重构算法

$$d_{j,k}^{n} = \sum_{m\in\mathbf{Z}} h_{k-2m} d_{j+1,m}^{2n} + \sum_{m\in\mathbf{Z}} g_{k-2m} d_{j+1,m}^{2n+1} \tag{4-35}$$

#### 4.2.1.2 微震信号的小波包分解

微震信号的小波包变换分析，原理是通过小波包的分解与重构，提取隐含在微震信号中的特征分量，并映射到不同频带之上，通过对比分析不同频带上的分量作为该信号的特征，来描述不同的微震信号本身。其实质就是对微震信号进行分析、变换、综合、识别等加工处理，达到提取微震信号特征的目的。

微震信号 $S(t)$的小波包分解，是将 $S(t)$投影到小波包基上，获得一系列小波包分解系数，通过这些小波包分解系数反映微震信号的不同特征。$S(t)$的表达式为

$$S(t) = \sum_{j=0}^{2^i-1} f_{i,j}(t_j) = f_{i,0}(t_0) + f_{i,1}(t_1) + \cdots + f_{i,j}(t_j) \tag{4-36}$$

式中，$f_{i,j}(t_j)$为微震信号小波包分解到节点$(i,j)$上的重构信号，其中，$i = 1, 2, 3, 4, 5$；$j = 0, 1, 2, \cdots, 2^5-1$。

已有研究表明，爆破震动信号的频率一般在 500Hz 以下，岩体破裂微震信号的频率在 0～200Hz。因此，设定微震监测系统的离散采样频率为 1000Hz，根据采样定理，其奈奎斯特（Nyquist）采样频率为 500Hz。本书对微震信号 $S(t)$进行 5 层小波包分解，其第 $i$ 层可以得到 $2^i$ 个子频带，即 $2^5$ 个子频带，相应的最低频带为 0～15.625Hz。各层重构信号的频带范围如表 4-4 所示（其中，$S_{i,j}$表示第 $i$ 层的第 $j$ 个小波包分解系数重构信号）。

**表 4-4　信号的各层小波包分解系数重构频带范围**

| 层数 | 频带范围 | | | | | |
|---|---|---|---|---|---|---|
| | $S_{i,0}$ | $S_{i,1}$ | $S_{i,2}$ | … | $S_{i,j-1}$ | $S_{i,j}$ |
| 1 | 0～250.0 | — | — | … | — | 250.00～500 |
| 2 | 0～125.0 | 125.00～250.00 | 250.00～375.00 | … | — | 375.00～500 |
| 3 | 0～62.50 | 62.50～125.00 | 187.50～250.00 | … | 375.00～437.50 | 437.50～500 |
| 4 | 0～31.25 | 31.25～62.50 | 62.50～125.00 | … | 437.50～468.75 | 468.75～500 |
| 5 | 0～15.625 | 15.625～31.25 | 31.25～46.875 | … | 468.75～484.375 | 484.375～500 |

小波包分析所用的小波基函数具有多样性，应用不同的小波基函数结果是不同的。在运用小波包分析方法处理微震信号时，小波基函数选取的好坏直接影响信号处理和分析结果的好坏。Daubechies 小波（db 小波）系列可以较好地反映微震信号在时间分布和频率分布上的非稳态变化过程，在地震、爆破等领域已得到较为广泛的应用。因此，本书采用 db8 小波基，对微震信号进行 4 层小波包分解，如图 4-15 所示。

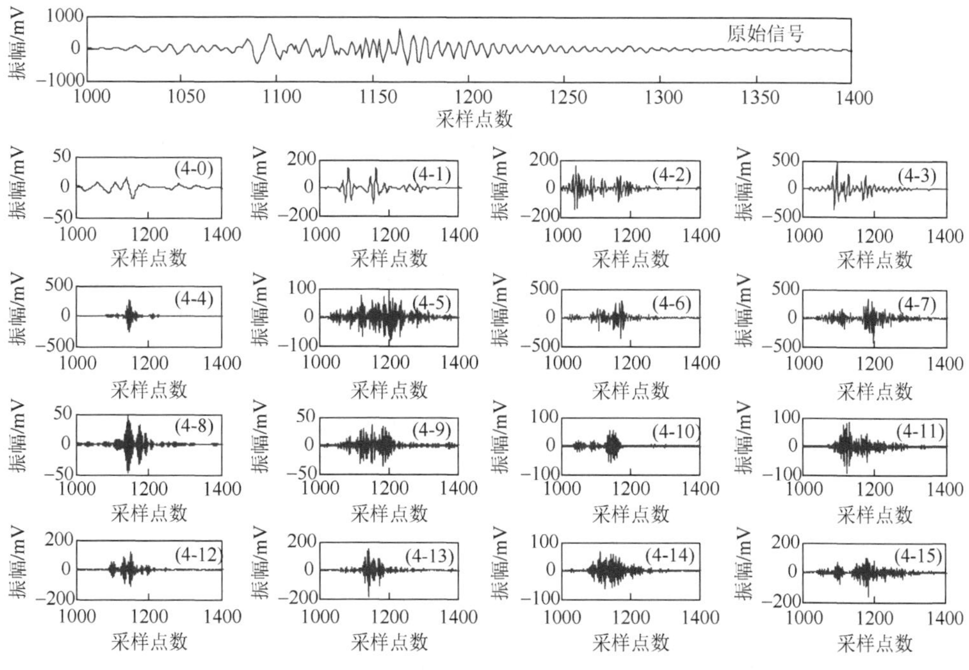


图 4-15　矿山微震信号的 4 层小波包分解

下面将根据不同的需求，对波形进行相应的小波特征提取。

### 4.2.2　小波包频带能量分布特征的提取

小波包频带能量特征的提取，实质上是利用小波包变换，将微震波的能量信息映射到不同频带上。由帕什瓦定理及式（4-36）可知，第 $i$ 层信号分量的能量一般定义为

$$E_{i,j}(t_j)=\int_T\left|f_{i,j}(t_j)\right|^2\mathrm{d}t=\sum_{k=1}^{m}\left|x_{j,k}\right|^2 \tag{4-37}$$

式中，$i$ 为小波包分解的层数；$m$ 为离散采样点数；$E_{i,j}(t_j)$为信号分解到第 $i$ 层第 $j$

个节点处的小波包频带能量；$x_{j,k}$($j=0, 1, 2, \cdots, 2^{i-1}$；$k=1, 2, \cdots, m$)为微震信号重构信号$f_{i,j}(t_j)$离散采样点的幅值。

原始信号$S(t)$为第$i$层所有节点上的重构信号之和，其总能量等于第$i$层各节点信号分量的能量之和。由式（4-37）可求得微震信号$S(t)$的总能量为

$$E=\sum_{j=0}^{2^i-1}E_{i,j}(t_j)=\sum_{j=0}^{2^i-1}\sum_{k=1}^{m}\left|x_{i,k}\right|^2 \tag{4-38}$$

微震信号各频带内的能量占信号总能量的比例$P_{i,j}$可表示为

$$P_{i,j}=\frac{E_{i,j}(t_j)}{E} \tag{4-39}$$

小波包频带能量的求解过程如图4-16所示，利用MATLAB编制相应的求解程序，获取不同信号的特征值。其求取的步骤主要包括三步：①读取波形序列，设定相关参数。根据不同类型微震信号的频率分布特征，选择合理的小波基函数，并确立分解层数。这里小波基函数选择db5，wplev为5层。②求解节点处重构信号。对信号进行5层小波包分解，求取第5层各节点的小波包分解系数。计算各节点处的范数平方。③计算各节点能量，并求取频带能量比例。

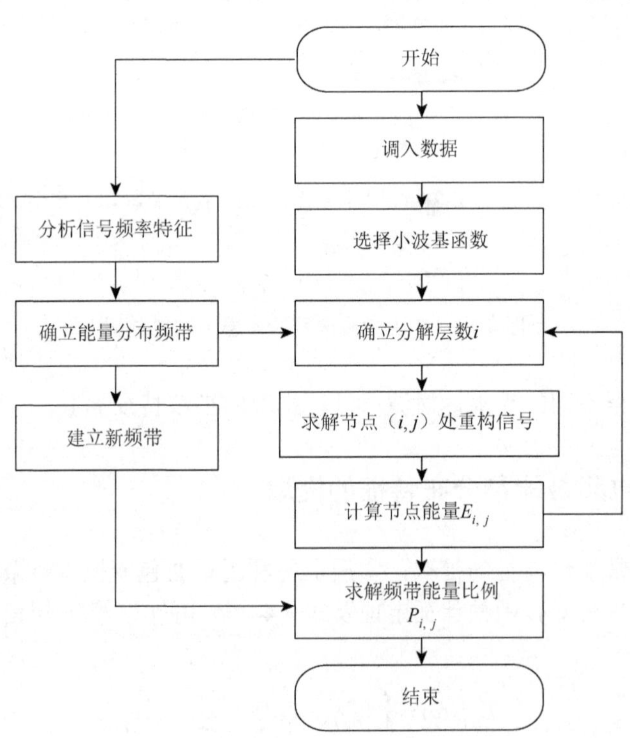


图4-16　小波包频带能量的求解过程图

图 4-17～图 4-20 分别为现场监测到的微差爆破震动波形 SIGNAL BV、岩体破裂微震波形 SIGNAL RF、底部噪声波形 SIGNAL BN 和人为敲击波形 SIGNAL HN。从图 4-17～图 4-20 中可以看出，微差爆破震动波形与岩体破裂微震波形的振幅、时长差异不明显，波峰数量仅能用于对微差爆破震动信号的识别。

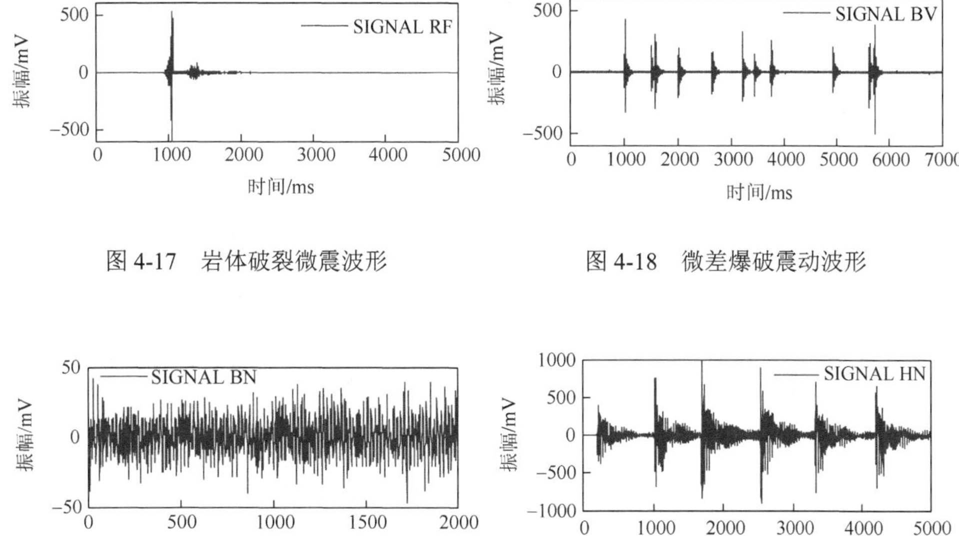


图 4-17　岩体破裂微震波形

图 4-18　微差爆破震动波形

图 4-19　底部噪声波形

图 4-20　人为敲击波形

通过肉眼的方式，一是很难寻求其特征规律，二是无法实现自动化。借助于小波包分析，可以对微震信号进行小波包分解，然后求取各频带内的能量，将微震波的能量特征信息映射到不同频带上。

分别求取四组典型样本（分别为底部噪声、人为敲击、爆破震动与岩体破裂微震信号）的频带能量分布，如表 4-5 所示。其中，爆破震动信号的频率一般在 500Hz 以下，岩体破裂微震信号的频率在 0～200Hz。因此，由表 4-5 可知，岩体破裂微震信号的频率主要分布于 $S_{5,1}$～$S_{5,12}$ 频带。底部噪声信号在频率上也较为明显，主要分布于低频频段或 50Hz 及其倍频频段。考虑到这些因素，可以针对不同的识别对象，组建不同的特征组合，达到最优化的识别效果。

（1）机械振动、电磁干扰信号的识别。

一般情况下，人为敲击与机械振动（井下钻机、运输机械等）所形成的震动波为低频率信号，其能量主要分布于低频带。因此，在 $S_{5,1}$、$S_{5,2}$ 等频带分布表现得较为集中，如图 4-21 所示。

表 4-5 小波包频带能量分布特征

| 编号 | 频带号 | 频带范围/Hz | 小波包能量占比/% | | | | 编号 | 频带号 | 频带范围/Hz | 小波包能量占比/% | | | |
|---|---|---|---|---|---|---|---|---|---|---|---|---|---|
| | | | 爆破震动 | 岩体破裂 | 人为敲击 | 底部噪声 | | | | 爆破震动 | 岩体破裂 | 人为敲击 | 底部噪声 |
| 1 | $S_{5,0}$ | 0～15.625 | 0.00 | 0.29 | 37.29 | 11.07 | 17 | $S_{5,16}$ | 250.000～265.625 | 0.10 | 0.04 | 0.07 | 0.96 |
| 2 | $S_{5,1}$ | 15.625～31.250 | 0.01 | 0.25 | 17.95 | 2.51 | 18 | $S_{5,17}$ | 265.625～281.250 | 0.08 | 0.05 | 0.01 | 2.24 |
| 3 | $S_{5,2}$ | 31.250～46.875 | 0.11 | 1.62 | 8.80 | 7.72 | 19 | $S_{5,18}$ | 281.250～296.875 | 0.14 | 0.06 | 0.21 | 1.93 |
| 4 | $S_{5,3}$ | 46.875～62.500 | 0.03 | 2.46 | 9.56 | 6.09 | 20 | $S_{5,19}$ | 296.875～312.500 | 0.06 | 0.04 | 0.03 | 7.95 |
| 5 | $S_{5,4}$ | 62.500～78.125 | 0.85 | 2.46 | 3.22 | 2.64 | 21 | $S_{5,20}$ | 312.500～328.125 | 7.97 | 0.12 | 0.29 | 6.46 |
| 6 | $S_{5,5}$ | 78.125～93.750 | 0.39 | 13.48 | 2.21 | 2.25 | 22 | $S_{5,21}$ | 328.125～343.750 | 8.50 | 0.11 | 0.19 | 4.45 |
| 7 | $S_{5,6}$ | 93.750～109.375 | 0.24 | 5.62 | 11.74 | 12.25 | 23 | $S_{5,22}$ | 343.750～359.375 | 0.23 | 0.02 | 0.10 | 1.94 |
| 8 | $S_{5,7}$ | 109.375～125.000 | 0.26 | 43.19 | 1.62 | 2.31 | 24 | $S_{5,23}$ | 359.375～375.000 | 0.93 | 0.07 | 0.08 | 2.42 |
| 9 | $S_{5,8}$ | 125.000～140.625 | 0.14 | 5.24 | 0.50 | 0.44 | 25 | $S_{5,24}$ | 375.000～390.625 | 0.07 | 0.26 | 0.08 | 2.95 |
| 10 | $S_{5,9}$ | 140.625～156.250 | 0.22 | 10.05 | 0.32 | 0.98 | 26 | $S_{5,25}$ | 390.625～406.250 | 0.27 | 0.72 | 0.04 | 1.26 |
| 11 | $S_{5,10}$ | 156.250～171.875 | 1.39 | 0.59 | 2.37 | 0.08 | 27 | $S_{5,26}$ | 406.250～421.875 | 1.13 | 0.25 | 0.04 | 4.04 |
| 12 | $S_{5,11}$ | 171.875～187.500 | 0.32 | 4.09 | 0.17 | 1.51 | 28 | $S_{5,27}$ | 421.875～437.500 | 0.78 | 0.53 | 0.00 | 2.56 |
| 13 | $S_{5,12}$ | 187.500～203.125 | 0.85 | 1.17 | 1.68 | 1.29 | 29 | $S_{5,28}$ | 437.500～453.125 | 14.45 | 0.01 | 0.20 | 1.68 |
| 14 | $S_{5,13}$ | 203.125～218.750 | 0.78 | 1.10 | 0.94 | 2.66 | 30 | $S_{5,29}$ | 453.125～468.750 | 44.96 | 0.02 | 0.05 | 0.64 |
| 15 | $S_{5,14}$ | 218.750～234.375 | 1.94 | 3.18 | 0.09 | 3.63 | 31 | $S_{5,30}$ | 468.750～484.375 | 3.65 | 0.48 | 0.03 | 0.26 |
| 16 | $S_{5,15}$ | 234.375～250.000 | 0.82 | 2.04 | 0.05 | 0.27 | 32 | $S_{5,31}$ | 484.375～500.000 | 8.34 | 0.38 | 0.06 | 0.56 |

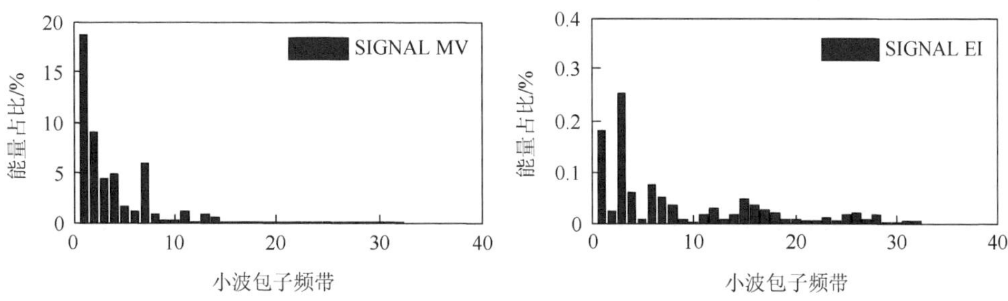


图 4-21 小波包频带能量

SIGNAL MV 表示机械振动信号，SIGNAL EI 表示电磁干扰信号

针对不同信号的能量分布情况，重新组合新的频带，形成新的特征值，如式（4-40）所示：

$$\mathrm{We} = \frac{m}{n}\frac{\sum_{i=1}^{n} P_i}{\sum_{j=1}^{m} P_j} \tag{4-40}$$

电磁干扰信号在频域上特征鲜明，主要集中于 50Hz 及其倍频。实际监测过程中，一般分布于 48～52Hz、148～153Hz 等频率段，即其频率位于 50Hz 及倍频值附近。这些频段位于 $S_{5,3}$、$S_{5,6}$、$S_{5,9}$、$S_{5,12}$、$S_{5,16}$、$S_{5,19}$、$S_{5,22}$、$S_{5,25}$、$S_{5,28}$ 以及 $S_{5,31}$。提前求取信号的主频，分析主频所在频带，以该频带作为其能量特征频带。

因此，在特征组合时，引入多维特征值。例如，电磁干扰信号为 {$S_{5,3}$，$S_{5,6}$，$S_{5,9}$，$S_{5,12}$，$S_{5,16}$，$S_{5,19}$，$S_{5,22}$，$S_{5,25}$，$S_{5,28}$，$S_{5,31}$}，底部噪声、机械振动及人为敲击等多为低频信号，主要分布在 {$S_{5,0}$，$S_{5,1}$，$S_{5,2}$}。

（2）爆破震动信号与岩体破裂微震信号的特征提取。

在上述的几类波形识别中，难度最大的便是爆破震动信号与岩体破裂微震信号，它们在震源机制、振幅、震动频率、持续时间以及能量上存在差异（张义平等，2008）。岩体破裂过程即为岩层中应力从积累到释放的过程，其震源机制较为复杂，波形复杂，震动持续时间长，能量释放缓慢，多集中于低频段；而爆破震动事件为人工震源，震源机制相对简单，震动幅值大、衰减快，震动频率高、持续时间短，能量多集中于高频段。

将信号的频带能量投影到同一直方图中进行对比，由图 4-22 和图 4-23 可看出，爆破震动信号的能量集中分布在高频频带，在 $S_{5,28}$、$S_{5,29}$ 频带分布尤为集中，$S_{5,28}$ 和 $S_{5,29}$ 频带的频率范围为 437.50～468.75Hz，属于高频区。信号内干扰信息的能量多在其他频带零星分布；岩体破裂微震信号的能量分布则集中在 $S_{5,2}$、$S_{5,5}$ 和 $S_{5,7}$ 频带，总体分布于 $S_{5,0}$～$S_{5,7}$ 频带范围，这与岩体破裂的低频特性相吻合。

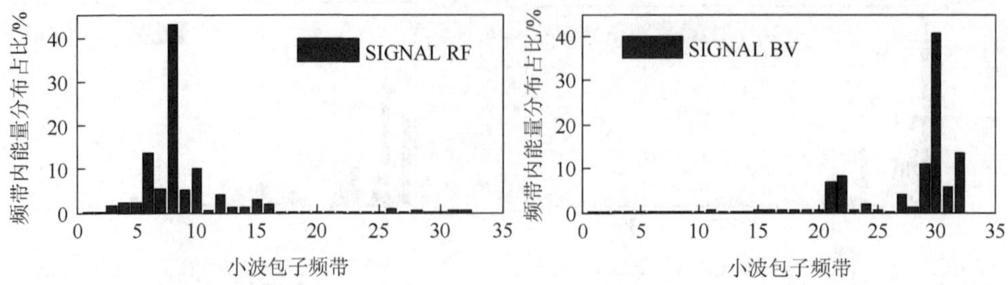


图 4-22　岩体破裂频带能量分布直方图　　　图 4-23　爆破震动频带能量分布直方图

为了更清晰地表达爆破震动波与岩体破裂微震波的特征差异，选取了典型爆破震动波形、岩体破裂微震波形各三组，经过小波包能量求解，其能量分布如图 4-24 和图 4-25 所示。从图 4-24 和图 4-25 中可以看出，两类波形的能量分布差异较为明显。

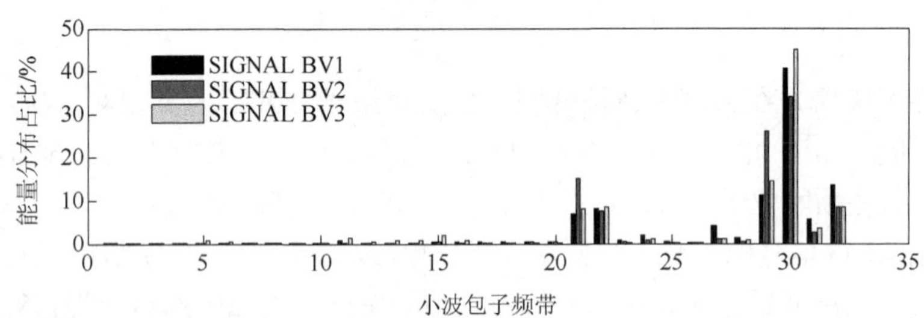


图 4-24　爆破震动信号能量分布对比图

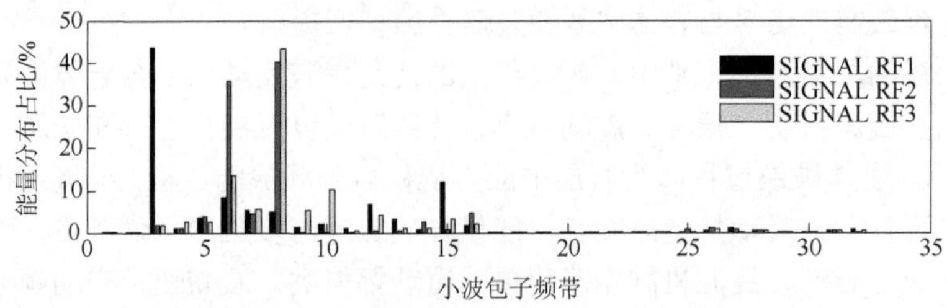


图 4-25　岩体破裂微震信号能量分布对比图

通过重新划分频带组合，建立定量的能量分布特征。将爆破震动波与岩体破裂微震波的部分频带合并并重新划分为 4 个宽频域带：分别为 $S_1$：0～125Hz（$S_{5,0}$～$S_{5,7}$ 频带）、$S_2$：125～250Hz（$S_{5,8}$～$S_{5,15}$ 频带）、$S_3$：250～375Hz（$S_{5,16}$～$S_{5,23}$ 频带）和 $S_4$：375～500Hz（$S_{5,24}$～$S_{5,31}$ 频带）。在新的频带内，爆破震动波与岩体破

裂微震波在频带能量分布上存在明显差异。岩体破裂微震信号的能量主要集中在$S_1$频带和$S_2$频带，这两个频带内的能量约占总能量的96.58%；爆破震动信号的能量主要集中在$S_3$频带和$S_4$频带，约占总能量的92.52%。详细对比结果参见表4-6。

**表 4-6 新频带中的能量分布差异**

| 信号类别 | | 新频带内能量分布占比/% | | | |
|---|---|---|---|---|---|
| | | $S_1$（0～125Hz） | $S_2$（125～250Hz） | $S_3$（250～375Hz） | $S_4$（375～500Hz） |
| 爆破震动 | SIGNAL BV1 | 0.63 | 2.58 | 19.56 | 77.23 |
| | SIGNAL BV2 | 0.21 | 1.66 | 25.13 | 72.99 |
| | SIGNAL BV3 | 1.88 | 6.46 | 18.01 | 73.65 |
| | 平均值 | 0.91 | 3.57 | 20.90 | 74.62 |
| 岩体破裂 | SIGNAL RF1 | 67.13 | 29.33 | 0.22 | 3.31 |
| | SIGNAL RF2 | 86.99 | 9.44 | 0.03 | 3.54 |
| | SIGNAL RF3 | 69.37 | 27.46 | 2.55 | 2.66 |
| | 平均值 | 74.50 | 22.08 | 0.93 | 3.17 |

对二者在新频带内能量的分布进行了对比，如图4-26所示。在$S_1$频带内，岩体破裂微震波表现为能量分布集中，而爆破震动波能量分布比例较低；相反，在$S_4$频带内，爆破震动波能量分布较集中，岩体破裂微震波在该频带内分布很少；在$S_2$和$S_3$频带内，岩体破裂微震波与爆破震动波的能量分布也存在差异，但较前$S_1$和$S_4$频带而言差异不明显。

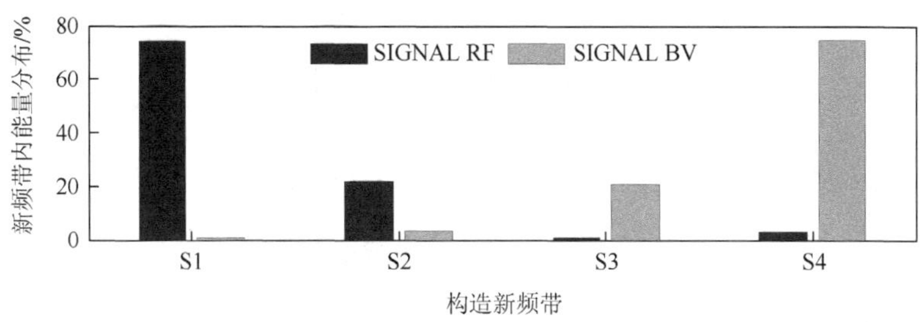


图 4-26 新频带内的能量分布

基于此，以$S_1$、$S_4$频带内能量分布占比作为特征指标，设定基于统计理论的特征指标阈值，如频带｛$S_{5,0}+S_{5,1}+S_{5,2}+S_{5,3}+S_{5,4}+S_{5,5}+S_{5,6}+S_{5,7}$｝和频带｛$S_{5,24}+S_{5,25}+S_{5,26}+S_{5,27}+S_{5,28}+S_{5,29}+S_{5,30}+S_{5,31}$｝两个定量特征值，可实现对矿山岩体破裂和爆破震动微震事件的识别。

### 4.2.3 小波包分形特征的提取

分形形态是自然界普遍存在的，研究分形是探索自然界复杂事物客观规律及其内在联系的需要。微震信号是岩体破裂后能量以声波的方式传播的信号，其自身是不规则、非线性的，由于其复杂性、随机性，一般无法用函数的方式直接描述（赵健等，2008）。解文荣和张莉（2004）研究表明，矿山微震信号具有自相似性，因此，微震信号可以看作一个部分与整体以某种形式相似的无规则分形体。结合小波包分析与分形理论，对指定小波包子频带进行高分辨率下的分形分析，可以获得信号的整体特征，兼顾信号细节的完整性与整体的合理性，为研究和定量描述微震信号的特征提供了理论方法。

盒维数在爆破震动信号分析等方面得到广泛应用，该方法是求解分形维数最广泛的方法之一，其数学计算及经验估计相对较容易。因此，本书选择分形盒维数进行计算分析。矿山微震信号 $S(t)$是双尺度的，横向为时间尺度 $\delta_1$（ms），纵向为振幅 $\delta_2$（mV）。设微震信号的时程曲线 $L\in R^2$，如图 4-27 将 $R\times R$ 划分为尽可能小的网格 $k\delta_1\times k\delta_2$（$k=1, 2, 3, \cdots$, 表示网格的放大倍数）。

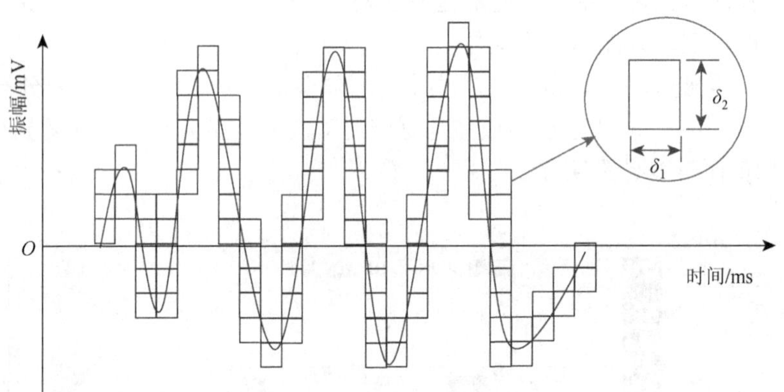


图 4-27 分形盒维数覆盖原理

常用分形盒维数表述分形维数，假定曲线的分形盒维数为与微震波形曲线 $L$ 相交的网格数量之和 $N_{k\delta_1}$（或 $N_{k\delta_2}$），即分形维数可定义为

$$D_{\delta_1\times\delta_2}=\lim_{\delta_i\to 0}\frac{\log N_{k\delta_i}}{-\log(k\delta_i)}\quad (i=1\text{ 或 }i=2) \tag{4-41}$$

$\delta$ 的取值范围与估计的分形集的特征长度密切相关，其取值应满足式（4-45）

和式（4-46）中条件，以达到合理的标度范围。根据上述分析及对矩形盒维数的定义，在无标度区内$-\log$（$k\delta_i$）与$\log N_{k\delta_i}$满足线性回归方程

$$\log N_{k\delta_i} = -D_{\delta_1\times\delta_2}\log(k\delta_i) + b \quad (i=1 \text{ 或 } i=2) \tag{4-42}$$

式中，$b$为常数。

由于盒维数$D$是线性式（4-42）斜率的相反数，在矩形盒尺寸$k$（$\delta_1\times\delta_2$）确定的情况下，$D$由$\log$（$k\delta_i$）与$\log N_{k\delta_i}$的关系唯一确定。由最小二乘法可求得

$$D_{\delta_1\times\delta_2} = \frac{(k_2-k_1)\sum\log k\log N_{k\delta_i} - \sum\log k\log N_{k\delta_i}}{(k_2-k_1+1)\sum\log k^2 - \left(\sum\log k\right)^2} \tag{4-43}$$

式中，$k_1 \leqslant k \leqslant k_2$，$i=1$或$i=2$；$N_{k\delta_i}$为整数，其取值与第$i$区段上微震信号$L$的波峰值$A_{max}(i)$、波谷值$A_{min}(i)$及此区间尺寸$k\delta_i$的大小有关。

网格数$N_{k\delta_i}$的计算公式定义为

$$N_{k\delta_i} = \left[\frac{A_{max}(i) - A_{min}(i)}{k\delta_2}\right] + \phi\left(\mathrm{rem}\left(A_{max}(i) - A_{min}(i), k\delta_2\right)\right) \tag{4-44}$$

式中，[]为取整；rem$(x, y)$为数$x$与$y$相除时的余数；$\phi(x)$的取值为$x>0$，$\phi=1$或$x=0$，$\phi=0$。

对于微震信号这种非函数描述的无规则分形体，只在其无标度区内才具有分形维数。因此，在求解微震信号的分形盒维数前，需对矩形盒的尺寸$\delta_i$进行分析，以确定相应的无标度区间。$\delta_i$的取值范围要与微震信号的特征密切相关，其取值应根据其时程曲线采样时间$T$及幅值$A$来确定，以达到合理的标度范围（李舜酩和李香莲，2008）。设该微震信号的时程曲线采样时间为$T$，采样间隔为$\Delta t$，$n$为样本序列点数，则$\Delta t = T/n$。

通过上述分析及微震信号的特点可得，矩形盒宽度$\Delta w = k\delta_1$最大不能超过$T/2$，矩形盒的高度$\Delta h = k\delta_2$取值应大于0，且不应大于信号的最高波峰值$A_{max}$或最低波谷值$A_{min}$的绝对值。由于矩形盒尺寸放大倍数$k<1$，微震波形的周期性变化不明显，因此$k$最小值取1，最大值为$\log$（$T/\Delta t$）。根据上述分析可以推导出，信号$S(t)$的无标度区矩形网格的宽度和高度应该分别满足式（4-45）和式（4-46）

$$\Delta t \leqslant \Delta w = 2^{k-1}\Delta t < T/2 \tag{4-45}$$

$$\Delta h = \left|A_{max} - A_{min}\right| \times \Delta w / T \tag{4-46}$$

根据上述公式，在确定矩形盒尺寸$\delta_i$及$k$取值范围后，通过MATLAB编程，在上述无标度区间内，计算求解每个$k$值条件下的矩形盒尺寸$k\delta_i$，并统计出该尺

寸下所有覆盖微震信号曲线的矩形盒数量 $N_{k\delta_i}$，再将对应的$-\log(k\delta_i)$与 $\log N_{k\delta_i}$ 进行线性曲线拟合，得到双对数曲线的斜率，从而求得分形盒维数 $\log N_{k\delta_i}$ 。

结合图 4-16，对微震信号进行小波包分解后，求取每个子频带信号的分形盒维数，最后计算频带能量比例。其过程如图 4-28 所示。

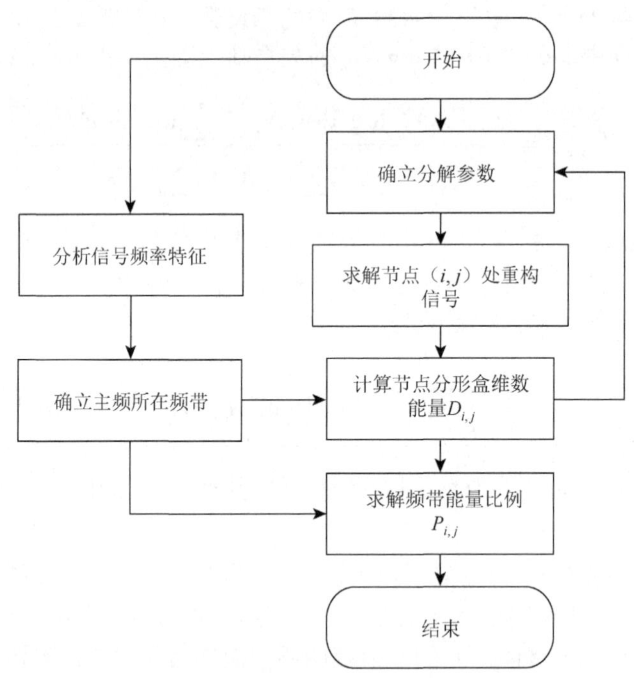


图 4-28　小波包频带能量的求解

求取图 4-17～图 4-20 四类信号的分形盒维数值，其结果如表 4-7 所示。从整体上看，爆破震动信号与岩体破裂微震信号的尺度分形盒维数趋于平稳，证实了微震信号的分形特性。分形盒维数从侧面反映信号的频率成分：随频带频率的增大，盒维数呈现由低到高变化，总体呈现上升趋势，验证了娄建武等（2005）所得出的结论。

从分形盒维数的分布可以得出各类波形的特征差异：爆破震动信号多集中于高频段，其分形盒维数主要分布于 1.5～1.7。岩体破裂微震信号的分形盒维数在 1.4～1.6 表现较为集中，主要分布于子频带序号为 $S_{5,1}$～$S_{5,8}$ 的低频频带空间，频带范围为 0～125Hz；底部噪声干扰信号高频部分的分形盒维数分布于 1.6～1.8；此外，人为敲击信号主频为 38Hz，其分形盒维数分布于 1.4～1.6，在 1.5～1.6 上尤为集中。

**表 4-7 四类典型波形的小波包分形特征**

| 编号 | 频带号 | 频带范围/Hz | 分形盒维数 | | | | 编号 | 频带号 | 频带范围/Hz | 分形盒维数 | | | |
|---|---|---|---|---|---|---|---|---|---|---|---|---|---|
| | | | 爆破震动 | 岩体破裂 | 人为敲击 | 底部噪声 | | | | 爆破震动 | 岩体破裂 | 人为敲击 | 底部噪声 |
| 1 | $S_{5,0}$ | 0～15.625 | 1.27 | 1.27 | 1.25 | 1.36 | 17 | $S_{5,16}$ | 250.000～265.625 | 1.52 | 1.67 | 1.56 | 1.74 |
| 2 | $S_{5,1}$ | 15.625～31.250 | 1.24 | 1.38 | 1.42 | 1.44 | 18 | $S_{5,17}$ | 265.625～281.250 | 1.43 | 1.66 | 1.55 | 1.75 |
| 3 | $S_{5,2}$ | 31.250～46.875 | 1.36 | 1.36 | 1.43 | 1.59 | 19 | $S_{5,18}$ | 281.250～296.875 | 1.44 | 1.68 | 1.56 | 1.72 |
| 4 | $S_{5,3}$ | 46.875～62.500 | 1.33 | 1.33 | 1.52 | 1.57 | 20 | $S_{5,19}$ | 296.875～312.500 | 1.46 | 1.59 | 1.56 | 1.68 |
| 5 | $S_{5,4}$ | 62.500～78.125 | 1.41 | 1.42 | 1.50 | 1.59 | 21 | $S_{5,20}$ | 312.500～328.125 | 1.50 | 1.41 | 1.50 | 1.75 |
| 6 | $S_{5,5}$ | 78.125～93.750 | 1.41 | 1.42 | 1.63 | 1.56 | 22 | $S_{5,21}$ | 328.125～343.750 | 1.57 | 1.49 | 1.57 | 1.71 |
| 7 | $S_{5,6}$ | 93.750～109.375 | 1.33 | 1.36 | 1.44 | 1.62 | 23 | $S_{5,22}$ | 343.750～359.375 | 1.42 | 1.56 | 1.54 | 1.74 |
| 8 | $S_{5,7}$ | 109.375～125.000 | 1.34 | 1.41 | 1.57 | 1.65 | 24 | $S_{5,23}$ | 359.375～375.000 | 1.45 | 1.46 | 1.54 | 1.71 |
| 9 | $S_{5,8}$ | 109.375～125.000 | 1.52 | 1.55 | 1.61 | 1.73 | 25 | $S_{5,24}$ | 375.000～390.625 | 1.50 | 1.52 | 1.59 | 1.74 |
| 10 | $S_{5,9}$ | 109.375～125.000 | 1.45 | 1.39 | 1.55 | 1.72 | 26 | $S_{5,25}$ | 390.625～406.250 | 1.45 | 1.39 | 1.51 | 1.71 |
| 11 | $S_{5,10}$ | 156.250～171.875 | 1.50 | 1.47 | 1.53 | 1.69 | 27 | $S_{5,26}$ | 406.250～421.875 | 1.51 | 1.45 | 1.56 | 1.72 |
| 12 | $S_{5,11}$ | 171.875～187.500 | 1.37 | 1.41 | 1.61 | 1.73 | 28 | $S_{5,27}$ | 421.875～437.500 | 1.49 | 1.39 | 1.54 | 1.72 |
| 13 | $S_{5,12}$ | 187.500～203.125 | 1.41 | 1.48 | 1.49 | 1.64 | 29 | $S_{5,28}$ | 437.500～453.125 | 1.50 | 1.41 | 1.47 | 1.73 |
| 14 | $S_{5,13}$ | 203.125～218.750 | 1.40 | 1.48 | 1.53 | 1.64 | 30 | $S_{5,29}$ | 453.125～468.750 | 1.55 | 1.50 | 1.56 | 1.69 |
| 15 | $S_{5,14}$ | 218.750～234.375 | 1.43 | 1.40 | 1.50 | 1.67 | 31 | $S_{5,30}$ | 468.750～484.375 | 1.46 | 1.47 | 1.51 | 1.71 |
| 16 | $S_{5,15}$ | 234.375～250.000 | 1.36 | 1.46 | 1.49 | 1.64 | 32 | $S_{5,31}$ | 484.375～500.000 | 1.46 | 1.41 | 1.46 | 1.69 |

## 4.3 矿山微震信号特征定量表达

根据上述分析，提取了微震信号的多重特征。按时域特征、频域特征、时频特征以及统计特征四类对所有特征进行分类，并分别表述各特征的定量表达关系式（方法）。

其中，时域特征共 11 类，分别为时长 $L$、信噪比 SNR、最大振幅 max $A$、振幅比 AR、波形复杂度 $C$、相关系数 $R$ 以及常规时域指标 sf、Cf、If、CLf、Kv，如表 4-8 所示。

**表 4-8 微震信号特征的定量表达式（时域特征）**

| 序号 | 名称 | 定义及表达式 | 备注 |
|---|---|---|---|
| 1 | 时长 $L$ | $L=T_{\text{off}}-T_{\text{on}}$ | |
| 2 | 信噪比 SNR | $\text{SNR}=20\log\frac{A}{A_0}=20\log\frac{\sqrt{\frac{1}{m}\sum_{j=t_0+1}^{t_0+m}x(j)^2}}{\sqrt{\frac{1}{n}\sum_{i=t_0+1-n}^{t_0}x(i)^2}}$ | |
| 3 | 最大振幅 $A$ | $\max A=\max(\text{abs}(x(i)))$ | |
| 4 | 振幅比 AR | $\text{AR}=\frac{H_2-H_1}{T_{\text{off}}-T_{\text{on}}}\frac{\int_{t=T_{\text{on}}}^{t=T_{\text{off}}}x(t)\text{d}t}{\int_{t=H_1}^{t=H_2}x(t)\text{d}t}$ | |
| 5 | 波形复杂度 $C$ | $C=\frac{\int_{t=0}^{t=L}x(t)\text{d}t}{\int_{t=L}^{t=H}x(t)\text{d}t}$ | |
| 6 | 相关系数 $R$ | $R=\max\left(\frac{\sum_{i=n+1}^{n+L_1}(x_i-\overline{x})(y_i-\overline{y})}{\sqrt{\sum_{i=n+1}^{n+L_1}(x_i-\overline{x})^2\sum_{i=n+1}^{n+L_1}(y_i-\overline{y})^2}}\right)$ | |
| 7～11 | 常规时域指标 | sf、Cf、If、CLf、Kv | 5 类 |

频域指标主要是从微震信号的频域进行分析，主要有功率谱密度 PSD、谱比值 SR、拐角频率 $f_c$ 以及频率 $f$，如表 4-9 所示。

时频特征主要包括小波包能量特征和小波包分形特征两类，根据不同识别需求，将特征按频带进行重新组合，共划分出三类能量特征和两类分形特征，分别表述为 We1、We2、We3 和 Wd1、Wd2，如表 4-10 所示。

统计特征分别为短时平均过零率 ZCR、门限阈值 ATS 以及振幅分布 MAR，如表 4-11 所示。

**表 4-9 微震信号特征的定量表达式（频域特征）**

| 序号 | 名称 | 定义及表达式 | 备注 |
|---|---|---|---|
| 12 | 功率谱密度 PSD | $P(t,\omega)=\left\|f_{\omega}(t)\right\|^2=\left\|F_t(\omega)\right\|^2$ | |
| 13 | 谱比值 SR | $\mathrm{SR}=\dfrac{\int_{f=L_1}^{f=H_1}F(f)\mathrm{d}f}{\int_{f=L_2}^{f=H_2}F(f)\mathrm{d}f}$ | |
| 14 | 拐角频率 $f_c$ | $\mathrm{errrate}=\dfrac{\min\left\{\sum\left[\Omega(0)\left[1+\left(f/f_c\right)^2\right]^{-1}-U(f)\right]^2\right\}}{U(f)^2}$ | |
| 15 | 频率 $f$ | $f(t)=F^{-1}\left[f(\omega)\right]=\dfrac{1}{2\pi}\int_{-\infty}^{\infty}F(\omega)\,\mathrm{e}^{\mathrm{i}\omega t}\mathrm{d}\omega$ | |

**表 4-10 微震信号特征的定量表达式（时频特征）**

| 序号 | 名称 | 定义及表达式 | 备注 |
|---|---|---|---|
| 16 | We1 | $S_{5,0}+S_{5,1}+S_{5,2}$ | |
| 17 | We2 | $S_{5,3}$ | |
| 18 | We3 | $(S_{5,0}+S_{5,1}+S_{5,2}+S_{5,3}+S_{5,4}+S_{5,5}+S_{5,6}+S_{5,7})/(S_{5,24}+S_{5,25}+S_{5,26}+S_{5,27}+S_{5,28}+S_{5,29}+S_{5,30}+S_{5,31})$ | |
| 19 | Wd1 | 主频所在频带分形盒维数 | |
| 20 | Wd2 | 高频部分分形盒维数 | |

**表 4-11 微震信号形特征的定量表达式（统计特征）**

| 序号 | 名称 | 定义及表达式 | 备注 |
|---|---|---|---|
| 21 | 过零率统计 ZCR | $f_{zc}=\dfrac{N_{zc}-1}{2(t_2-t_1)}$ | |
| 22 | 门限阈值统计 ATS | $f_{st}=\dfrac{N_i}{N}$ | |
| 23 | 振幅比统计 MAR | $\mathrm{MAR}=\dfrac{\max(N(i))}{N}$ | |

选取了 499 组数据，共四类波形，建立数据集 Data，其中 1～232 组为岩体破裂数据，233～373 组为爆破震动数据，374～461 为底部噪声等噪声数据，462～499 组为机械振动等干扰数据。每个样本数据包含｛SNR；ATS；MAR；ZCR；

max $A$；AR；$L$；$C$；$f$；We；SE；sf；Cf；If；CLf；Kv｝共 16 维特征分量。波形特征的分维可视化图如图 4-29 所示。

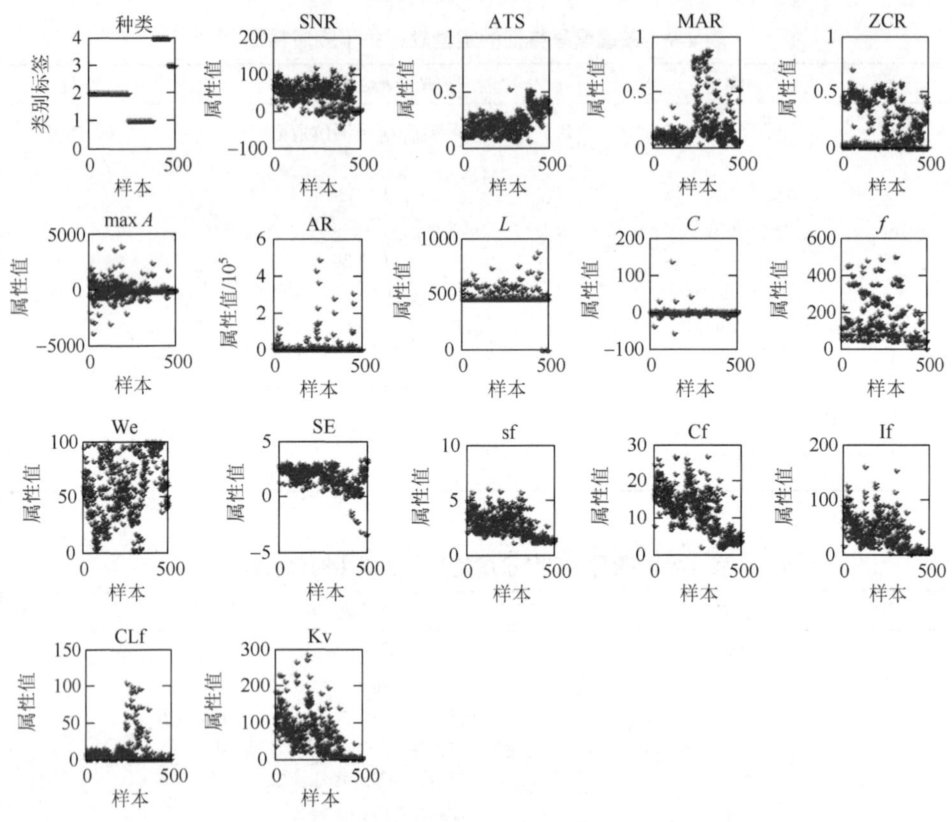


图 4-29　波形特征的分维可视化图

求取信号的时频特征，结果参见表 4-12。样本的时域特征、频域特征以及统计特征见表 4-13。

**表 4-12　典型微震信号的小波包频带特征**

| 信号类别 | 样本编号 | 时频特征 | | | | | 信号类别 | 样本编号 | 时频特征 | | | | |
|---|---|---|---|---|---|---|---|---|---|---|---|---|---|
| | | We1 | We2 | We3 | Wd1 | Wd2 | | | We1 | We2 | We3 | Wd1 | Wd2 |
| 岩体破裂 | 1 | 14.06 | 1.73 | 0.74 | 1.36 | 1.44 | 机械振动 | 7 | 61.32 | 3.38 | 3.79 | 1.72 | 1.74 |
| | 2 | 10.14 | 2.74 | 0.76 | 1.49 | 1.58 | | 8 | 39.47 | 3.93 | 3.68 | 1.64 | 1.54 |
| | 3 | 12.45 | 0.41 | 0.77 | 1.45 | 1.5 | | 9 | 43.11 | 4.56 | 2.79 | 1.67 | 1.71 |
| 爆破震动 | 4 | 11.18 | 0.75 | 1.19 | 1.67 | 1.54 | 背景干扰 | 10 | 15.74 | 0.25 | 1.62 | 1.51 | 1.80 |
| | 5 | 21.34 | 3.31 | 0.83 | 1.53 | 1.57 | | 11 | 12.66 | 1.12 | 1.75 | 1.57 | 1.81 |
| | 6 | 11.18 | 1.38 | 1.24 | 1.57 | 1.62 | | 12 | 11.59 | 1.92 | 1.59 | 1.64 | 1.76 |

**表 4-13 多通道微震信号特征联合比较**

| 样本编号 | | 特征向量 | | | | | | | | | | | | | | | 备注 |
|---|---|---|---|---|---|---|---|---|---|---|---|---|---|---|---|---|---|
| | | 时域特征 | | | | | | | | | | 频域特征 | | 统计特征/% | | | |
| | | $L$/ms | SNR | max $A$/mV | AR | $C$ | sf | Cf | If | CLf | Kv | PSD | $f$/Hz | ATS | MAR | ZCR | |
| 岩体破裂 | 1 | 187 | 87.79 | 1207.40 | 10 071.24 | –0.13 | 4.90 | 16.37 | 80.22 | 5.33 | 113.51 | 15 068.58 | 122.00 | 0.03 | 0.09 | 0.10 | |
| | 2 | 161 | 63.56 | 462.02 | 341.77 | –0.13 | 3.18 | 24.75 | 78.65 | 13.39 | 231.14 | 4005.21 | 449.00 | 0.02 | 0.21 | 0.10 | |
| | 3 | 105 | 85.95 | 1358.37 | 1111.11 | 1.70 | 4.81 | 22.01 | 105.82 | 8.24 | 229.90 | 12 589.55 | 322.00 | 0.03 | 0.12 | 0.07 | |
| 爆破震动 | 4 | 96 | 108.27 | 630.12 | 38 329.53 | –0.06 | 3.40 | 11.87 | 40.40 | 2.59 | 39.49 | 36 604.88 | 244.43 | 0.15 | 0.15 | 0.30 | |
| | 5 | 80 | 97.15 | 707.69 | 246 084.95 | –11.59 | 2.60 | 11.22 | 29.19 | 1.20 | 25.58 | 40 296.44 | 235.71 | 0.27 | 0.21 | 0.25 | |
| | 6 | 175 | 58.12 | 95.14 | 1109.14 | 0.72 | 1.81 | 7.71 | 13.95 | 2.52 | 14.75 | 13 609.46 | 188.29 | 0.10 | 0.30 | 0.16 | |
| 机械振动 | 7 | 109 | 22.95 | 6334.77 | 4.31 | –0.25 | 1.45 | 5.71 | 8.29 | 0.01 | 8.41 | 1 549 686.40 | 38.60 | 0.00 | 0.35 | 0.48 | |
| | 8 | 159 | 16.14 | 1070.99 | 5509.29 | –0.68 | 1.69 | 8.01 | 13.52 | 0.17 | 13.23 | 115 045.51 | 34.60 | 0.00 | 0.31 | 0.24 | |
| | 9 | 182 | 17.55 | 716.41 | 32.81 | –8.61 | 1.97 | 13.54 | 26.71 | 1.00 | 24.75 | 66 784.36 | 23.80 | 0.00 | 0.26 | 0.08 | |
| 背景干扰 | 10 | 124 | 88.65 | 256.41 | 4426.85 | 0.34 | 1.43 | 3.44 | 4.91 | 0.09 | 3.41 | 154 977.85 | 192.00 | 0.29 | 0.42 | 0.22 | EI |
| | 11 | 32 | 2.99 | 15.82 | 1.41 | 2.26 | 1.30 | 3.99 | 5.17 | 1.83 | 3.84 | 2042.28 | 50.00 | 0.44 | 0.37 | 0.14 | BN |
| | 12 | 37 | 5.33 | 17.17 | 1.05 | 2.03 | 1.22 | 3.23 | 3.93 | 0.93 | 2.70 | 5218.67 | 50.00 | 0.28 | 0.44 | 0.11 | BN |

注：EI 表示电磁干扰，BN 表示底部噪声。

## 4.4 矿山微震信号组合优化与降维处理

矿山微震属性种类的增加，在一定程度上加大了数据处理的难度，对识别方法的要求也较高。鉴于微震波形类别与特征间的关系复杂，不同类型波形的特征复杂，利用单一的特征或大量特征直接进行辨识，将会带来许多问题。因此，如何在保证识别精度和速度的前提下，对这些属性特征进行优化处理（特征的选择与特征的处理）将是一个重要问题，微震波形特征向量的组建及应用如图 4-30 所示。

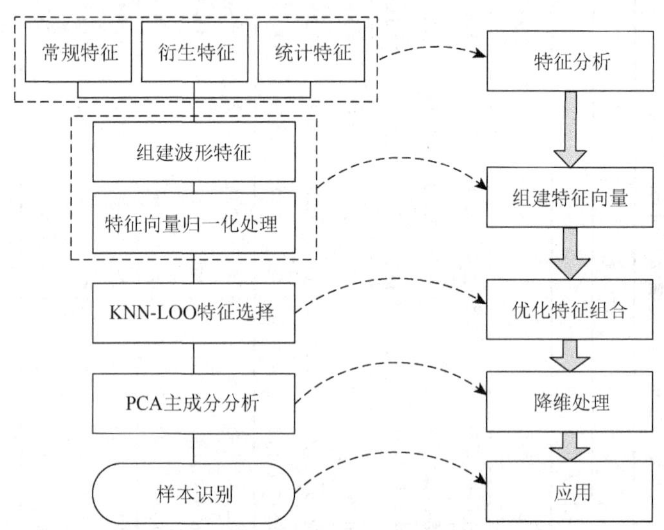


图 4-30 微震波形特征向量的组建及应用

特征提取的原则主要有以下几点：

（1）区别性。不同类别样本应具有明显区别于其他样本的差异特征，即要保证特征空间的类间距，使各类间分界明显，重叠区域小，从而达到最优识别效果（最佳特征选择问题）。

（2）可靠性。同类别的样本，其特征值应相近，类间距小。

（3）独立性。各特征之间不相关（如何选取样本、选择哪些样本以及选择多少样本）。

（4）低维数。特征空间维数的多少与识别系统的复杂程度有关。但维数过多，会增加训练分类器的训练样本，增加运算量。在保证完全描述样本特性的前提下，选取较少的特征数目（目标识别的最少特征量问题）。

### 4.4.1 矿山微震信号特征向量标准化

特征向量的预处理和标准化是识别的重要步骤。通过有效的预处理，如归一化处理等，将已有特征组建为特征向量，可以有效提高识别的精度，对特征的降维处理也有帮助。提取现场 352 组数据，背景干扰 A、人为干扰 B、爆破震动干扰 C 以及岩体破裂微震波形 O 各 88 组，其中，“☆”为 A，“◇”为 B，“○”为 C 类，“□”为 O 类，分别提取波形的 16 维特征。以单维特征为 $Y$ 轴，将四类事件投影，结果显示如图 4-31 所示。可以看出，A、B 类信号较易提取，C 与 O 类的分离较为困难。

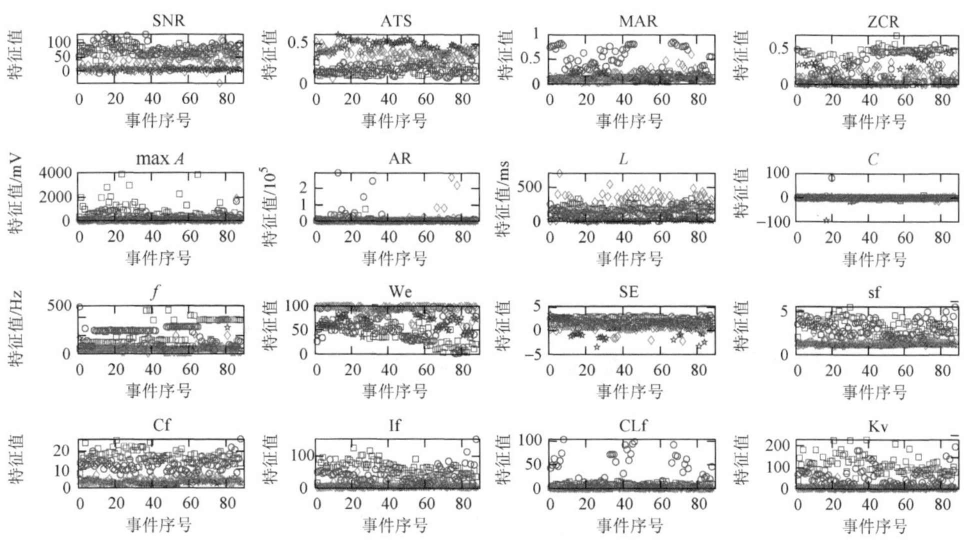


图 4-31 四类典型波形的多维特征展示

利用 MATLAB 设计相应的程序，对采集的信号进行特征求取，并组建相应的特征向量。特征向量 FV = {$L$；SNR；max $A$；AR；$C$；sf；Cf；If；CLf；Kv；PSD；$f_c$；$f$；We1；We2；We3；Wd1；Wd2；ZCR；ATS；MAR}，分别对应｛时长、信噪比、最大振幅、振幅比、波形复杂度、波形指标、峰值指标、脉冲指标、裕度指标、峭度指标、功率谱密度、拐角频率、频率（主频）、能量分布特征 We1、We2、We3、分形特征 Wd1、Wd2 以及短时平均过零率、门限阈值、振幅分布｝，并进行标准化处理。

数据归一化方法是模式识别前对数据的一种处理，已有研究表明，通过归一化处理能有效提升识别的效率和精度。因此，对上述特征向量，利用平均数方差法进行归一化处理。平均数方差法的函数形式为

$$x_{\mathrm{k}}' = \frac{x_{\mathrm{k}} - \overline{x}}{x_{\mathrm{var}}} \tag{4-47}$$

式中，$x_k'$ 为归一化处理后的特征值；$x_k$ 为已知特征值；$\overline{x}$ 为数据序列的均值；$x_{\mathrm{var}}$ 为数据的方差。

对所有特征进行归一化处理，得出每一种特征识别的最大值、最小值范围，如图 4-32 所示。由于 C、O 两类波形的识别难度较大，后续将引入有针对性的其他特征，后文将详细介绍。

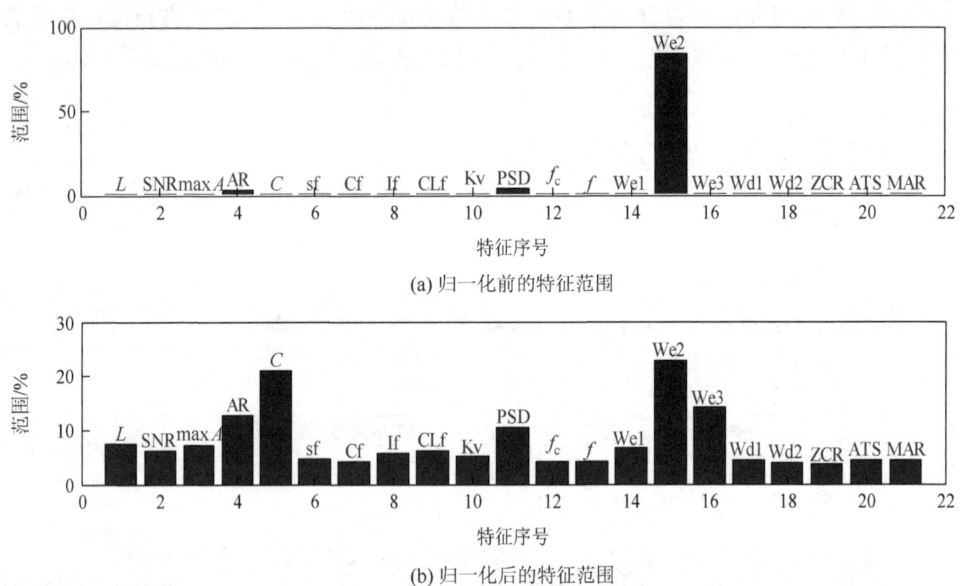


(a) 归一化前的特征范围

(b) 归一化后的特征范围

图 4-32　单一特征识别的贡献范围

为了研究单一特征的识别准确率，对四类典型波形进行研究，分别求取单一特征对四类波形的识别准确率。识别结果如表 4-14 所示。从表 4-14 中可以看出，单一特征的识别准确率并不高。针对 B 类波形，利用 Kv 等特征达到最高识别准确率 95.24%；而对 O 类波形而言，SNR、CLf、We3 特征的识别准确率更高，达到 100%。但就整体识别准确率而言，所有特征的最高识别准确率为 67.18%。

**表 4-14　波形单一特征的样本识别准确率对比（共 400 组样本）**（单位：%）

| 特征 | | 波形类别 | | | | | 备注 |
|---|---|---|---|---|---|---|---|
| | | A 类 | B 类 | C 类 | O 类 | 整体识别准确率 | |
| 时域特征 | $L$ | 0.00 | 45.24 | 0.00 | 96.21 | 55.73 | |
| | SNR | 8.70 | 38.10 | 8.70 | 100.00 | 59.16 | |

续表

| 特征 | | 波形类别 | | | | | 备注 |
|---|---|---|---|---|---|---|---|
| | | A 类 | B 类 | C 类 | O 类 | 整体识别准确率 | |
| 时域特征 | max $A$ | 0.00 | 0.00 | 42.21 | 95.87 | 50.38 | |
| | AR | 65.80 | 2.38 | 5.80 | 99.24 | 61.91 | |
| | $C$ | 52.00 | 0.00 | 14.79 | 85.21 | 60.38 | |
| | sf | 0.00 | 85.71 | 0.00 | 99.24 | 64.12 | |
| | Cf | 24.64 | 88.10 | 24.64 | 91.67 | 67.18 | |
| | If | 8.70 | 90.48 | 8.70 | 96.21 | 65.65 | |
| | CLf | 30.43 | 0.00 | 30.43 | 100.00 | 58.40 | |
| | Kv | 21.74 | 95.24 | 21.74 | 87.88 | 65.65 | |
| 频域特征 | PSD | 1.45 | 33.33 | 1.45 | 96.21 | 54.20 | |
| | $f$ | 47.00 | 76.19 | 0.00 | 93.18 | 59.54 | |
| | $f_c$ | — | — | 87.25 | 82.12 | 59.54 | 局部使用 |
| 时频特征 | We1 | 42.12 | 38.10 | 0.00 | 98.48 | 56.11 | |
| | We2 | 0.00 | 64.23 | 66.00 | 34.00 | 60.38 | |
| | We3 | 0.00 | 33.33 | 0.00 | 100.00 | 56.11 | |
| | Wd1 | 0.00 | 0.00 | 71.28 | 28.72 | 50.38 | |
| | Wd2 | 0.00 | 76.19 | 0.00 | 93.94 | 59.92 | |
| 统计特征 | ATS | 10.14 | 0.00 | 10.14 | 98.48 | 52.29 | |
| | MAR | 0.00 | 69.05 | 0.00 | 99.24 | 61.45 | |
| | ZCR | 62.32 | 0.00 | 62.32 | 97.73 | 65.65 | |

### 4.4.2 矿山微震波形特征最优化选择

模糊模式识别在处理复杂数据时，往往需要面对大量的特征信息。由于特征之间可能存在冗余或不相关的部分，将所有特征一同用于识别并不一定能达到最佳的识别效果。实际上，特征选择的目标是通过筛选出对识别任务最有用的特征，以提高识别系统的整体性能。因此，如何从一组可能包含冗余信息和无关特征的特征中，选出一组最优的特征组合，成为了模糊模式识别中的一个核心问题。在选择特征时，需要综合考虑多个因素，如识别精度、计算复杂度、处理速度等。例如，某些特征虽然能够提供更高的识别准确率，但可能需要更长的计算时间或更多的计算资源，这就要求在特征选择过程中不仅要确保识别率，还要兼顾效率和速度。因此，如何在保证高精度识别的同时，优化算法的效率和执行时间，成为了实际应用中必须解决的难题。

特征选择的核心问题主要包括两个方面：一是确定合理的特征选择标准，二是寻找高效的特征选择算法。特征选择标准的选择，通常依赖于具体的识别任务和数据的特性。常见的选择标准包括信息增益、互信息、方差、相关性等，这些标准有助于评估特征与目标变量之间的关系或特征之间的相互独立性。而算法方面，特征选择方法大体可以分为滤波法、包裹法和嵌入法等。滤波法通过评估特征与类别之间的独立性来选择特征，包裹法则通过对特征子集进行评估和优化来实现选择，而嵌入法则将特征选择过程嵌入到学习算法中。

在语音识别领域，台湾大学张智星教授通过深入探索语音信号的特征，结合统计学、信号处理和机器学习等多种方法，实现了对语音信号的高精度识别。该工作不仅关注特征提取过程，还着重于如何通过合理的特征选择策略，优化语音识别系统的性能。如基于声学模型的特征选择方法，将传统的语音特征（如 MFCC、PLP 等）与深度学习方法结合，能够自动学习到更具辨识度的特征，从而在复杂环境中实现更加精准的语音识别。此外，采用基于深度神经网络（DNN）、卷积神经网络（CNN）等技术，结合传统的特征选择方法进行优化。这种方法不仅提高了识别精度，还降低了对大量人工标注数据的依赖，进一步提升了语音识别的灵活性和效率。

总体而言，特征选择是模糊模式识别中不可忽视的关键环节，特别是在面对海量特征时，如何筛选出最有信息量且高效的特征组合，对于提高识别精度和减少计算开销都起到了决定性作用。

$K$ 最近邻（$K$-nearest neighbor，KNN）法是一种基于实例的统计学习方法，不需要事先给出先验概率和类条件概率密度函数等知识，而是直接对样本进行操作。给定波形 $x$，计算训练集中其他样本与该样本的距离，并找出最近的 $K$ 个训练样本。其判别规则如下：

$$y(x,C_j)=\sum_{d_i\in\mathrm{KNN}}\mathrm{sim}(x,d_i)y(d_i,C_j)-b_j \tag{4-48}$$

式中，$y(x, C_j)$为 $x$ 与类别 $C_j$ 之间相似度的和；$y(d_i,C_j)\in\{0,1\}$为训练样本与类别 $C_j$ 之间的相似度，当$d_i\in C_j$，则 $y(d_i, C_j)=1$，反之，$y(d_i, C_j)=0$；$\mathrm{sim}(x, d_i)$为 $x$ 与 $d_i$ 之间的相似度；$b_j$为 $C_j$的阈值。判断方法为：当 $y(x, C_j)\geqslant b_j$时，样本 $x$ 属于类别 $C_j$。

为此，将上述所有特征作为一组向量进行研究，假设向量 $V=\{v_1, v_2, v_3, \cdots, v_n\}$，$n=21$。目标识别准确率为 $J\langle\cdot\rangle$，为所选特征值的函数。最终目标就是要从向量 $V$ 中找出一组识别效果最好的子集合 $S$，使得 $J(S)\geqslant J(V)$。采用 Whitney 于 1971 年提出的顺序前向选择（sequential forward selection，SFS）法作为特征优选评价方法，对提取的特征模型进行评价，从而获得最佳组合。具体的操作步骤为：

（1）使用 $K$ 最近邻（KNN）法和 LOO 交叉验证法。利用 KNN 判断预设特征组合的识别准确率，并利用 LOO 交叉验证对该组合的有效性进行判断。

（2）依次挑选识别准确率最高的特征。第一个挑选的特征必定是识别准确率最高的特征。

（3）下一步挑选的特征必定是和原本已选择的特征合并后，识别准确率最高的一个。

（4）重复步骤（1）～（3），直至挑选出全部的特征，这组特征要保证波形的识别准确率最高。

为了实现对特征向量的最优化选择，利用 KNNC 法和 LOO 法对 533 组数据进行评估，得出各类波形识别的最佳特征组合。

图 4-33 为第一类分级识别特征组合的评价结果。得出最佳组合为 $V_1 = \{20; 3; 10; 15; 6; 2; 1; 13; 18\}$，分别对应{ATS；max $A$；Kv；We2；sf；SNR；$L$；$f$；Wd2}，利用这些特征得到的最高识别准确率为 93.5%。

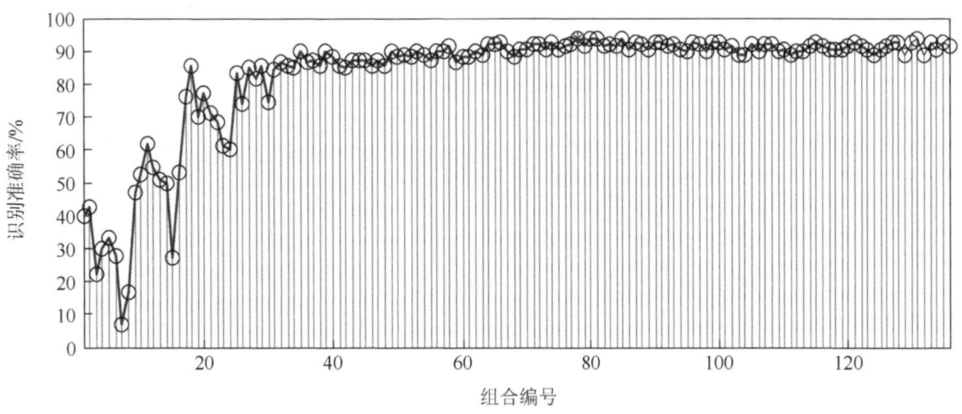


图 4-33 第一类分级识别的识别准确率

测试共使用 136 种组合

图 4-34 为第二类分级识别特征组合的评价结果。最佳组合为 $V_2 = \{13; 9; 10; 14; 20; 21; 8; 3; 4; 19; 18\}$，分别对应{$f$；CLf；Kv；We1；ATS；MAR；If；max $A$；AR；ZCR；Wd2}，利用这些特征得到的最高识别准确率为 95.9%。

图 4-35 为第三类分级识别特征组合的评价结果。最佳组合为 $V_3 = \{5; 3; 2; 10; 21; 7; 16; 11; 17\}$，分别对应{$C$；max $A$；SNR；Kv；MAR；Cf；We3；PSD；Wd1}，利用这些特征得到的最高识别准确率达到 99.2%。在此基础上，针对第三类波形，引入拐角频率 $f_c$ 等特征，以提高波形的可辨识度。

O、C 两类波形的识别需要从各个角度的特征进行融合，考虑到二者的属性相似性和分离的难度，组建时增加特征向量 $f_c$。

后文的多通道联合分类识别主要是针对定位优化，对有效波形进行优化识别。一般而言，单事件触发的多通道波形中，干扰波形多以底部噪声、电磁干扰信号为主，因此，多通道联合分类识别的波形初步识别阶段，是将有效岩体破裂事件从底

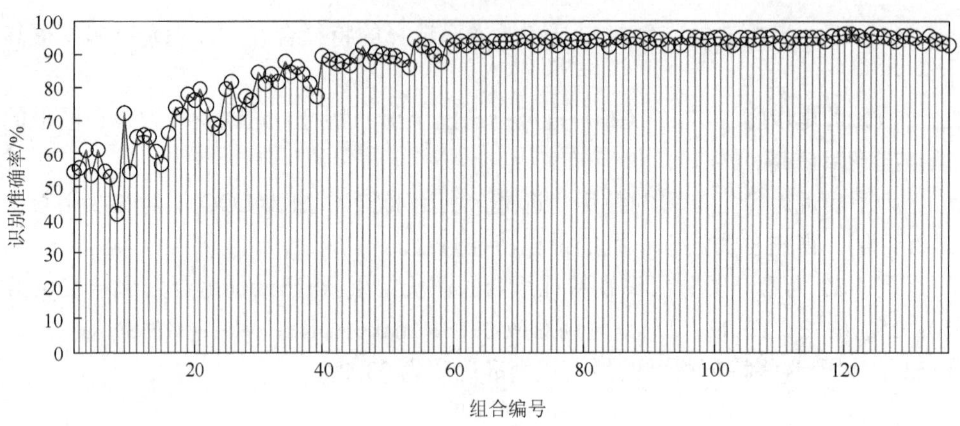


图 4-34　第二类分级识别的识别准确率

测试共使用 136 种组合

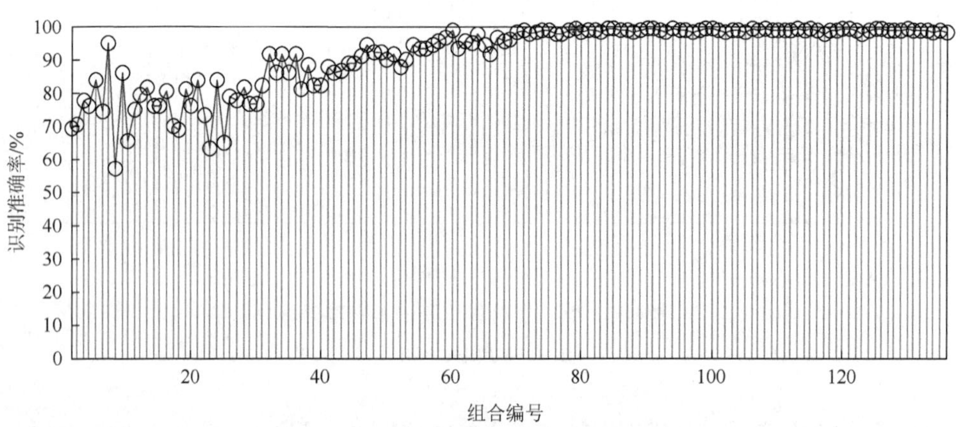


图 4-35　第三类分级识别的识别准确率

测试共使用 136 种组合

部噪声和电磁干扰事件中提取出来，即该模式的波形识别相当于对 O、A 两类进行识别，识别难度较小。此时，选用的特征向量与第一类分级识别一致，并辅以相关系数，即最佳组合为 $V_4 = \{ATS; \max A; Kv; We2; sf; SNR; L; f; Wd2; R\}$。

### 4.4.3　矿山微震波形特征降维处理

为了完整表述 O、C 两类波形的特征，从不同角度预先准备多维的特征向量，从而完整地反映微震信号的本质。但信息量的增加，必然影响识别的速率，其中包括对识别任务而言许多可有可无的信息。因此，在保证识别精度的前提下，对多维特征向量进行降维处理，是非常有必要的。

主成分分析（principal component analysis，PCA）法于 1901 年由卡尔 · 皮尔逊提出，是一种分析、简化数据集的多元统计分析技术，主要用于分析数据和建立数理模型。该方法的实质是降低数据维数，而不损失原始数据的信息量，保证数据集中对方差贡献最大的特征。

图 4-36 所示为二维的主成分分析法原理图，$\omega_1$ 和 $\omega_2$ 分别为两类数据，在原有 $X_1$-$X_2$ 坐标系中，两类数据存在交叉或分界不明显问题，利用 PCA 法，得到最佳投影方向 $X_1'$，可以求出二者的最大分类距离。

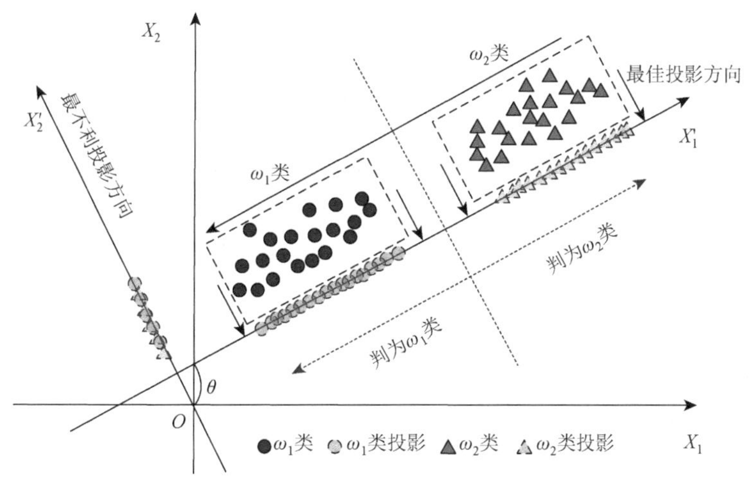


图 4-36 主成分分析法原理图

假设样本空间 $R^N$ 存在样本集 $X=\{X_1, X_2, \cdots, X_M\}$，每个样本 $X$ 的维度为 $N$，$X_k=\{x_{i1}, x_{i2}, \cdots, x_{iN}\}$，$X_k \in R^{M\times N}$，如果 $\sum_{k=1}^{M} X_k = 0$，则其协方差矩阵为

$$C=\frac{1}{M}\sum_{j=1}^{M} X_j X_j^{\mathrm{T}} \tag{4-49}$$

对式（4-49）进行特征值求解，就可以得到对应于特征值的特征向量。引入线性映射函数 $\varPhi$ 和高维数特征空间 $F$，使输入空间的样本点 $X_k$ 变换为特征空间 $F$ 中的样本点 $\varPhi(X_k)$。

对于特征空间中的数据 $\varPhi(X_1), \varPhi(X_2), \cdots, \varPhi(X_M)$，假设存在

$$\sum_{k=1}^{M} \varPhi(X_k)=0 \tag{4-50}$$

为进行主成分分析，则在特征空间 $F$ 下的协方差矩阵为

$$\overline{C}=\frac{1}{M}\sum_{j=1}^{M}\Phi(X_j)\Phi(X_j)^{\mathrm{T}} \tag{4-51}$$

对式（4-51）进行特征值分解。可以看出，在特征空间 $F$ 中 PCA 的求解实质上是求解 $\lambda v=\overline{C}v$ 的特征值 $\lambda$ 和特征向量 $v$。因此有

$$\lambda\left[\Phi(X_k)\cdot v\right]=\Phi(X_k)\cdot\overline{C}v,\qquad k=1,2,\cdots,M \tag{4-52}$$

假设式（4-52）中 $v$ 可表述为 $v=\sum_{i=1}^{M}\alpha_i\Phi(X_i)$，代入式（4-52）即可得

$$\lambda\sum_{i=1}^{M}\alpha_i\left[\Phi(X_k)\cdot\Phi(X_i)\right]=\frac{1}{M}\sum_{i=1}^{M}\alpha_i\left[\Phi(X_k)\sum_{j=1}^{M}\alpha_i\cdot\Phi(X_j)\right]\left[\Phi(X_j)^{\mathrm{T}}\cdot\Phi(X_i)\right] \tag{4-53}$$

通过求解式（4-53），求得测试样本在空间向量 $v^k$ 上的投影表达为

$$v^k\cdot\Phi(X)=\sum_{i=1}^{M}\alpha_i^k\left[\Phi(X_i)\cdot\Phi(X)\right] \tag{4-54}$$

上述分析了主成分分析法的基本原理，设原始数据 $X=[x_1,x_2,\cdots,x_n]$，其中 $x_n$ 为第 $n$ 类特征向量，则主成分分析法的基本步骤为：

（1）形成样本矩阵 $X$，样本中心化，求解 $X$ 的协方差矩阵 $S$。其中，协方差矩阵 $S$ 表示为

$$S=\mathrm{cov}(X)=\begin{bmatrix}S_{11} & \cdots & S_{1n}\\ \vdots & \ddots & \vdots\\ S_{n1} & \cdots & S_{nn}\end{bmatrix} \tag{4-55}$$

（2）求协方差矩阵 $S$ 的特征值 $\lambda$ 及特征矩阵 $U$，$I$ 为单位矩阵，（$\lambda I-S$）$U=0$。

（3）将特征值按降序排列，选取最大的 $m$ 个特征值（特征值之和达到 95%）对应的特征向量组成投影矩阵。如式（4-56）所示，用累积贡献率 $P$ 衡量上述 $m$ 个分量对原始数据的信息保存程度，即

$$P(m)=\frac{\sum_{i=1}^{m}\lambda_i}{\sum_{i=1}^{n}\lambda_i} \tag{4-56}$$

（4）取出上述 $m$ 个特征值，组建新的向量 $Y$。构建变换矩阵 $A=U^{\mathrm{T}}$，求得主成分矩阵，$Y=U^{\mathrm{T}}X$。

（5）对样本矩阵进行投影，得到降维后的新样本矩阵 $Z$。

分层波形进行特征优化提取后，对每一级的特征进行主成分分析，建立最优化特征低维向量。如图 4-37～图 4-39 所示，分别为第一级、第二级及第三级特征向量经主成分分析后，主分量 $z_1$、$z_2$ 和 $z_3$ 形成的样本三维空间分布图。

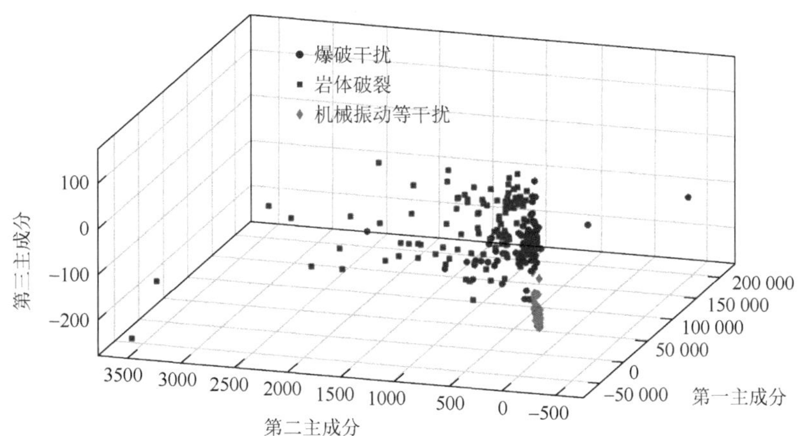


图 4-37　主分量 $z_1$、$z_2$、$z_3$ 形成的样本三维空间分布图（第一级）

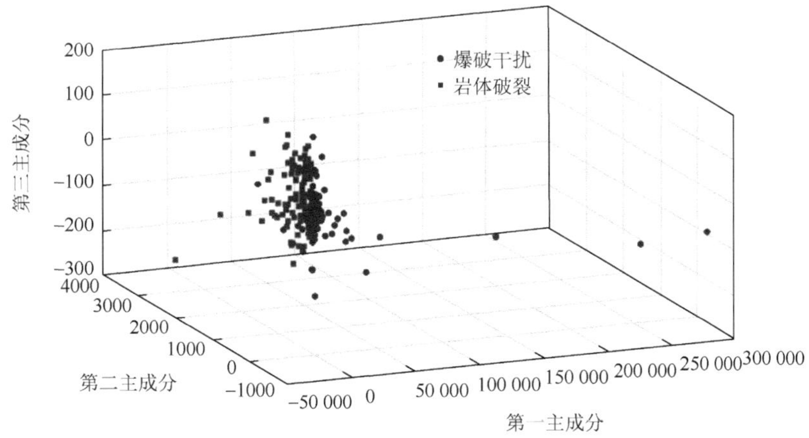


图 4-38　主分量 $z_1$、$z_2$、$z_3$ 形成的样本三维空间分布图（第二级）

由图 4-37～图 4-39 中可以看出，机械振动等干扰波形与岩体破裂微震波形分隔明显，属于较易分辨的波形。而爆破震动波形则与岩体破裂微震波形交叉混杂，用现有的特征向量难以区分开来，需采用分类器进行分类识别。

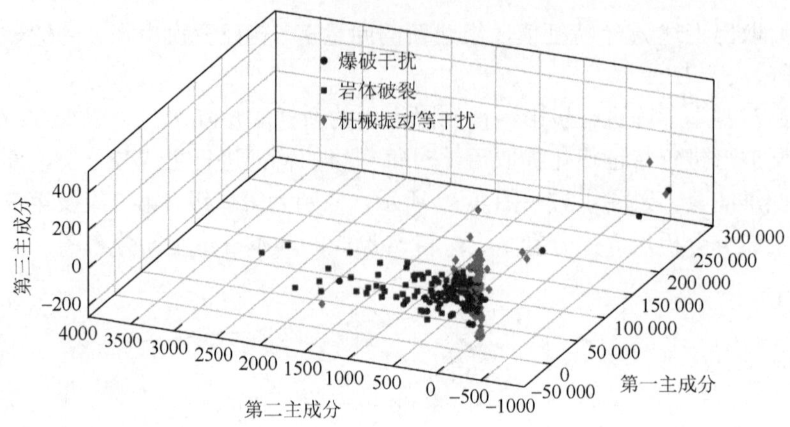


图 4-39　主分量 $z_1$、$z_2$、$z_3$ 形成的样本三维空间分布图（第三级）

# 5　矿山微震信号的自动识别方法与实现

矿山微震信号的自动识别的实现，有利于促进矿山安全生产并增强监测、监控系统的鲁棒性。对于如何实现矿山微震波形的自动识别，其实质就是构建分类器，从而对已有数据进行识别。

分类器的优劣直接影响识别的精度和速度。常规方法包括：肉眼判别法、模糊评判法、Fisher 法、人工神经网络（ANN）、模糊综合评判（FCE）法、距离判别法以及 KNN 法等。采用人工神经网络的方法具有较强的非线性映射功能，包括深度学习：卷积神经网络、循环神经网络、全连接神经网络等；非深度学习的单一线性分类、SVM、分类树等（Di et al.，2023）。本书将对多个分类器构建的识别方法进行比较。通过机器学习得到的分类器具有通用性、鲁棒性、有效性、计算简单以及理论完善五大优点。

## 5.1　矿山微震信号识别体系的建立

矿山微震信号背景干扰较多，人为干扰、电磁干扰、机械振动、爆破震动等干扰信号都会影响有效波形的选择与拾取，直接关系到微震系统的定位精度。因此，干扰信号的剔除和有效信号的选择尤为关键。本书通过建立微震波形识别体系，对监测获取的微震事件进行分类识别，剔除干扰波形，留取有效微震事件。

### 5.1.1　单通道多级分类识别方法

单通道多级分类识别，以一段时间内触发采集的所有波形为分析对象，个体样本为单个的通道波形，样本总数为“通道数×事件数”；一般情况下，现场安装 12 或 24 通道检波器（通道数），多通道联合分类识别是以触发的事件为研究对象，对比分析该事件相关的所有通道，并进行分类识别，样本数为 12 或 24。O、A、B 和 C 四类波形的特点各异，识别方法各不相同。单通道多级分类识别共分为三级，依据前文研究内容，建立单通道多级分类识别流程。

#### 5.1.1.1　A 类波形的剔除（一级）

A 类波形较为常见，在实时监测过程中随机出现，如图 5-1 所示为四类典型的干扰波形。其中电磁干扰波形特征清晰，在有效时段，波形起伏规则，没有毛刺，波形细节对称。

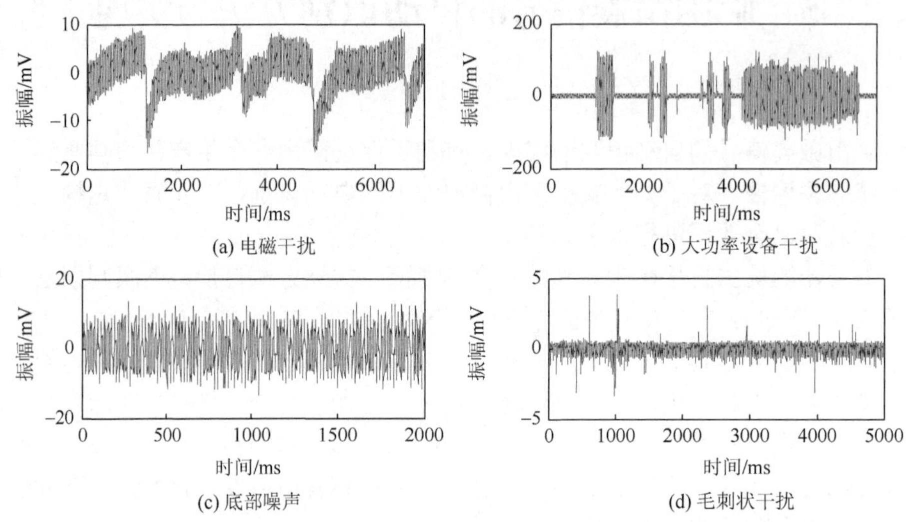


图 5-1　A 类波形

A 类波形的频域特征、统计特征等常规特征较为鲜明。其中，以底部噪声波形最易提取，利用信噪比、振幅比、统计特征即可剔除。而电磁干扰、电脉冲信号的显著特点为频谱分布集中，分布于 50Hz 及其倍频。A 类波形的剔除流程如图 5-2

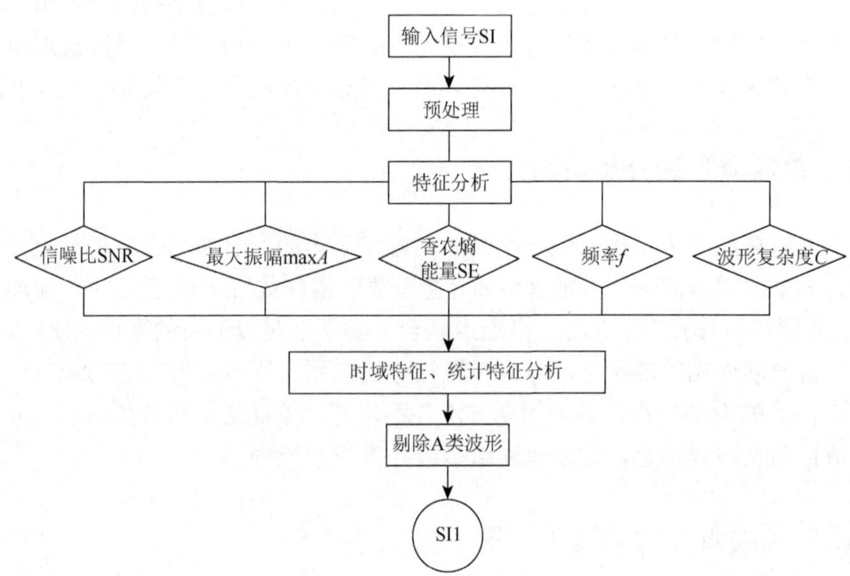


图 5-2　单通道波形一级分类识别

所示。输入原始信号 SI，经预处理后，利用第 4 章模块求取 SI 的特征，包括 SNR、max *A*、香农熵能量（SE）、*f*、*C*、ATS、MAR、ZCR 特征。

挑选了 6 类典型波形，分别从信噪比 SNR、振幅比 AR、频率 *f*、波形复杂度 *C* 和统计特征对波形进行对比分析，对比结果见表 5-1。

**表 5-1　波形一级分类特征对比**

| 波形类别 | | 特征 | | | | | | |
|---|---|---|---|---|---|---|---|---|
| | | AR | SNR | *f*/Hz | *C* | ATS/% | MAR/% | ZCR/% |
| O | 岩体破裂 | 500 | 53.75 | 48 | 0.13 | 1.32 | 11.68 | 78.68 |
| C | 爆破震动 | 166 | 48.62 | 142 | 0.69 | 1.36 | 14.5 | 79.7 |
| B | 机械振动 | 4 | 12.24 | 16 | 0.57 | 11.6 | 35.87 | 8.88 |
| | 人为敲击 | 800 | 38.21 | 41 | 0.28 | 0.1 | 34.84 | 6.94 |
| A | 电脉冲 | 14.2 | 19.54 | 50 | 0.39 | 0.6 | 13.64 | 22.76 |
| | 底部噪声 | 1.1 | 0.23 | <50 | 1.62 | 0.94 | 41.5 | 14.32 |

#### 5.1.1.2　B 类波形的剔除（二级）

B 类波形在波形特征上具有一定特点。轨道运输和机械振动属于持续型的起伏，且波形持续时长较短，间断起跳，一次采样中含有多个起跳波形。二者振动频率较低。人为敲击事件跟人操作动作有关，波形的频率不高，振幅大，波形复杂度低。由于检波器的布置，这类波形一般不会在多个位置同时触发。

B 类波形在时频特征、频率、功率谱等特征上不同于 C、O 类波形，因此，进行识别时主要从频率、功率谱、分形特征、持续时长、香农熵能量以及统计特征方面入手。如图 5-3 所示，SI1 为剔除 A 类信号后的剩余样本。对 SI1 进行特征分析，包括 *f*、PSD、分形（Wd）、*L*、SE、ATS、MAR、ZCR 特征。

剔除 B 类信号后，剩余 C、O 两类信号，转存入样本集 SI2 中。

#### 5.1.1.3　C 类波形的剔除（三级）

剩余的 C 类波形是矿山微震波形中最难识别的，由于爆破震动波形本身的多变与不稳定性，需要引入初动方向 $D_p$、小波包能量 We、分形 Wd、功率谱密度 PSD 以及拐角频率 $f_c$ 等特征进行联合判断，如图 5-4 所示。

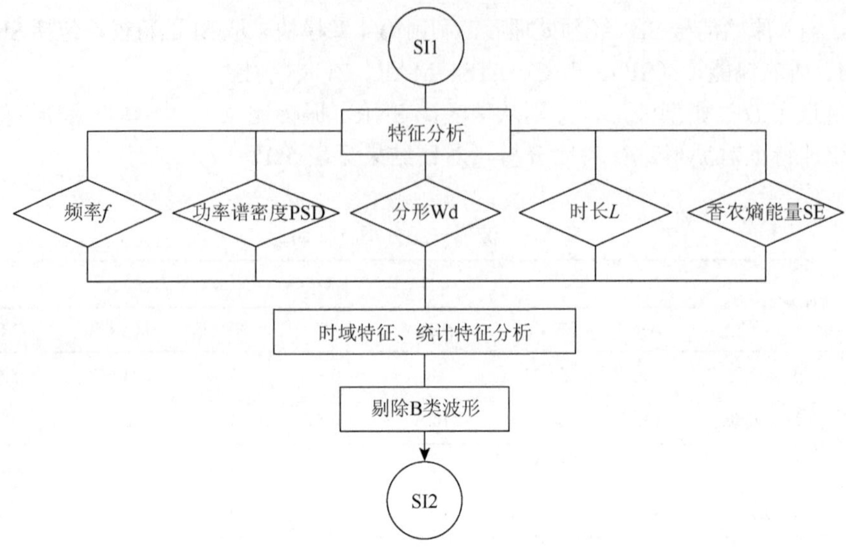


图 5-3　单通道波形二级分类识别

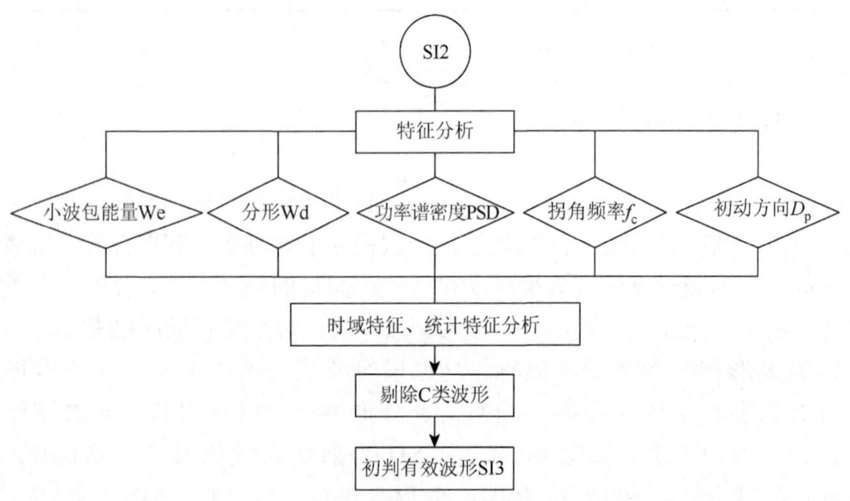


图 5-4　单通道波形三级分类识别

对某矿一天的数据进行分析，初步识别结果如表 5-2 所示。

**表 5-2　波形三级分类特征对比**

| 波形类别 | 特征值 | | | | | 备注 |
|---|---|---|---|---|---|---|
| | We | Wd | PSD | $f_c$ | $D_p$ | |
| 爆破震动 | 10～30 | 1.64 | 19.06 | 315 | 1 | C 类 |
| 岩体破裂 | 5～10 | 1.45 | 21.92 | 105 | –1 | |

### 5.1.2　多通道联合分类识别方法

多通道联合分类识别是指联合各类波形的不同特征，对同一时刻触发的多个通道内的波形进行分类识别。其主要任务就是通过对多个通道内波形振幅、到时差的联合对比、判识，将不符合要求的波形去掉，选取合理的波形参与定位的过程，如图 5-5 所示。主要包括三部分内容，无效波形的剔除（一级）、有效波形的提取判断（二级）以及定位精度的优化（三级）。将有效波形从干扰信号中提取出来，是波形识别的主要目的。

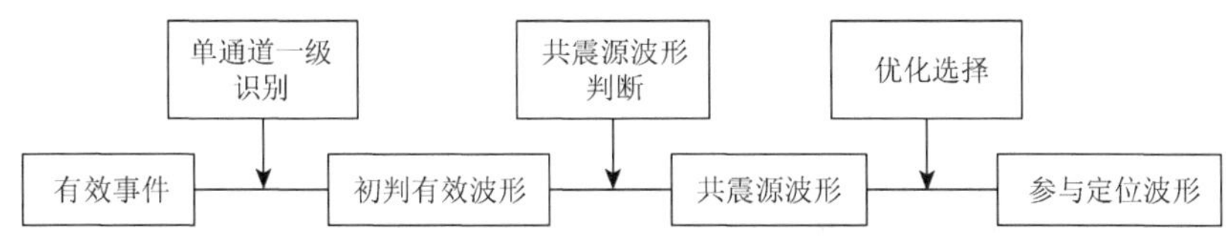


图 5-5　多通道联合分类识别流程

在实际应用过程中，监测数据由于受硬件、信号传输、干扰等因素影响，接收到的微震信号会产生异常，出现“到时紊乱”“远波先至”等异常情况。针对上述情况，提出利用多波联合识别的方法识别微震波形，剔除引起微震定位不准、误差大等的监测数据。多通道波形是由单事件所触发的多个通道波形，其中，性状相同的波形称为共震源波形，如图 5-6 所示，1#、3#、5#为底部噪声，其余 9 个通道为共震源波形。

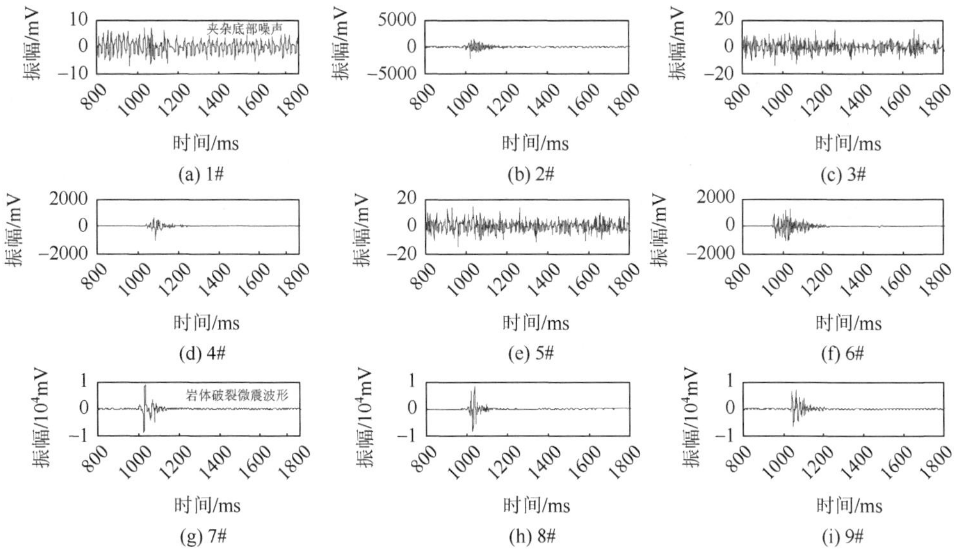

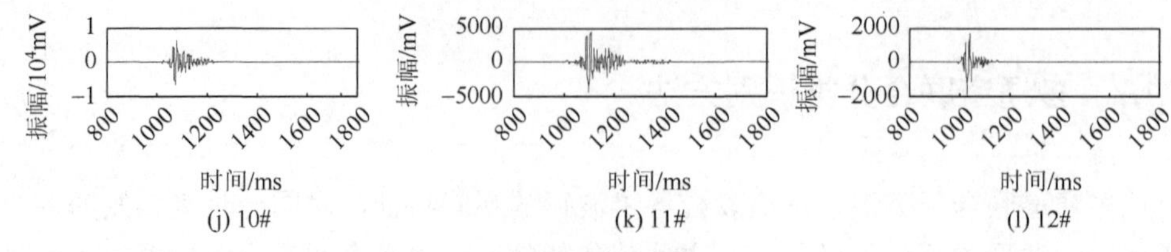


(j) 10#　(k) 11#　(l) 12#

图 5-6　单事件多通道波形

共震源波形在波形特征上具有大量共有信息，相关性强。与不同震源波形相比，在回采工作面小范围区域内，共震源点所产生的多通道波形具有传播路径相近、记录仪器相同等特点。因此，采用单事件多通道波形进行波形识别存在可行性。利用单事件多通道间的波形数据能够有效减小地震波在传播过程和线缆传输、采集过程中的差异所带来的计算误差，突出共震源的效应，提高波形识别的可靠性和精度。

具体而言，多通道联合分类识别各级识别的详细内容如下。

#### 5.1.2.1　干扰波形的初步判断与剔除

对于单事件多通道触发波形而言，干扰波形主要包括：底部噪声、电磁干扰两类。因此，干扰波形的剔除主要从频谱、波长等特征进行识别。采用单通道波形一级分类识别即可。

#### 5.1.2.2　波形（共震源波形）的联合识别

在对干扰波形进行初步剔除后，利用相关特征对共震源波形进行再次甄选，提取出有效的波形事件。单事件触发的共震源波形在波形特征上具有大量共有信息，相关性强，采用相关系数可以进行有效识别。相关系数可以反映两个变量之间线性关系的密切程度。该方法在地震领域主要用于判断两道地震信号的相关程度。具体有效波形提取流程如图 5-7 所示。

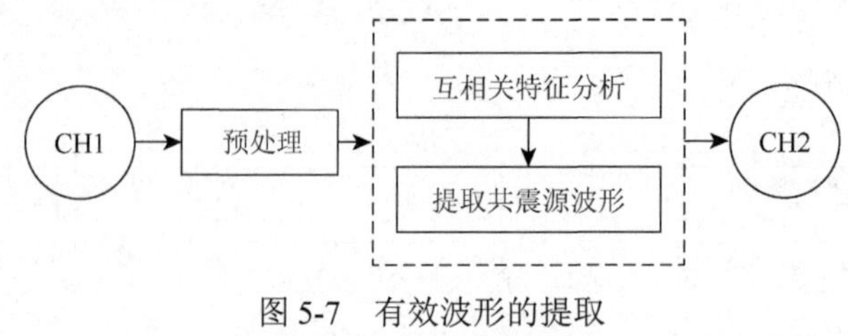


图 5-7　有效波形的提取

CH1 和 CH2 为两道地震信号

对图 5-6 中波形的相关系数进行计算，计算结果如表 5-3 所示。将计算结果投影到平面图上，如图 5-8 所示。有效波形之间的相关系数高于 0.2，岩体破裂微震波形与干扰波形之间的相关系数低于 0.2。通过虚线分界线可以将二者明显区分。

**表 5-3 各通道波形的相关系数**

| 通道 | 通道 | | | | | | | | | | | |
|---|---|---|---|---|---|---|---|---|---|---|---|---|
| | 1# | 2# | 3# | 4# | 5# | 6# | 7# | 8# | 9# | 10# | 11# | 12# |
| 1# | 1.00 | 0.07 | 0.56 | 0.12 | 0.64 | 0.10 | 0.15 | 0.14 | 0.15 | 0.14 | 0.14 | 0.13 |
| 2# | | 1.00 | 0.07 | 0.50 | 0.07 | 0.27 | 0.32 | 0.35 | 0.34 | 0.33 | 0.28 | 0.35 |
| 3# | | | 1.00 | 0.12 | 0.90 | 0.10 | 0.13 | 0.13 | 0.15 | 0.13 | 0.12 | 0.13 |
| 4# | | | | 1.00 | 0.12 | 0.29 | 0.56 | 0.62 | 0.51 | 0.62 | 0.61 | 0.68 |
| 5# | | | | | 1.00 | 0.11 | 0.13 | 0.14 | 0.14 | 0.13 | 0.13 | 0.13 |
| 6# | | | | | | 1.00 | 0.33 | 0.38 | 0.27 | 0.33 | 0.38 | 0.41 |
| 7# | | | | | | | 1.00 | 0.55 | 0.51 | 0.57 | 0.52 | 0.68 |
| 8# | | | | | | | | 1.00 | 0.52 | 0.72 | 0.68 | 0.82 |
| 9# | | | | | | | | | 1.00 | 0.55 | 0.50 | 0.56 |
| 10# | | | | | | | | | | 1.00 | 0.69 | 0.74 |
| 11# | | | | | | | | | | | 1.00 | 0.76 |
| 12# | | | | | | | | | | | | 1.00 |

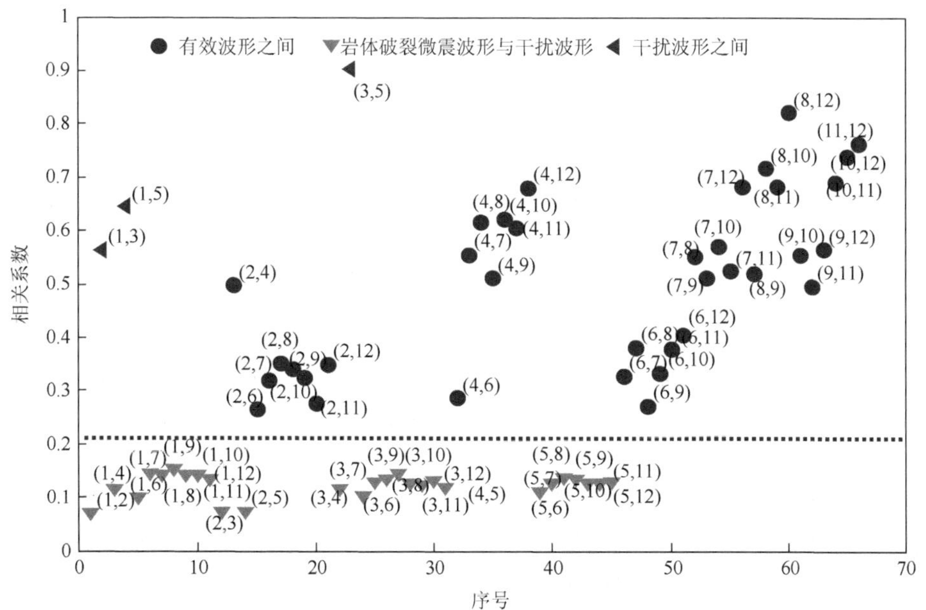


图 5-8 单事件多通道波形的相关性

由图 5-6 和图 5-8 联合分析，与底部噪声 1#、3#、5#号通道相比岩体破裂微震波形（其余 9 个）的相关系数全部集中于 0.2 以下；而岩体破裂微震波形之间的则普遍位于 0.2 之上。利用前文对 1#、3#、5#进行初步判断，判定为干扰信号，再利用相关性进行再判和确认。判定出 2#、4#、6#、7#、8#、9#、10#、11#及 12#通道内波形为有效波形。

#### 5.1.2.3　有效事件的优化选择

单通道波形的识别可以从波形特征上识别，但在实际监测过程中，存在许多紊乱的事件，其波形特征明显，但到时误差大或出现紊乱，主要表现为“到时紊乱”和“远波先至”。有效事件的优化选择，就是辨识出“形似”但“异常”的干扰波形，减小异常波形带来的误差，即针对上述 9 个有效波形进行再次优化判断。

所谓“到时紊乱”指多个检波器所监测到的微震波传播出现紊乱，各监测点的距离-时间比远离拟合的传播速度曲线，即速度出现紊乱；“远波先至”情况指微震波在传播过程中经过不同介质，造成距离较远的微震波比距离较近的微震波先行到达。图 5-9 和图 5-10 为河南某矿一次典型煤炮事件各通道时差-距离差、到时-振幅对比分析图。

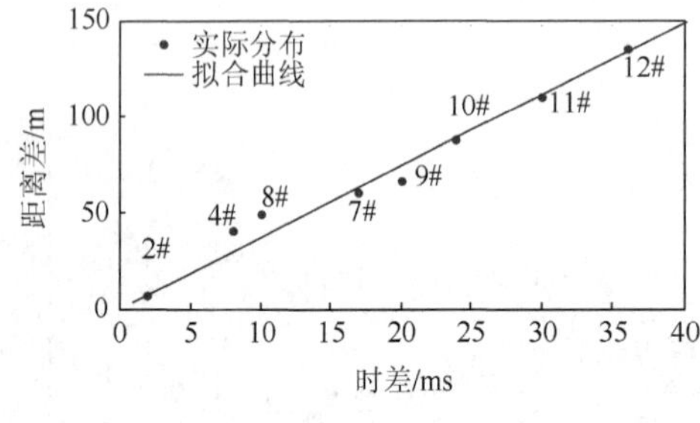


图 5-9　时差-距离差判断

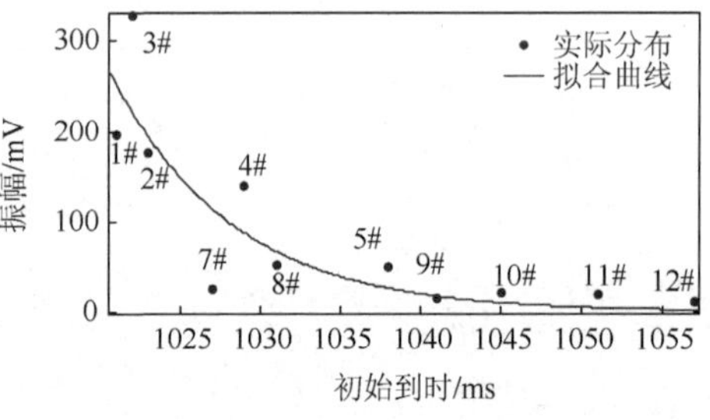


图 5-10　到时-振幅判断

图 5-9 中，4#、8#以及 9#通道偏离拟合的传播速度曲线，存在差异；图 5-10 中，4#、7#通道偏离振幅衰减曲线。因此，4#通道波形为异常波形。

这些异常波形参与定位计算，会引起较大的误差。因此，针对上述情况，考虑到地质条件、传播路径不同引起的波速不同，需要对微震波速的标定进行校正。现场采用多次爆破标定取平均值的方式求取波速，放炮地点以空间椭圆形方式布置，在不同区域进行标定炮操作。利用微震定位软件进行定位，多次校正，获取合理的微震波速后通过对波形到时的分析，剔除异常波形，减小由此带来的定位误差。

因此，在去除背景干扰波形后，剩余的有效波形还需要进行进一步的甄选，以去除其中的紊乱信号，获得有效的定位波形。判别的基本依据包括三个方面，分别为到时-振幅判断、时差判断和时差-距离差判断。定位计算有效波形的优化选择如图 5-11 所示。

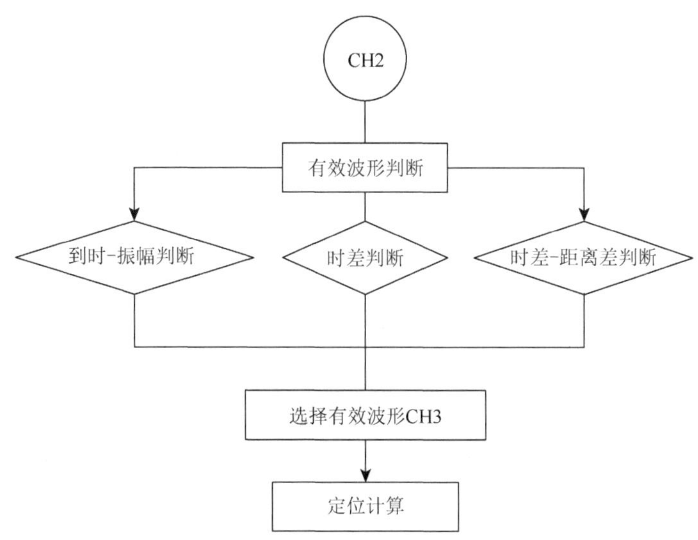


图 5-11　定位计算有效波形的优化选择

（1）到时-振幅判断。

根据微震波的传播规律可知，波的传播距离越大，其衰减越大（微震定位基于均匀传播介质的假设）。到时越晚，则距离震源越远。因此，在理论上，到时越晚的点，其振幅应该越小。

矿山地震波的振幅衰减规律可定义为

$$A \propto \varepsilon = \frac{E}{4\pi r^2} \tag{5-1}$$

式中，$r$ 为传播半径；$E$ 为总能量；$\varepsilon$ 为单位面积能量。

由于地震波传播距离 $r = vt$，其中 $v$ 为速度，$t$ 为时间，因此，振幅与时间的平方成反比，二者的关系可以定义为

$$A \propto \frac{E}{4\pi v^2 t^2} \tag{5-2}$$

（2）时差判断。

检波器之间存在一定间距，对于未知震源而言，任意两个检波器间的到时时

差不超过其间距除以波速。图 5-12 所示为简化的检波器现场布置图。当震源位于 $O_1$ 处时，二者间距最大，为 $L_{ij}$，此时到时时差达到最大值 $\Delta t$；当震源位于 $O_2$ 时，二者的到时时差取决于 $l_i$ 与 $l_j$，其值小于 $\Delta t$。

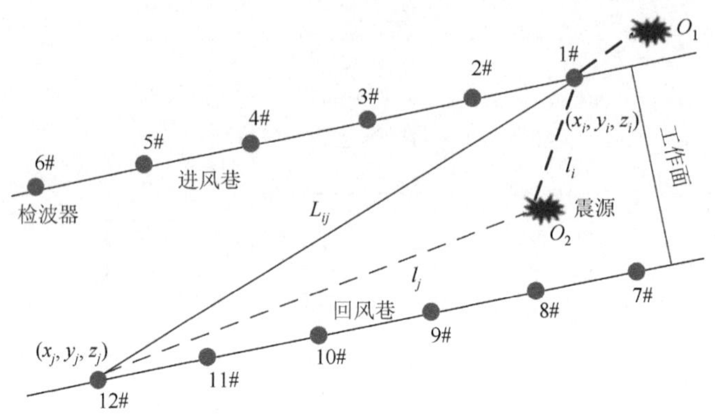


图 5-12　时差判断示意图

因此，假设有编号为 $i$、$j$ 的两传感器，两者间的间距为 $L_{ij}$，则实际到时时差 $\Delta t$ 与理论到时时差 $\Delta t'$可分别表示为

$$\begin{cases} \Delta t = \left| t_i - t_j \right| \\ \Delta t' = \dfrac{\left| S_i - S_j \right|}{v} \end{cases} \tag{5-3}$$

式中，$v$ 为微震波的波速；与震源的距离分别为 $S_i$、$S_j$，到时为 $t_i$、$t_j$。

考虑到矿山微震定位精度要求，到时时差误差应在 3ms 范围内（以误差 10m 计），才能视为有效通道。设定波速一定，距离不变，若实际到时时差为 $\Delta t'$，则通道有效与否的判断标准为

$$\begin{cases} \Delta t \leqslant \dfrac{L_{ij}}{v} \\ \left| \Delta t - \Delta t' \right| \leqslant 3 \end{cases} \tag{5-4}$$

以山东某矿的一次微震事件为例进行研究，已知检波器现场布置坐标，如表 5-4 所示。针对工作面小范围内的实时监控，BMS 的传感器一般布置于回采工作面的皮带巷与轨道巷内，距开切眼 30m，按 50m 间距顺序布置，每条巷道内布置 6 个检波器。

**表 5-4 检波器坐标及安装位置** （单位：m）

| 序号 | 空间坐标 | | | 序号 | 空间坐标 | | |
|---|---|---|---|---|---|---|---|
| | X 轴 | Y 轴 | Z 轴 | | X 轴 | Y 轴 | Z 轴 |
| 1 | 9192.65 | 10308.80 | −830.723 | 7 | 9462.909 | 10253.01 | −863.908 |
| 2 | 9195.98 | 10260.12 | −833.688 | 8 | 9466.420 | 10203.59 | −866.144 |
| 3 | 9199.20 | 10211.32 | −835.392 | 9 | 9470.000 | 10152.90 | −868.101 |
| 4 | 9202.50 | 10162.70 | −840.524 | 10 | 9474.470 | 10090.58 | −867.535 |
| 5 | 9205.99 | 10113.80 | −844.561 | 11 | 9455.733 | 10354.20 | −856.686 |
| 6 | 9209.40 | 10066.40 | −816.289 | 12 | 9459.278 | 10303.35 | −861.636 |

由此可以计算不同检波器之间的空间距离 $L_{ij}$。以 1#与 12#通道为例进行计算：

$$L_{1,12}=\sqrt{(x_i-x_j)^2+(y_i-y_j)^2+(z_i-z_j)^2} \tag{5-5}$$

现场波速约为 3.7m/ms，计算可得，$\Delta t_{1,12}\leqslant L_{1,12}/v$。依此类推，其他通道波形均能计算出对应的到时时间。通过到时时差即可进行判断。

（3）时差-距离差速度判断。

时差-距离差速度是指监测点到震源点的距离差与时差之比。假设微震波的传播介质为均质，速度 $v_{理论}$ 为定值，则其距离差与时差成正比，即各点间的时差-距离差速度关系为线性，$v_{时差-距离差}=v_{理论}$。因此，当 $v_{时差-距离差}$ 远离理论速度曲线越大时，其误差越大。微震事件的多通道具体有效判识流程如图 5-13 所示。

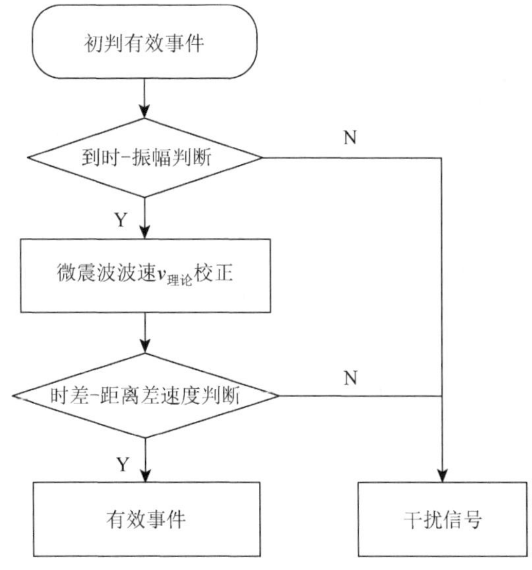


图 5-13 微震事件的多通道有效判识流程

基于上述判别依据，有效判别的操作流程如下。

（1）初步判断各监测点的到时-振幅关系，留取合理的监测点；

（2）利用选取的监测点，对震源微震进行初步定位，求取虚拟震源点；

（3）计算各监测点到虚拟震源点的距离差与时差，求取相应的时差-距离差速度；

（4）绘制理论速度曲线，并与各点时差-距离差速度进行对比，判定初始到时奇异点，予以剔除；

（5）确定最终参与定位的监测点，并定位求取震源坐标。

一般地，当有效监测数组较多时，可采用阈值控制的方式，设置一定的误差范围，剔除误差较大的监测点；在定位计算过程中，当监测数组过少（有效监测数据少于 4 组）而无法进行定位时，进行插值虚拟出邻近的监测点，参与定位计算，求解震源坐标。

### 5.1.3　单通道与多通道混合分类识别方法

单通道与多通道混合分类识别模式是利用上述两种模式进行联合识别，其基本流程如图 5-14 所示。

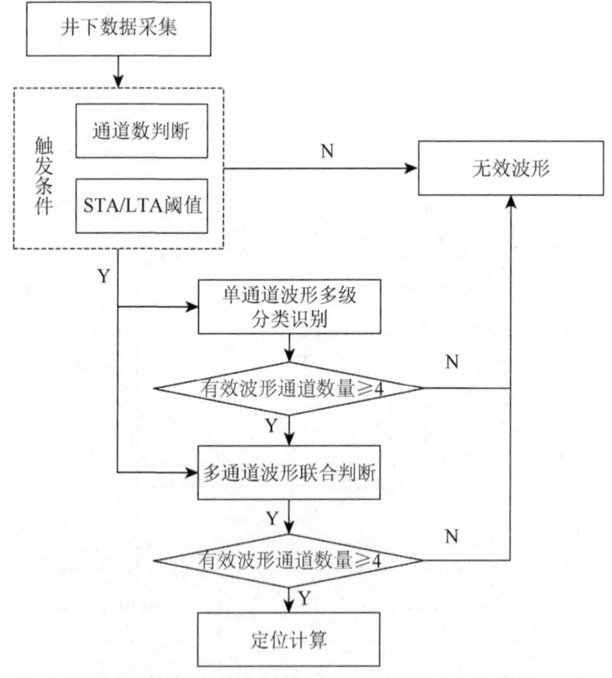


图 5-14　单通道与多通道混合分类识别机制

（1）利用单通道多级分类识别，进行总体上的分类判断，判别事件的有效性，并进行记录。

（2）利用多通道联合分类识别，进行局部上的优化判别，判别有效事件内的有效通道波形，并对有效通道波形进行优化处理，从而确立最终参与定位计算的通道号。

在实际应用过程中，两种识别模式可单独使用，也可联合使用。在大量事件需要分类识别时，采用单通道波形多级分类识别，进行分类识别；在需要进行定位时，可预先对单通道多级分类识别后的有效波形进行优化选择，提取其中的有效通道，参与最终定位计算。因此，针对不同需求，可以合理选择方法。

# 5.2　基于 SVM 的微震波形自动识别方法

## 5.2.1　SVM 识别原理

SVM 是一种监督式学习的方法，由 Vapnik（1995）首先提出，主要应用于统计分类以及回归分析方面（许国根和贾瑛，2012），在信号处理、模式识别等领域有着广泛的应用。支持向量机属于一般化线性分类器，也可以被认为是吉洪诺夫正则化（Tikhonov regularization）方法的一个特例。这种分类器的特点是它们能够同时最小化经验误差与最大化几何边缘区，因此，SVM 也被称为最大边缘区分类器。

不同类别的微震信号分离难度不同，其中存在线性不可分的情况。这种情况下，不存在将不同种类信号分类的最优分类平面（超平面）。因此，需要对特征向量进行转换，映射到更高维数的特征空间中，构造出能够分类的最优分类平面。如图 5-15 所示，通过非线性映射，将输入空间从低维不可分映射到高维，从而构建出超平面。

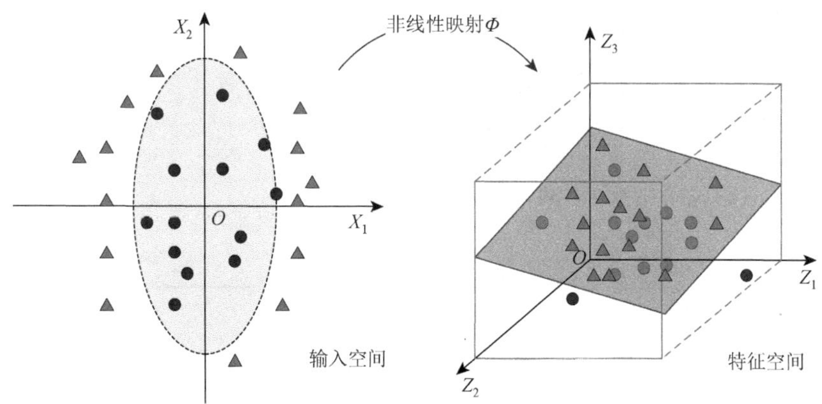


图 5-15　样本空间的非线性映射

假设输入空间 $X(x_1, x_2, \cdots, x_N)$，对应的输出空间 $y_i\{-1, +1\}$（输出空间为[−1, 1]空间，这里 1 和−1 分别代表两个类别，即通过这个标示不同类别），训练集合 $S = \{(x_1, y_1), (x_2, y_2), \cdots, (x_N, y_N)\}$。对于这样一组函数，求出最优函数 $f(X, W_0)$，使在对未知样本进行估计时，下列期望函数的风险最小

$$R(W) = \int L\left(y, f(x,w)\right)\mathrm{d}F(x,y) \tag{5-6}$$

式中，$L(y, f(x, w))$为损失函数；$F(x, y)$为联合概率。

为了在空间中对样本进行分割，建立一个最优分类平面，使样本之间的间隙达到最大，如图 5-16 所示。假设线性判别函数的形式为 $g(x) = w^{\mathrm{T}}x + b$，则分类面的方程为

$$w^{\mathrm{T}}x + b = 0 \tag{5-7}$$

而当 $f(x)$不为 0 时，则有

$$g(x) = w^{\mathrm{T}}x + b \tag{5-8}$$

式中，$x$ 为超平面上的点；$w$ 为垂直于超平面的向量；$b$ 为间隔。

此时，可以构造线性分类器，实现样本的二分类，即

$$f(x) = \mathrm{sgn}(g(x)) = \begin{cases} w^{\mathrm{T}}x_i + b \geqslant 0, & y_i = 1 \\ w^{\mathrm{T}}x_i + b < 0, & y_i = -1 \end{cases} \tag{5-9}$$

当 $f(x) = 0$，$x$ 为超平面上的点；当 $w^{\mathrm{T}}x_i + b \geqslant 0$，此时 $y_i = 1$；当 $w^{\mathrm{T}}x_i + b < 0$，此时 $y_i = -1$。简单讲，$w$ 是法向量，$b$ 是截距。

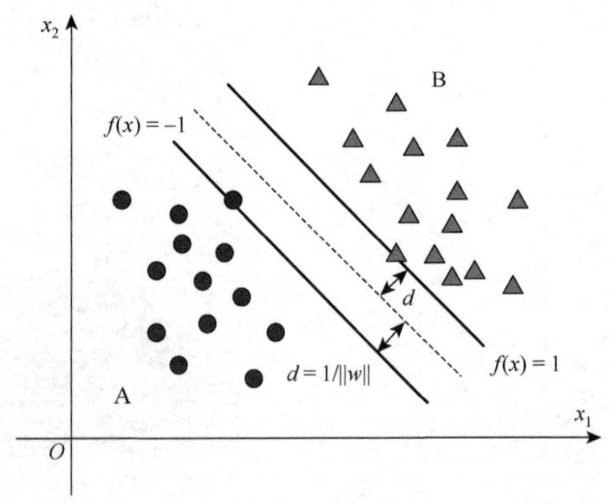


图 5-16　非线性超平面

下面将对分类函数 $f(x)$ 中参数 $w$ 和 $b$ 的确定进行分析。将判别函数归一化，并调节相关的系数 $w$、$b$，使所有样本均能满足 $|g(x)|\geqslant 1$，此时，所形成的最大分类间隔为 $r=\dfrac{2}{\|w\|}$。求最优分类面的问题可转化为

$$\min f(w)=\frac{1}{2}\|w\|^2=\frac{1}{2}w^{\mathrm{T}}w \tag{5-10}$$

此时，当 $w^{\mathrm{T}}x_i+b\geqslant 1$ 时，$y_i=1$；当 $w^{\mathrm{T}}x_i+b\leqslant -1$ 时，$y_i=-1$。该问题可以等价于：

$$y_i\left(w_i^{\mathrm{T}}x_i+b\right)\geqslant 1 \tag{5-11}$$

上述问题转化为二次规划求解问题，即以 $\alpha$ 为自变量求解最大值 $J(\alpha)$，如

$$J(w,b,\alpha)=\frac{1}{2}w^{\mathrm{T}}w-\sum_{i=1}^{N}\alpha_i\left[y_i\left(w^{\mathrm{T}}x_i+b\right)-1\right] \tag{5-12}$$

该问题的最优值实际上可以表述为

$$p^*=\max_{w,b}Q(\alpha)=\max_{w,b}\min_{\alpha_i\geqslant 0}Q(w,b,\alpha) \tag{5-13}$$

对于线性不可分问题，可以对式（5-10）引入松弛变量，此时可将优化问题转化为

$$\min f(w)=\frac{1}{2}\|w\|^2=\frac{1}{2}w^{\mathrm{T}}w+C\sum_{i=1}^{n}\xi_i \tag{5-14}$$

求解上述问题，实质上是把寻求函数 $f（x）=wx+b$ 的问题转化为 $w$、$b$ 的最优化问题。上述求解的过程，可以分为三个步骤：

（1）首先固定 $\alpha$，求 $J$ 关于 $w$ 和 $b$ 的最小值。分别对 $w$、$b$ 求偏导数，得到

$$\begin{cases}\dfrac{\partial J(w,b,\alpha)}{\partial w}=0\rightarrow w=\displaystyle\sum_{i=1}^{N}\alpha_i y_i x_i\\ \dfrac{\partial J(w,b,\alpha)}{\partial b}=0\rightarrow \displaystyle\sum_{i=1}^{N}\alpha_i y_i=0\end{cases} \tag{5-15}$$

式中，$\sum_{i=1}^{N}\alpha_i y_i=0$，$\alpha_i\geqslant 0$。

将 $w$ 和 $b$ 的确定问题转化为寻找两条边界端或极端划分直线中间的最大间隔，这也是为了更好地对样本进行划分。代回式（5-15）求得，最终的计算结果如式（5-16）所示：

$$J(w,b,\alpha)=\sum_{i=1}^{N}\alpha_i-\frac{1}{2}\sum_{i=1}^{N}\sum_{j=1}^{N}\alpha_i\alpha_j y_i y_j\left(x_i^{\mathrm{T}}x_j\right) \tag{5-16}$$

（2）求对 $\alpha$ 的最大值（对偶变量 $\alpha$ 的优化问题），如式（5-17）所示：

$$\max J(\alpha) = \max\left(\sum_{i=1}^{N}\alpha_i - \frac{1}{2}\sum_{i=1}^{N}\sum_{j=1}^{N}\alpha_i\alpha_j y_i y_j\left(x_i^{\mathrm{T}}x_j\right)\right) \tag{5-17}$$

（3）序列最小最优化（SMO）算法。最终得到最优分类函数为

$$f(x) = \operatorname{sgn}\left\{\sum_{i=1}^{N}\alpha_i y_i\left(x_i^{\mathrm{T}}x_i\right)+b\right\} \tag{5-18}$$

### 5.2.2　基于 SVM 微震波形识别模型的构建

近年来，国内外一些专家、学者开始尝试应用 SVM 对地震信号、地震震相进行识别、综合预报。本书利用 SVM 建立矿山微震事件自动识别体系。基于 SVM 网络的微震事件自动识别，是通过对已知训练样本进行训练，利用训练模式下网络对各类事件特征的认识、记忆，对未知类别样本进行分类处理。其模型的构建中特征向量的构建、神经网络分类器的构造是两大重要部分。图 5-17 为 SVM 分类预测流程图。

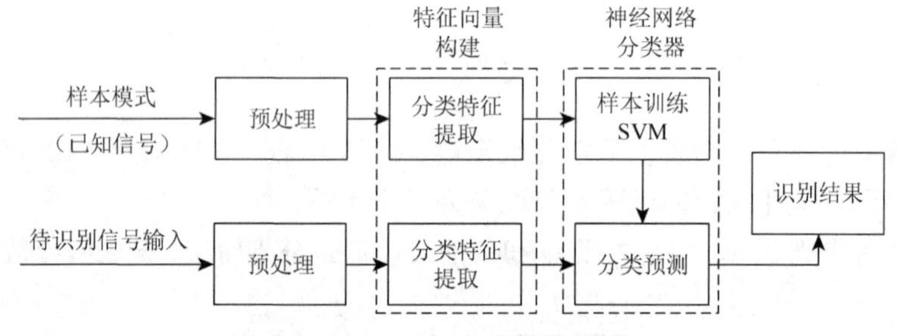


图 5-17　SVM 分类预测流程图

（1）构建特征向量，确立训练数据、测试数据集。以前文研究内容，根据不同识别对象，构建不同的特征向量。利用 SVM 网络对训练集进行训练以求取分类模型，然后利用分类模型对测试集进行类别标签预测。根据信号类别的不同，为其设定不同的期望输出值，如将拟剔除信号的标识类别设定为 1，保留信号的标识类别设定为 2。

（2）数据的归一化预处理。对训练集和测试集样本进行预处理，采用[0, 1]区间归一化方法进行数据的处理。

（3）分类器参数的选择。SVM 神经网络的分类器选用径向基核函数（radial basis function，RBF），即

$$K(x,y)=\mathrm{e}^{-\gamma\|x-y\|^2} \tag{5-19}$$

其中，$\gamma>0$。

交叉验证（cross validation，CV）法是用来验证分类器性能的一种统计分析方法。利用CV法进行交叉验证，其结果如图5-18所示，图5-18（a）、（b）两图分别为等高线图和3D视图。最终确立最优的参数为惩罚参数 $c=8$，核函数参数 $g=1.4142$，该参数下的最佳识别准确率CVAccuracy为95.2991%。

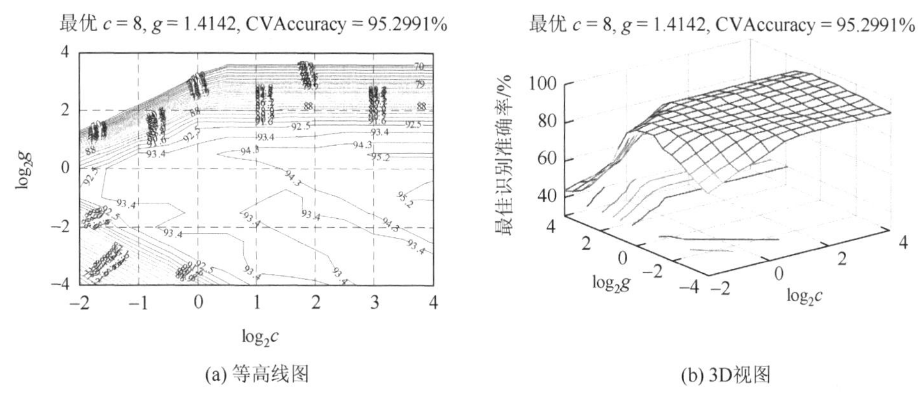


(a) 等高线图　(b) 3D视图

图5-18　利用CV法选取最优参数

利用MATLAB的SVM模块，编制相应的识别模块，并根据前文识别模型，构建基于SVM的识别模型。其中，单通道识别以分层分级识别模式为思路，构建SVM二叉树识别模型，如图5-19所示；多通道联合分类识别，以多分类SVM模型作为分类器即可。将样本分为测试集和训练集两部分，其中训练集trainDS由现场数据经人工处理后所得；测试集testDS为未知表示类别样本。训练集样本的好坏对识别结果的影响较大，因此，在初次采集辨认波形时，应尽量保证波形的完整性、合理性和可辨性。样本集包含特征向量和标识标签两部分，其中trainDS包含训练向量（trainFV）和训练标签（trainWL），testDS包含特征向量（testFV）和测试标签（testWL）。样本集和标签随着逐层的识别而变化。第一层，训练集数据不变，标签分为1和2，第一层删除A类，将A类标识设为1，其余设为2；第二层，将训练集中A类剔除，并设定B类标识为1，其余设为2，此时，测试结果保留标识为2的部分，删除标识为1的样本；第三层，将第二层训练集中的B类剔除，设定C类标识为1，其余为2，同样，保留测试样本集中标识为2的部分，删除1标识数据。与此同时，针对每一层识别对象的不同，选择不同的特征向量。分类完成后，得到的标识为2的样本即为有效波形O类。

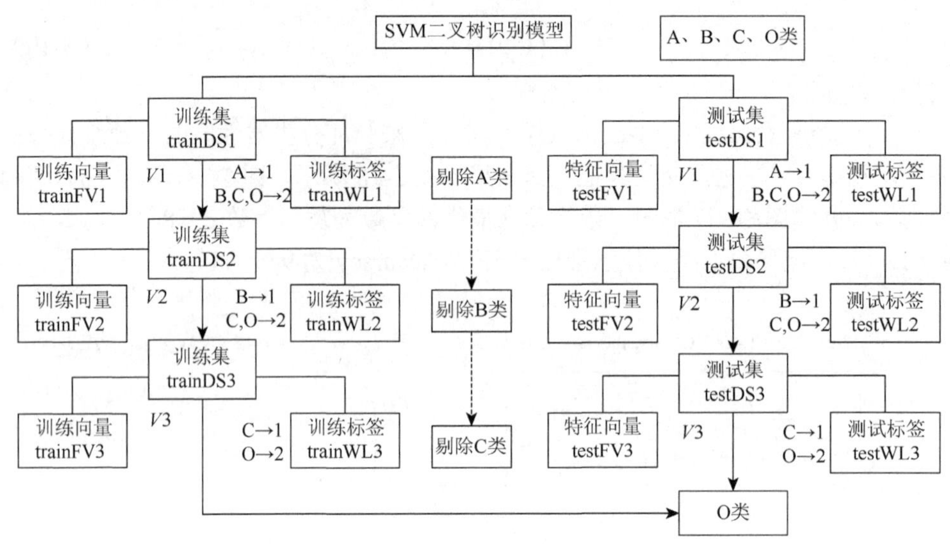


图 5-19　SVM 二叉树识别模型测试流程

V1、V2、V3 分别表示第一层识别、第二层识别、第三层识别

### 5.2.3　分类器参数的选择与确立

分类器的优劣直接影响识别的精度和速度。传统识别方法包括最近邻法、Fisher 法以及相关法等；人工神经网络具有较强的非线性映射功能，包括 BP 神经网络、多层前馈神经网络等；非线性判别法包括 SVM、隐马尔可夫模型等。其中，SVM 为应用最为广泛和最重要的模式识别方法之一。

人工神经网络具有对非线性数据快速建模的能力，通过反复学习和调节自身网络结构和权值，达到对未知数据的分类和预测。SVM 则是通过提高数据的维度，将非线性问题转化为线性分类问题。与模糊模式识别相比，SVM 侧重于全局最优化，对二分类较为适用，缺点是普适性的 SVM 多分类算法对少数类的识别能力并不突出；模糊神经网络则只求取局部最优解，而得不到整体最优解，该方法适用于解决多分类问题。目前，SVM 在地震、爆破震动波形识别等方面有较多应用。

本书在对比多个分类器后，最终选取 SVM 模式识别法作为微震波形分类识别的分类器。

### 5.2.4　识别性能测试

本节将通过对现场数据分析识别，对微震波形识别方法进一步进行验证和评判。

#### 5.2.4.1 试验数据

为对自动识别模型的识别性能进行测试，作者所在课题组特选取多个矿山的多类波形进行识别。测试中所选用的样本信号共有 4 类，分别为 A、B、C 和 O 类，数据来源于河北矾山磷矿、陶一煤矿、山东梁宝寺煤矿及龙固煤矿。第一组数据集 A 类中，共包含样本信号 100 个；第二组数据集 B 类中，共包含样本信号 100 个；第三组数据集 C 类中，共包含样本信号 100 个；第四组数据集 O 类中，共包含样本信号 100 个。其中，训练样本与测试样本各占一半。

#### 5.2.4.2 测试结果与分析

对 400 组数据进行分类测试，利用 SVM 法直接进行识别的结果如图 5-20 所示。其中，纵坐标表示数据类别，1～4 号标签分别表示电磁干扰等（A 类）、机械振动干扰等（B 类）、爆破震动波形（C 类）以及岩体破裂微震波形（O 类）；横坐标表示样本编号。

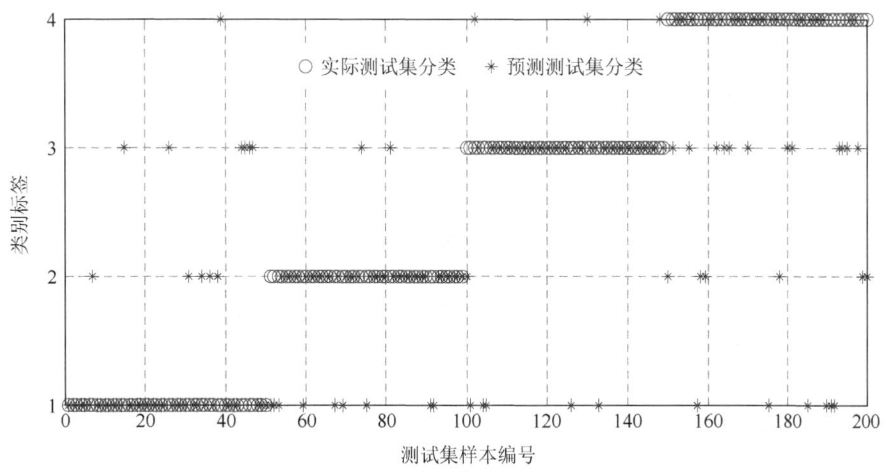


图 5-20 SVM 法识别结果

利用常规方法对上述 200 组测试数据进行分类，各类波形的详细识别结果参见表 5-5。识别结果为：正确识别 145 组，55 组波形识别错误，整体识别准确率（这里指所有波形识别准确率）仅为 72.5%，有效波形识别率（单指岩体破裂有效波形的识别准确率）仅为 54%。因此，这一识别准确率较低，识别精度还有待提高。

表 5-5　各类波形分类识别结果（常规方法）

| 项目 | A 类 | B 类 | C 类 | O 类 |
|---|---|---|---|---|
| 测试样本数 | 50 | 50 | 50 | 50 |
| 正确识别数 | 39 | 38 | 41 | 27 |
| 错误识别数 | 17 | 9 | 10 | 19 |
| 识别准确率/% | 78 | 76 | 82 | 54 |

利用 SVM 二叉树识别模型进行识别的结果如图 5-21 所示，通过对 400 组数据的分类测试，识别结果为：正确识别 183 组，错误识别 17 组，整体识别准确率为 91.5%。

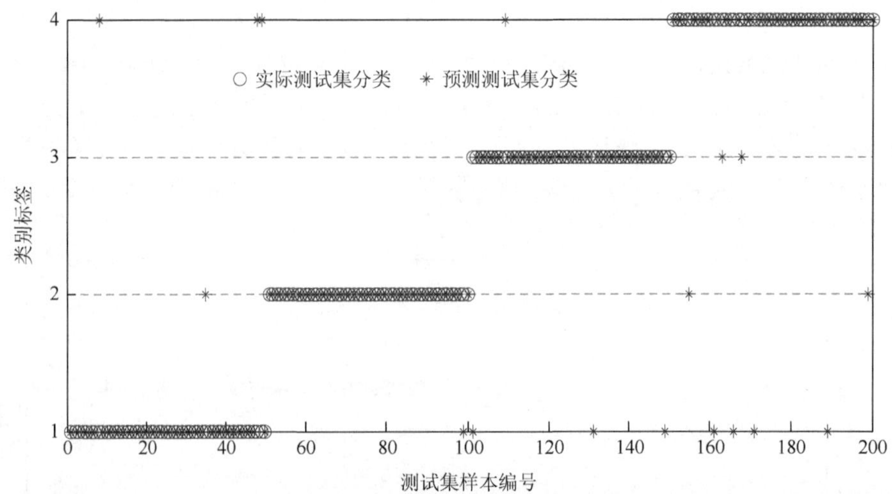


图 5-21　SVM 二叉树识别模型识别结果

采用 SVM 二叉树识别模型进行识别，精度有大幅提高，整体识别准确率已超过 80%，满足现场需求。各类波形的详细识别结果参见表 5-6。

表 5-6　各类波形分类识别结果（本书方法）

| 项目 | A 类 | B 类 | C 类 | O 类 |
|---|---|---|---|---|
| 训练样本数 | 50 | 50 | 50 | 50 |
| 正确识别数 | 46 | 49 | 46 | 42 |
| 错误识别数 | 2 | 3 | 8 | 4 |
| 识别准确率/% | 92 | 98 | 92 | 84 |

通过对比上述两种识别方法的识别结果，可以看出，利用 SVM 二叉树识别模型，可以满足现场的分类识别需求。

## 5.3 矿山微震波形自动识别系统的构建与实现

特征的提取是为最终分类识别打下基础。本章在上文的基础上，提出了矿山微震波形自动识别的方法与模式。并利用 MATLAB 建立了矿山微震波形自动识别与定位系统模型。

### 5.3.1 微震波形识别的分层分级模式

矿山微震波形自动识别应该遵循三个基本原则，即运算速度快、定位精度高、自动化程度高。从上述流程可以看出，识别方法与模型是满足上述原则的关键。因此，为了实现微震波形的自动识别，需要进行一系列的操作，建立标准矿山微震波形样本库，以及最有效的识别方法与模型。其主要流程可以分为以下三个部分：

（1）建立典型波形样本库，并提取波形特征。每个矿山的波形可能存在差异，特别是信噪比、噪声类型以及采场条件所诱发的微震事件特征，都存在着或多或少的差异，因此，在进行识别前，应根据矿山情况，建立完善的微震波形样本库。

（2）按数据采集、存储和分析流程将识别流程分为触发判断、分类存储和定位优化三部分。波形的识别应根据微震监测系统的处理流程建立不同的识别机制和模型。

（3）根据波形特点，建立有针对性的多层次分类识别，有效、快速地提取有效波形。多层次分类识别主要包括单通道多级分类识别和多通道联合分类识别，二者分别以通道号、事件号为单位进行分析。单通道多级分类识别，是将一段时间内所有通道内的波形拿出来进行分类分析，并提取出满足条件的有效事件；多通道联合分类识别是针对单事件内的多通道波形提出的，对单事件内多个通道进行分类、优化，挑选出进行定位的通道号。

#### 5.3.1.1 分层识别模式

分层识别模式是指从数据的采集、存储、优化定位三个阶段，按阶段的不同实行不同的判断与识别方法，如图 5-22 所示。触发判断包括相应的触发参数，如振幅比、信噪比以及 STA/LTA 值等；分类存储是从提高识别运算速度角度出发，对所采集的数据进行初步的筛选，提取出其中大量的干扰、无效波形；优化判断，则是以定位为目的，对转存的数据进行判断，并利用最终保留的波形事件进行定位计算。后面将以分类存储、优化判断为主进行研究，并最终构建基于波形识别的定位计算模型。

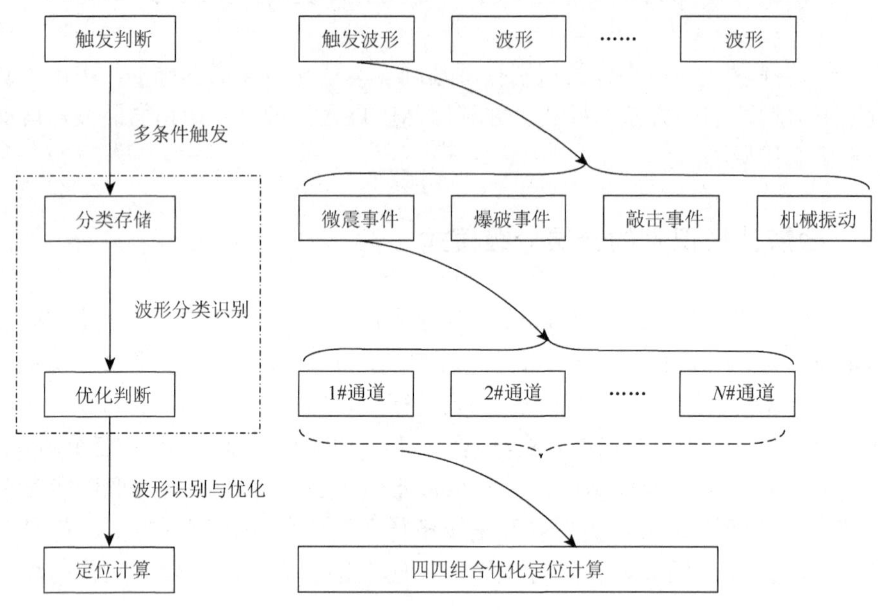


图 5-22　波形的分层识别与定位计算

1）多条件触发判断

多条件触发判断包括全局判断、局部判断和触发通道数判断，如图 5-23 所示。全局判断是从波形全程进行判断；局部判断则是以选择的时窗进行判断，这两种判断的基本方法是以 STA/LTA 以及振幅判断法为基础；触发通道数判断则是通过同时触发的通道数来进行判断，减少因单通道异常波形带来的触发。

（1）全局判断。

全局判断是对波形的整个采样长度进行全局判断，判断事件是否具有有效性。例如，波形为底部噪声，其整体起伏不大，因此，全局判断不符合要求。当波形存在较大上下波动时，全局判断会被触发。全局判断保证波形不因畸变或偏移等因素而造成误触发。

触发条件全程时长为 500ms，短时窗为 100ms，全局判断阈值为 5，局部判断阈值为 3，有效事件通道数为 3。全局判断的意义为长时窗内的最大振幅值与振幅绝对平均值之比，触发条件见式（5-20），其中 $\max[x]_a^b$ 表示序列 $[x]_a^b$ 中的最大振幅值，其中 $a$、$b$ 分别为序列起始、终止位置。

$$LV = 500\frac{\max[x]_{n-500+k}^{n+k}}{\sum_{i=n-500+k}^{n+k}|x_i|} \geqslant 5 \tag{5-20}$$

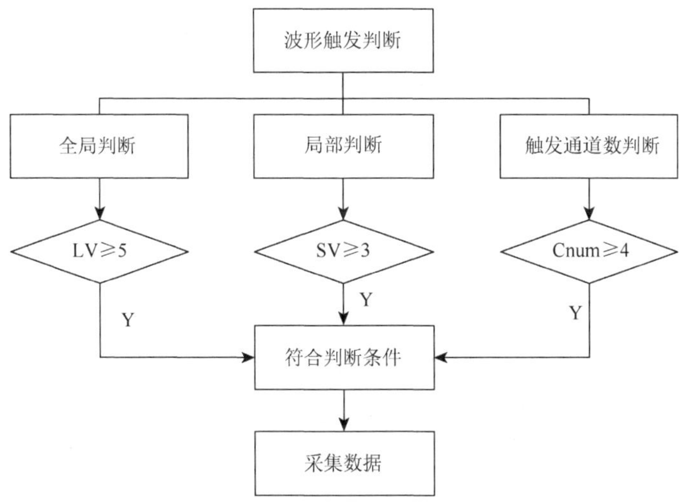


图 5-23 数据的多触发判断条件

LV 表示全局判断阈值，SV 表示局部判断阈值，Cnum 表示触发通道数判断阈值

（2）局部判断。

全局判断与局部判断分属整体与细部关系。局部判断从细部进行考虑，在全局判断的前提下，逐点移动，直至侦测到满足条件的初始起跳时刻。局部判断公式为式（5-21），其意义为短时窗内振幅平方的平均值与长时窗内振幅平方的平均值之比，短时窗长度为 $s$，长时窗长度为 $l$。

$$SV = \frac{l}{s}\frac{\sum_{i=n-s+k}^{n+k}|x_i|}{\sum_{i=n-l+k}^{n+k}|x_i|} \geqslant 3 \tag{5-21}$$

（3）触发通道数判断。

触发通道数判断主要是基于定位角度考虑。一般情况，微震事件进行定位计算时至少需要 4 个有效事件，当触发通道数低于 4 个时，其计算无法求解。因此，触发通道数的判断公式为

$$\text{Cnum} \geqslant 4 \tag{5-22}$$

当然，因计算方法的不同而有不同的通道需求数。本书基于四四组合优化定位法进行定位计算，因此，此处选择最低通道数 Cnum 不小于 4。

2）分类存储

对于已触发的微震事件，要进行定性判断，确认触发事件是否属于岩体破裂微震事件。非岩体破裂有效事件，应进行剔除处理，保留剩余有效事件，并存储到定位事件目录。

事件触发时，可能存在爆破震动、机械振动、电脉冲、人为敲击等因素，其中，伴随最多的为爆破震动以及电脉冲事件。针对上述几类干扰事件，前文提出单通道多级分类识别与多通道联合分类识别的联合识别方法，逐层剔除干扰波形，直至保留有效的岩体破裂微震事件。识别得到的有效事件将另存至指定目录，供最终定位计算使用。

3）定位优化

定位优化，是从优化定位角度提出的分类识别方法。微震波在传播过程中，由于传播介质的非均质性，会存在畸变、衰减等，但波形本身仍遗留许多共性，因此，通过多通道联合分类识别可以判断波形的有效性。

首先，分类存储获得的事件为 12 或 24 通道（不同矿采用的检波器数量不同），但并非一定所有通道同时触发，存在“空载”的通道，即因其他通道触发而随机采集的波形。

其次，触发的通道内也不一定全部都是岩体破裂微震波形。在岩体破裂微震事件触发采集的同时，由于外部干扰因素，存在电脉冲或其他类型波形，这些波形从“外形”上具备触发特征。

最后，触发的岩体破裂微震波形也不一定都适合参与定位计算。这一类波形被称为“形似”而“神不似”的波形。该波形属于岩体破裂有效波形，具有所有的有效波形特征，且单通道多级分类识别显示正常，无法剔除。但由于这类波形传播时经过异常区域，如地质异常区、金属介质（液压支架）等，造成到时与振幅的异常，如前文所述的“远波先至”“到时紊乱”等情况。这类情况的存在使定位结果误差变大，因此，需要通过多通道联合进行识别，以期剔除异常通道，保证定位精度。

#### 5.3.1.2　分级识别模式

为了解决多种复杂波形的联合分类识别问题，基于前文所述的分层识别模式，需要确立一个快速、高效的识别预测模型，实现对矿山微震波形的分类识别。基于此思路，根据不同波形的特点与识别难度，提出一种分级识别的识别模式。

如图 5-24 为四类波形在两种特征下的特征展示。可以看出，各类波形之间的特征相互交叉，分类识别时必然产生影响。因此，需要对其进行相应的改进，以适应实际的识别环境，达到提高分类器分类性能和识别能力的目的（渠瑜，2010）。

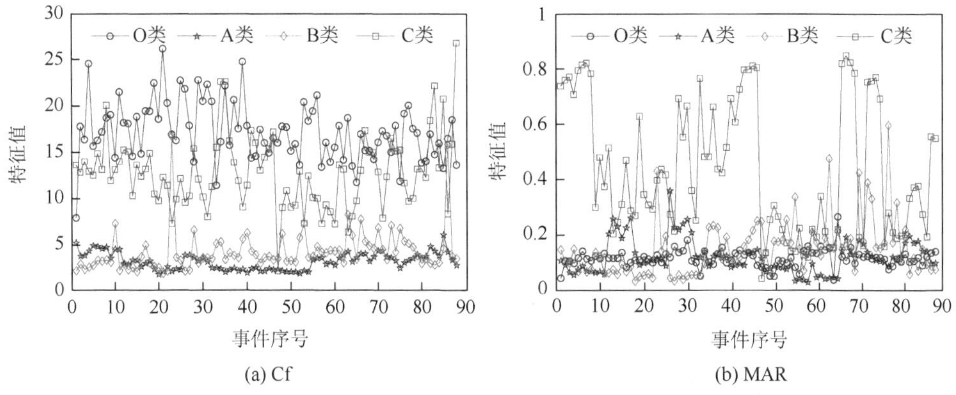


(a) Cf　(b) MAR

图 5-24　波形的单一特征值区分

借助不同种类波形的识别难易程度不同这一特点，先剔除较易识别的种类，如先利用 Cf 特征，剔除 A、B 类，再利用 MAR 特征，提取 O 类。这比单纯地对所有特征进行识别更为合理。为此，架构 SVM 的二叉树结构，提出多级分类识别的概念。利用不同种类样本的类间距不同，逐级删除远离的类簇，直至最后一级，再进行分离。该模式为类似二叉树结构（Sungmoon et al.，2004）的分级识别模式。

在这里需要引入两个概念，类间距的可分离性（Chen et al.，2008）与类间的几何间距（娄建武等，2005），减小上述分类模式的累计误差，使误差满足现场需求。类间距的计算方法采用聚类的欧氏距离算法（渠瑜，2010），如式（5-23）所示，对波形的分离难度进行测定，即

$$R = \frac{2}{\|\omega\|} = 2\left(\sum_{i \in \mathrm{SV}} \alpha_i\right)^{-\frac{1}{2}} \tag{5-23}$$

式中，$R$ 为聚类计算中两簇间距离最近样本间的距离；$i$ 为空间散点的编号，这里是任意微震事件的编号；$\alpha$ 为单个样本的欧氏距离大小。

根据现场数据分析，以波形识别的难易程度，将矿山现场干扰波形分为三类，如下所示（将岩体破裂有效事件设为 O 类）。

（1）A 类常见波形：底部噪声、电磁干扰以及大功率设备干扰等。

（2）B 类：机械振动（打钻）、人为敲击以及轨道运输。

（3）C 类：爆破震动、天然地震等。

A、B、C、O 类为四类典型微震波形，A、B、C 类为干扰波形，O 类为有效波形，波形识别的流程变为从四类波形中提取出 O 类有效波形。假设 A、B、C 三类波形的识别难度逐渐增大，即其可分离性为 $H_{\mathrm{AO}} > H_{\mathrm{BO}} > H_{\mathrm{CO}}$（$H$ 为类间距），在聚类结果中显示为与 O 类的类间距越来越小。识别呈层级进行，首先剔除 A 类，然后剔除 B 类，最后形成 C、O 两类，其结构树如图 5-25 所示。

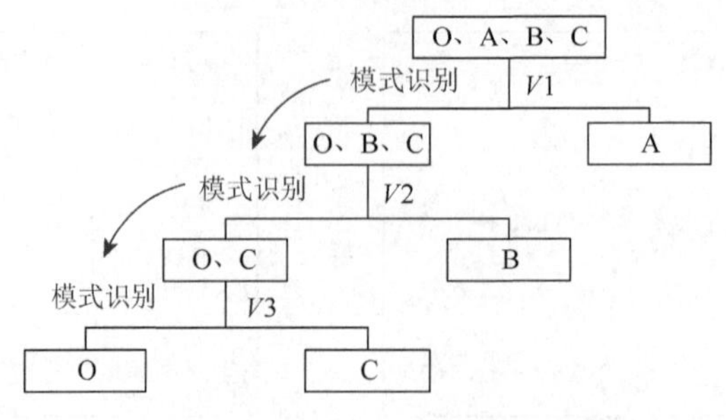


图 5-25　分级识别模式的结构树

分级识别模式即逐级识别，是指将干扰信号分为随机干扰信号（A）、规则干扰信号（B）及难识别信号（C）三类，根据每类信号的特征差异，利用模式识别方法，将干扰信号剥离，保留最终的有效信号。分级识别贯穿于分层识别之中。

### 5.3.2　微震波形数据处理流程

假设现场安装的拾震检波器数量为 $n$。准备处理的数据，起始时间为 StartT，结束时间为 EndT，事件总数为 $m$。该时间段内的所有 smp 文件数量为 $m \times n$。矿山微震波形自动识别系统的数据流程如图 5-26 所示。

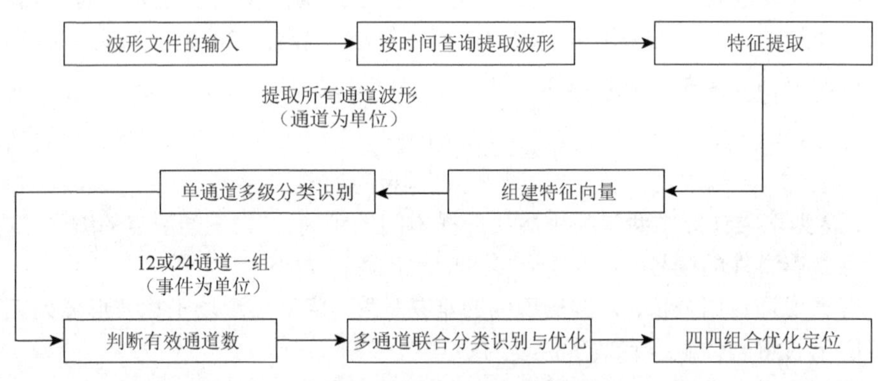


图 5-26　矿山微震波形自动识别系统的数据流程

（1）首先读取该时间段内的所有文件，计算波形数量，以单个波形为单位进行分析。按预先流程进行单通道多级分类识别，提取出其中的岩体破裂 O 类波形。

（2）按时间重新进行组合，将同一时间触发的波形写入以该时间命名的字典中。计算字典中事件的总数，并以事件为单位进行分析。

（3）判断字典中有效波形的个数。当有效波形数量不小于 4 时，进入下一步的多通道联合分类识别模块，否则，视为无效事件处理。

（4）经多通道联合分类识别后，将优化判断后的通道保留，并代入最终定位模型中进行定位计算。

### 5.3.3 自动识别系统的建立与实现

矿山微震波形分类识别决策系统，是基于前文的分层分级识别模式，以单通道多级分类识别和多通道联合分类识别相结合设计而成的矿山微震波形自动识别系统，其主要目的是将上述分析过程以模块化、系统化的形式呈现，实现波形识别的自动化。分类识别决策系统以 SVM 为分类器，建立多类波形识别的二叉树结构。

矿山微震波形分类识别决策系统底层数据库包括实时监测数据库、典型样本库及其参数特征以及微震波形的分类识别判据，同时还有井下实时统计及生产计划信息。基于底层数据库，对实时波形进行特征提取，并设置触发判断、综合决策分类，直至将有效事件归档转存。矿山微震波形分类识别决策系统的结构如图 5-27 所示。

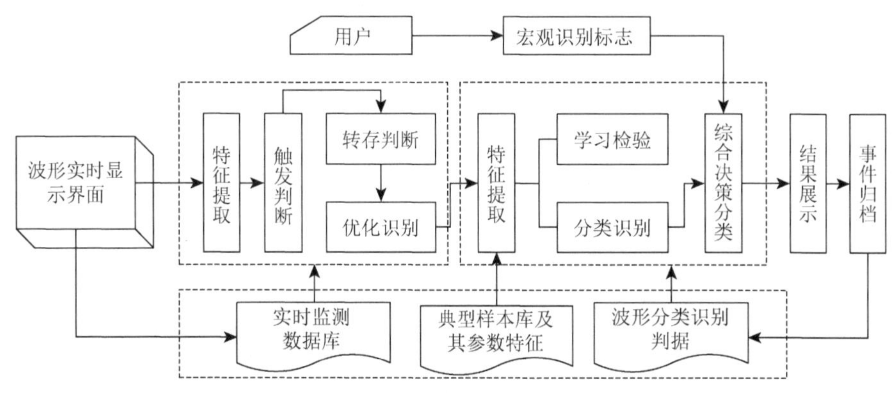


图 5-27 矿山微震波形分类识别决策系统结构

分类识别决策系统是识别系统的上层架构，在底层结构中，首先需要确立相应的识别体系与流程。样本库是分类识别的重要组成部分，因此，前期需要人为手动地对典型波形进行采集，并建立典型波形库。其次，单通道多级分类识别模型和多通道联合分类识别模型的构建，直接关系到决策系统能否实现。因此，分别对这两大识别模型进行设计。最后，归结到矿山微震波形自动识别的最终目的上，即如何实现高精度自动定位。系统分为以下几个层次：

（1）建立典型样本库。微震系统安装完成后，需要经过一段时间的试运行，在此期间，根据需要对现场出现的微震波形进行统计，并按类进行存档，建立矿山典型微震波形库。所有波形按 A、B、C、O 进行分类存储，并分类标号。

（2）单通道多级分类识别模型的设计。

（3）多通道联合分类识别模型的设计。

（4）分类识别方法 SVM 的建立。

（5）建立优化定位计算模型。

定位计算是波形识别的最终目标。波形的分类识别归根结底还是要归结到定位计算上。通过波形识别，摒弃了手动拾取到时和手动定位求解计算的烦琐，直接实现微震的自动定位。矿山微震波形自动识别与定位系统流程如图 5-28 所示。

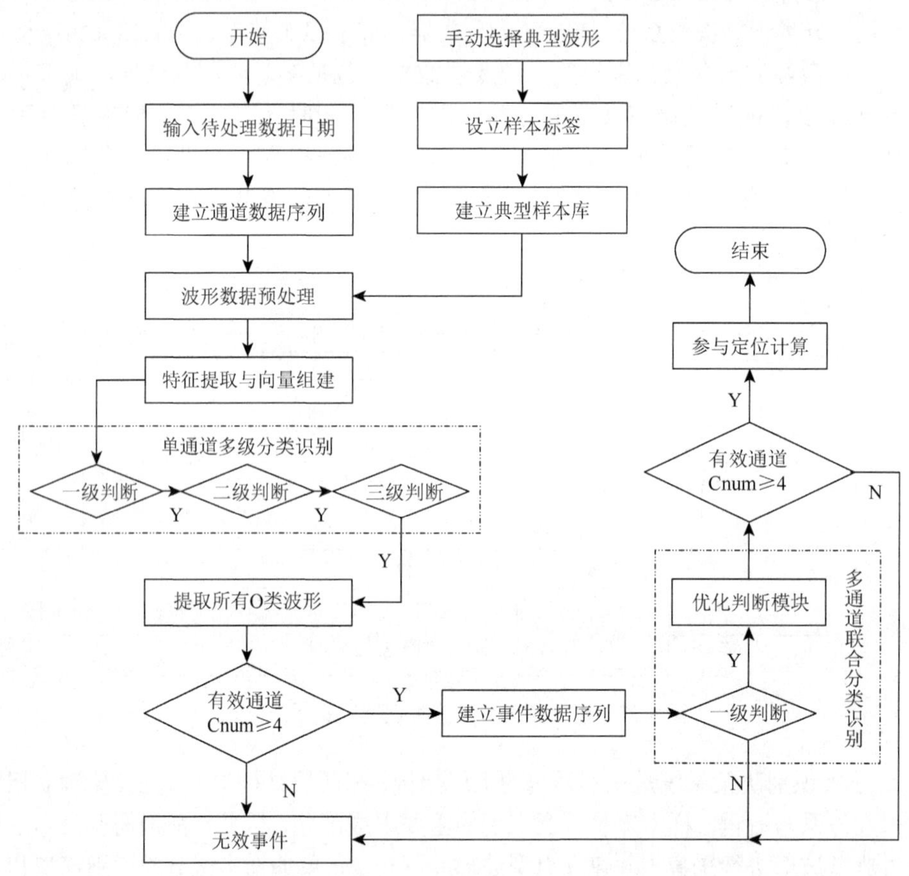


图 5-28　矿山微震波形自动识别与定位系统流程图

第 6 章将对波形自动识别前提下的优化定位计算进行详细介绍，并首次提出基于聚类分析的定位计算方法。

# 6　矿山微震信号的到时拾取与优化定位

矿山微震波形识别是实现微震自动定位计算的前提条件和重要基础。在实现微震波形自动识别的前提下，微震技术下一步发展的主要内容和重要目标是实现自动、高精度定位。这主要涉及两方面的内容：初始到时自动拾取和定位计算。因此，第 5 章研究内容将有效的岩体破裂微震波形从干扰信号中提取出来；本章将基于前文研究，解决微震波初始到时自动拾取问题，并提出一种新的用于小范围工作面微震监测的定位算法。

## 6.1　初始到时的快速拾取与波形截取

目前微震监测自动定位应用尚不广泛、效果尚有待提高，现场多采用人工手动拾取方式进行定位，初始到时拾取的不精确是原因之一。对于起跳不清晰、起跳不干脆、干扰较大的信号，其拾取特征本身不明显，人工手动拾取误差较大。如图 6-1 所示，微震波形存在波形起跳不干脆、起跳模糊及到时紊乱的情况。

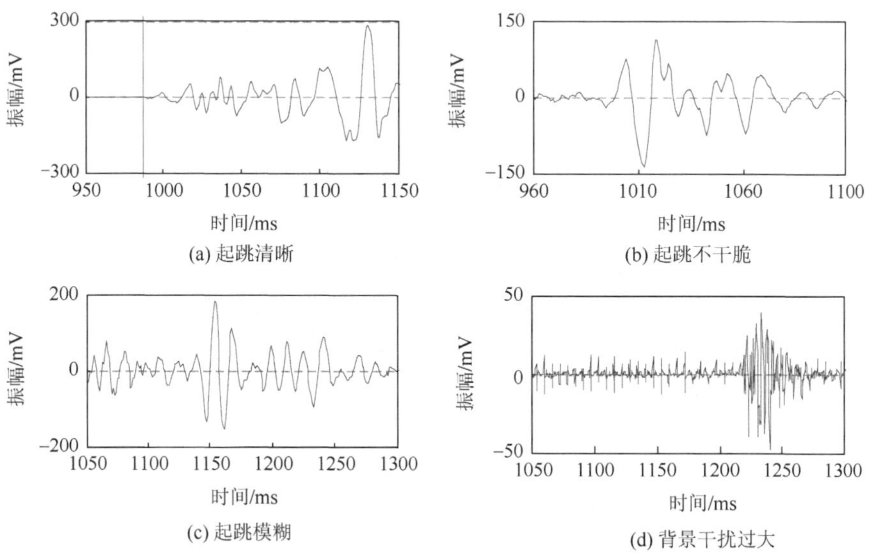


图 6-1　人工手动拾取的四类典型波形起跳

初始到时与终止到时的拾取主要用于后面微震波形的截取与动校正处理。同时，为求取波形的持续时间(波长)、频谱的分析以及相关系数的计算等提供基础。目前，在地震领域初始到时的拾取有多种方法，其中，STA/LTA 法应用较为广泛。余建华等(2011)加入特征函数的相应特征进行分析，并引入加权系数，对 STA/LTA 法进行改进，增加了对低信噪比信号的检测能力。本书利用改进的长短时窗能量比法拾取微震波形的初始到时与终止到时，其示意图如图 6-2 所示。

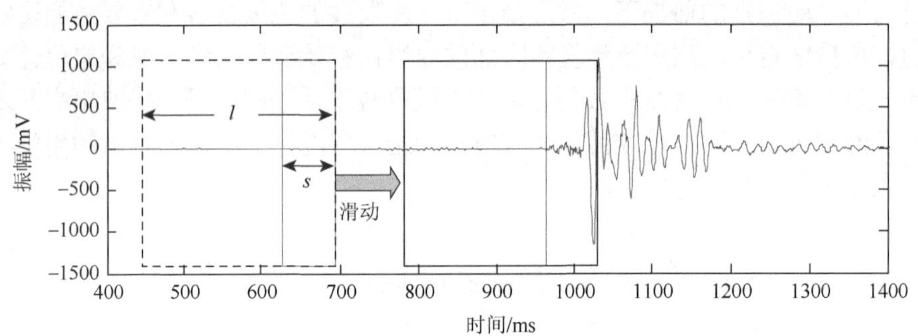


图 6-2　长短时窗能量比法示意图

*l* 是长时窗滑动窗口长度，*s* 是短时窗滑动窗口长度

### 6.1.1　长短时窗法

采用 STA/LTA 能量比法作为有效事件触发条件，并拾取事件初始到时及终止到时。其计算方法如下。

（1）短时窗内能量之和的平均值为 STA($n$)，其计算公式为

$$\mathrm{STA}(n)=\frac{1}{s}\sum_{i=n-s+k}^{n+k}\left|x_i\right|^2 \tag{6-1}$$

式中，$s$ 为短窗口的长度，为窗口内采样点数与采样率之比；$|x_i|$为 $i$ 时刻微震波振幅的绝对值；$k$ 为时窗向前移动的长度；$n$ 为窗口当前所在位置。

（2）长时窗内能量之和的平均值为 LTA($n$)，其计算公式为

$$\mathrm{LTA}(n)=\frac{1}{l}\sum_{i=n-l+k}^{n+k}\left|x_i\right|^2 \tag{6-2}$$

式中，$l$ 为长窗口的长度，为窗口内采样点数与采样率之比；$|x_i|$为 $i$ 时刻微震波振幅的绝对值；$k$ 为时窗向前移动的长度；$n$ 为窗口当前所在位置。

（3）$\lambda$ 为初设的触发阈值。触发阈值的设定包括两部分，波形的初始到时（on time）和终止到时（off time）。触发阈值 $\lambda$ 的计算公式为

$$\lambda = \frac{\mathrm{STA}(n)}{\mathrm{LTA}(n)} = \frac{l}{s} \frac{\sum_{i=n-s+k}^{n+k} \left| x_i \right|^2}{\sum_{i=n-l+k}^{n+k} \left| x_i \right|^2} \tag{6-3}$$

式中，触发阈值 $\lambda$ 的取值取决于信噪比的大小，根据现场情况而定。波形初始到时拾取的阈值设置为1.5，终止到时的阈值设置为0.8。

时窗大小的选取直接影响着触发结果，此处设定短时窗100ms，长时窗400ms，参与计算求解。图6-3为长短时窗能量比法快速拾取初始到时与终止到时。

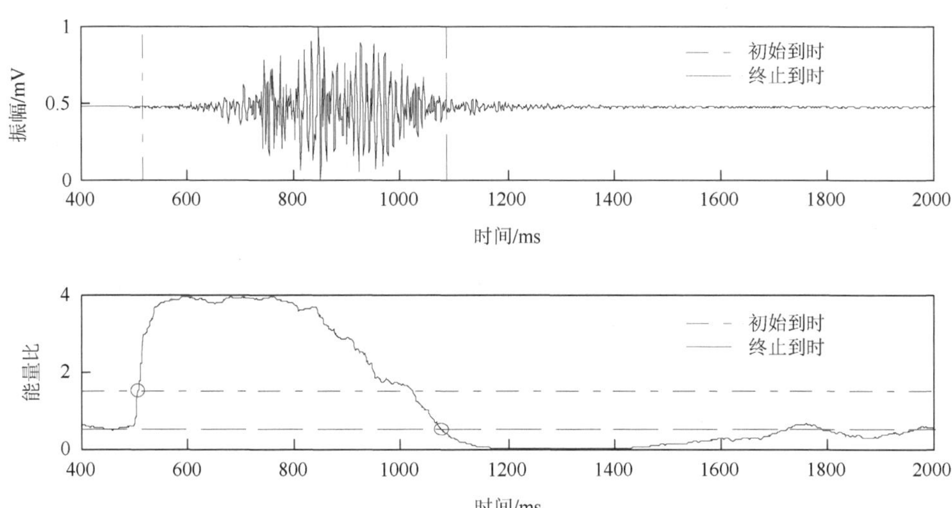


图6-3　长短时窗能量比法快速拾取初始到时与终止到时

## 6.1.2　时窗能量特征法

传统时窗能量特征法利用初至波在起跳时刻前后的能量差异，以能量特征值的极大值作为微震波的初始到时估计值点。该方法对信号的信噪比要求尤为高，其精确性取决于信噪比的大小，适用于背景干扰小、信噪比高且起跳干脆的信号数据。对于信噪比低、起跳特征不明显的信号，拾取初始到时的难度较大。为了解决传统时窗能量特征法对信噪比的过度依赖问题，对传统时窗能量特征法进行改进，以解决上述问题。

借鉴文献（刘志成，2007）中的地震信号的初始到时拾取方法，将其改进并引入到矿山微震领域。并在传统方法的基础上，加入边界检测因子和稳定因子约束。改进的时窗能量特征法如图6-4所示。

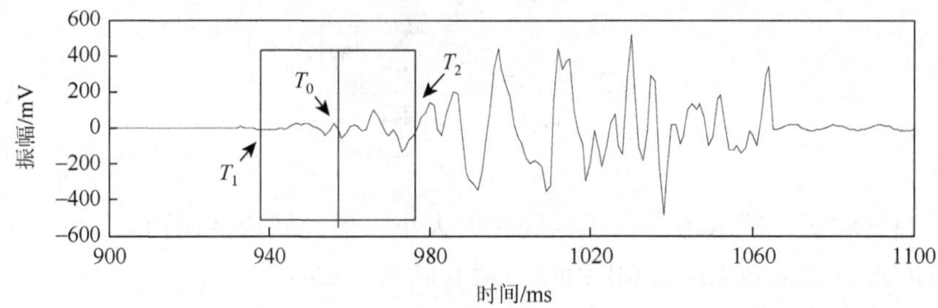


图 6-4　改进的时窗能量特征法

改进后的算法公式为

$$A=\left|\left[\sum_{t=T_0}^{T_2}x^2(t)\right]^{\frac{1}{2}}-\left[\sum_{t=T_1}^{T_0}x^2(t)\right]^{\frac{1}{2}}\right|\frac{\left[\sum_{t=T_0}^{T_2}x^2(t)\right]^{\frac{1}{2}}+\alpha\left[\sum_{t=T_1}^{T_2}x^2(t)\right]^{\frac{1}{2n}}}{\left[\sum_{t=T_1}^{T_2}x^2(t)\right]^{\frac{1}{2}}+\alpha\left[\sum_{t=T_1}^{T_2}x^2(t)\right]^{\frac{1}{2n}}} \tag{6-4}$$

式中，$A$ 为能量特征值；$x(t)$为系统记录的幅值；$T_1$ 为时窗起始点；$T_0$ 为时窗中点；$T_2$ 为时窗终点；$n$ 为单通道采样点总数；$\alpha$ 为稳定因子。

为加强对初始到时的敏感性和边界点的稳定性，引入边界检测因子 $M$ 和边界加强因子 $N$，如式（6-5）所示：

$$\begin{cases}M=\left|\left[\sum_{t=T_0}^{T_2}x^2(t)\right]^{\frac{1}{2}}-\left[\sum_{t=T_1}^{T_0}x^2(t)\right]^{\frac{1}{2}}\right|\\[2ex] N=\dfrac{\left[\sum_{t=T_0}^{T_2}x^2(t)\right]^{\frac{1}{2}}+\alpha\left[\sum_{t=T_1}^{T_2}x^2(t)\right]^{\frac{1}{2n}}}{\left[\sum_{t=T_1}^{T_2}x^2(t)\right]^{\frac{1}{2}}+\alpha\left[\sum_{t=T_1}^{T_2}x^2(t)\right]^{\frac{1}{2n}}}\end{cases} \tag{6-5}$$

其中，边界检测因子 $M$ 可以敏感检测到起跳边界，并在边界处出现较大值；边界加强因子 $N$ 使起跳边界得以加强，非起跳边界弱化。

### 6.1.3　验证与应用

某煤矿是国内冲击地压灾害较为严重的矿井之一，为了监测和预报冲击地压，该矿引进了北京科技大学自主研发的 BMS。

对该矿 25110 工作面进行全天候实时监测。该工作面上下顺槽共布置 12 个检波器，监测震动信号频带宽度为 0.1～1500Hz，监测范围约为 $100km^2$（10km×10km），采样点数为 7000，采样长度为 7s。

为了保证对岩层微震动信号的精确有效拾取，检波器安装于巷道顶、底板的锚杆上，锚杆则锚固于顶、底板岩层内。25110 工作面拟安装 18 个拾震检波器，初期已安装 12 个，其中，1#～6#检波器布置于运输巷底板，7#～12#检波器布置于回风巷顶板。检波器现场布置示意图如图 6-5 所示。检波器的具体布置位置及坐标如表 6-1 所示。

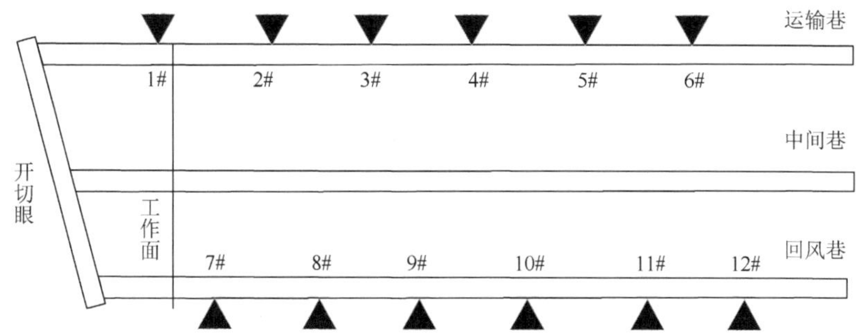


图 6-5 25110 工作面检波器现场布置示意图

**表 6-1 检波器的现场布置及坐标位置**

| 测点 | 检波器坐标/m | | | 测点位置 | 距开切眼距离/m | 测点 | 检波器坐标/m | | | 测点位置 | 距开切眼距离/m |
|---|---|---|---|---|---|---|---|---|---|---|---|
| | X 轴 | Y 轴 | Z 轴 | | | | X 轴 | Y 轴 | Z 轴 | | |
| 1# | 55438.82 | 28389.30 | −191.490 | 运输巷 1 | 42.1 | 7# | 55572.29 | 28387.38 | −186.378 | 回风巷 1 | 60.0 |
| 2# | 55446.95 | 28360.04 | −184.306 | 运输巷 2 | 72.5 | 8# | 55580.57 | 28358.57 | −183.427 | 回风巷 2 | 90.0 |
| 3# | 55454.68 | 28333.56 | −178.669 | 运输巷 3 | 100.1 | 9# | 55590.08 | 28329.94 | −175.486 | 回风巷 3 | 120.2 |
| 4# | 55463.56 | 28303.22 | −174.108 | 运输巷 4 | 131.7 | 10# | 55598.85 | 28301.87 | −172.128 | 回风巷 4 | 149.6 |
| 5# | 55471.99 | 28275.47 | −166.204 | 运输巷 5 | 160.7 | 11# | 55607.09 | 28272.79 | −166.429 | 回风巷 5 | 179.8 |
| 6# | 55481.08 | 28247.30 | −162.075 | 运输巷 6 | 190.3 | 12# | 55616.86 | 28244.66 | −160.446 | 回风巷 6 | 209.6 |

注：坐标单位为 m，只考虑坐标上的增量，该数值不参与定位计算。

波速的标定在微震监测系统调试阶段进行。分别在该矿进行了多次标定炮作业，每次用药量约为 12kg。BMS 清晰记录了这些标定炮的数据，通过后期对这些数据的分析、处理，获得了较为合理的微震波传播速度，为 3.7m/ms。

利用时窗能量特征法拾取微震波形的初始到时，选取时窗大小为 40ms，时窗起始点 $T_1$ 为 0ms，时窗中点 $T_0$ 为 20ms（微震波形在开始和结尾阶段为平稳阶段，因此，可忽略这两部分的计算，时窗的总滑移距离为 6960ms），以 $T_0$ 为初始到时的拾取点。时窗的滑动步距为 1，即初始到时的拾取精度可以精确到采样率的最小单位（一个采样点）。计算完毕后，对特征值进行归一化处理，初始到时拾取如图 6-6 所示。

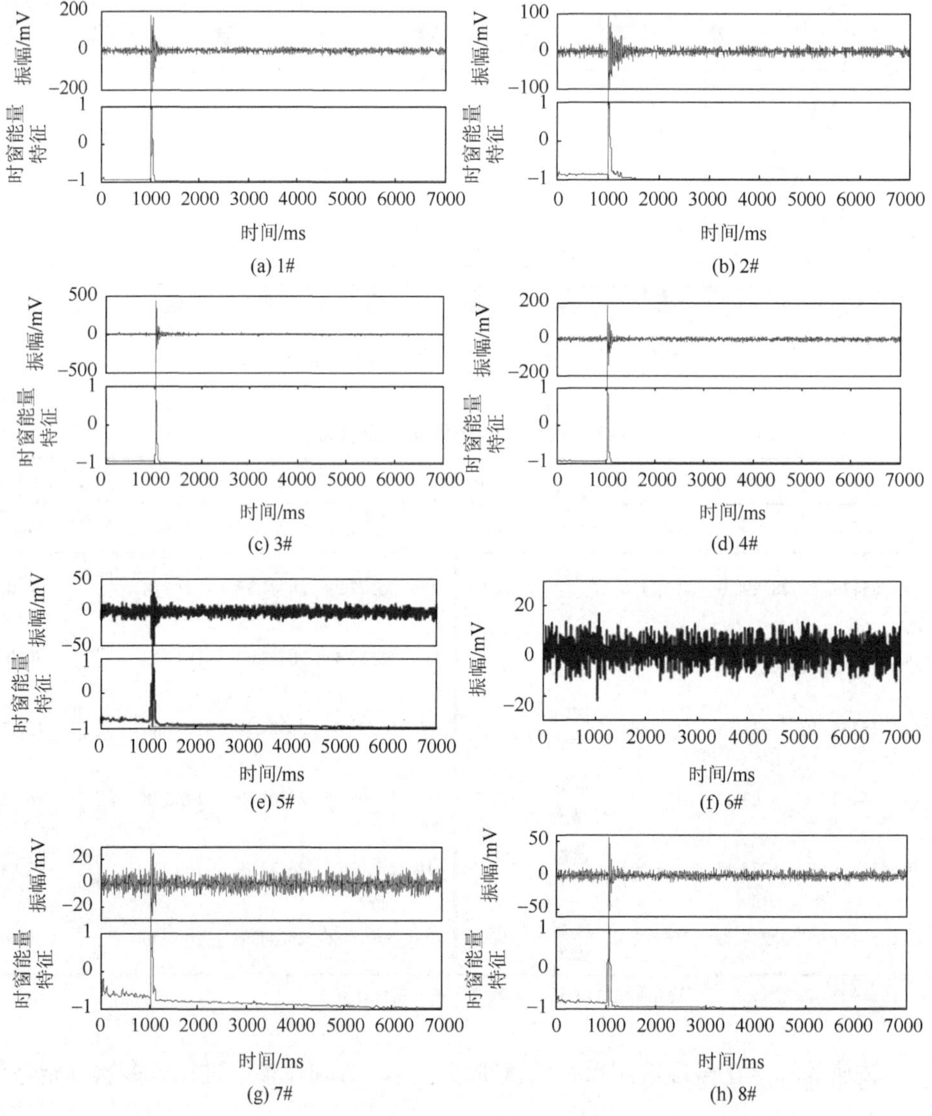

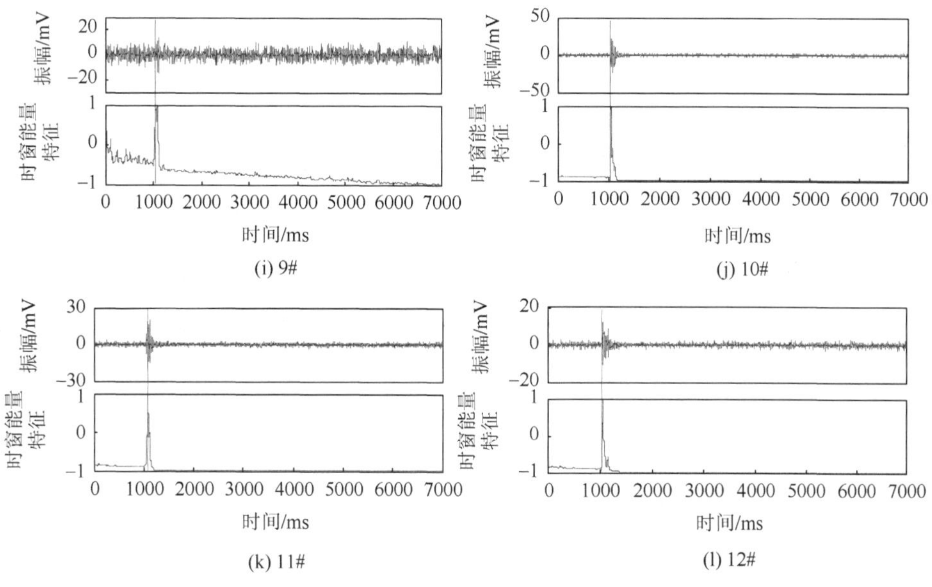


图 6-6　微震波形初始到时的拾取

时窗能量特征为归一化数值，无量纲

从图 6-6 可看出，改进时窗能量特征法拾取微震波初始到时有诸多优点。其一，对于现场背景干扰较大、信噪比低的波形，该方法可以很好地克服起跳模糊、干扰过大的影响；其二，由于滑动步距小，拾取到的初始到时精度得以大幅提高，减小了因人工拾取带来的误差。

## 6.2　四四组合优化定位法

针对矿山小范围监测区域，采用移动式传感器布置方式能获得更为合理的微震监测效果。因此，针对移动式区域监测的需求，需要另辟蹊径，以解决客观因素带来的影响。

现场实践表明，硬件、监测区域以及传感器布置等因素会引起定位结果的异常或突变，使定位结果偏离真实震源：①检波器的性能不满足一致性；②单通道波形的干扰，或异常通道自带的干扰；③传播介质的不连续性（介质突变）；④传感器的布置以及震源点与检波器的夹角；⑤震源的位置，属于外场点还是内场点。

为了减小上述因素所带来的误差，提高微震定位精度，本书从概率论角度出发，对定位结果进行优化处理，提出一种基于四四组合优化定位法的微震定位结果二次优化方法。

### 6.2.1 经典定位方法简介

现行的微震定位方法主要有点定位和区域定位两大类。其中点定位应用最为广泛，主要包括直接定位法、间接定位法以及混合定位法。间接定位法中单纯形法与 Geiger 法为最常用的定位方法。层析成像法在勘探物理领域应用较为广泛。

Geiger 于 1912 年提出的经典方法是现行间接定位法的鼻祖，大多数方法均源于此。该方法将地震定位求解转化为求取目标函数的极值。Geiger 法是目前应用最广泛的定位方法之一，起初应用于大地地震监测，后来应用到矿山微震监测领域。其思路如下。

假设地震监测台网共有 $n$ 个台站，震源为 $O$，震源发震时间为 $t_0$，由此触发的各台站观测初始到时分别为 $t_1, t_2, \cdots, t_n$，通过分析可知，第 $i$ 个台站的走时 $t_i$ 与震源发震时间 $t_0$ 存在如下关系：

$$r_i = t_i - t_0 - T_i(x_0, y_0, z_0) \tag{6-6}$$

式中，$r_i$ 为二者间的残差值；$T_i$ 为震源到第 $i$ 个台站所需的时间。在理想均匀介质中，$r_i = 0$。

将地震波传播介质看作均匀传播体，则求取震源信息（$x_0, y_0, z_0, t_0$）［其中（$x_0, y_0, z_0$）为震源 $O$ 的空间坐标，$t_0$ 为震源 $O$ 的发震时间］可以转化为求取目标函数［式（6-6）］的最小值

$$\phi(x_0, y_0, z_0, t_0) = \sum_{i=1}^{n} r_i^2 \tag{6-7}$$

当目标函数 $\phi$ 取得最小值时，得到的（$x_0, y_0, z_0, t_0$）即为求取的结果，此时，理论上，

$$\nabla_\theta \phi(\theta) = 0 \tag{6-8}$$

式中，$\theta$ 为用于描述震源位置和时间的参数向量。

单纯形法是线性规划问题中数值求解的流行方法。利用单纯形法将震源求解问题转化为求取目标函数的最小值，目标函数主要与检波器的空间坐标、波形的初始到时等函数相关，约束条件由多组触发的检波器的函数组成。目前，大部分单纯形法将定位计算问题转化为如下形式：

$$F(x_0, y_0, z_0) = \sum_{i=1}^{n} w_i \left| t_i - t_0 - \frac{\sqrt{(x_0 - x_i)^2 + (y_0 - y_i)^2 + (z_0 - z_i)^2}}{v(x_0, y_0, z_0)} \right|^p \tag{6-9}$$

式中，$x_i$、$y_i$、$z_i$ 为微震监测台站的空间坐标（m）；$t_i$ 为监测到微震信号的 P 波的到达时间（ms），其中 $i$ 为检波器对应编号；$w_i$ 为第 $i$ 个台站观测值的可信度；$v$ 为地震波传播速度；$p$ 为常用指标的指数特性。

对于上述函数，利用许多约束条件对其进行约束：

（1）权重因子 $w_i$：

$$w_i = \exp\left(\frac{-r_i^2}{r^2}\right) \tag{6-10}$$

式中，$r^2 = \sum_{i=1}^{n} r_i^2 / n$。

（2）权重因子 $v_i$：

$$v_i = \left[\sigma_{t_i} + \left(\frac{d_i q}{v}\right)^2\right]^{-1} \tag{6-11}$$

式中，$d_i$ 为第 $i$ 个台站与震源的距离；$q$ 为衰减因子；$\sigma_{t_i}$ 为观测到时的误差。

### 6.2.2 定位算法原理

四四组合优化定位法求解震源是一种简单的线性求解方法，该方法通过线性方程组得出震源的空间坐标（$x_0, y_0, z_0$）及发震时间 $t_0$ 这四个未知数。因此，理论上，其求解过程可直接转化为四个方程组联立求解四个未知数。该方法的原理是，将所有检波器及其初始到时加入计算样本集之中，以四个样本为一组，循环计算求解，得出所有定位结果。这比单一的四四定位结果更接近真实震源点，在数学形式上则表现为方程个数增加，定位结果的信息量增大，从而达到提高定位精度的目的。

本书引入四四组合优化定位法主要基于以下几个方面的考虑：

（1）通过对监测范围内读数的随机扰动，求取一系列定位结果，弥补单一组合定位的误差放大，进一步提高定位精度。

（2）利用四四组合优化定位法，可以充分考虑各通道间的相互关联。对于同一区域（距离近）的传感器，其传播路径近似相同，因此，计算结果可能更接近真实震源点；传播路径差异较大的通道，得到的计算结果可能与真实震源点相距较远，所计算出来的结果在优化时予以剔除。

（3）利用优化计算可以减小随机组合计算产生的较大误差。通过四四组合进行定位，不同组合得到的结果并不完全相同。由于计算结果的离散性大，甚至可能存在病态方程，这些定位结果可能远远偏离真实震源点，但它们同样满足上述目标函数。

图 6-7 所示为某矿山现场数据四四组合定位后所有结果的空间展示图，分别为：*X-Y*、*X-Z*、*Y-Z* 投影视图及 *XYZ* 三视图。可以看出，定位结果在震源点周围密集分布，外围散点较为离散、星布四周，其中，外围的散点偏移非常大（最大达到万米级）。

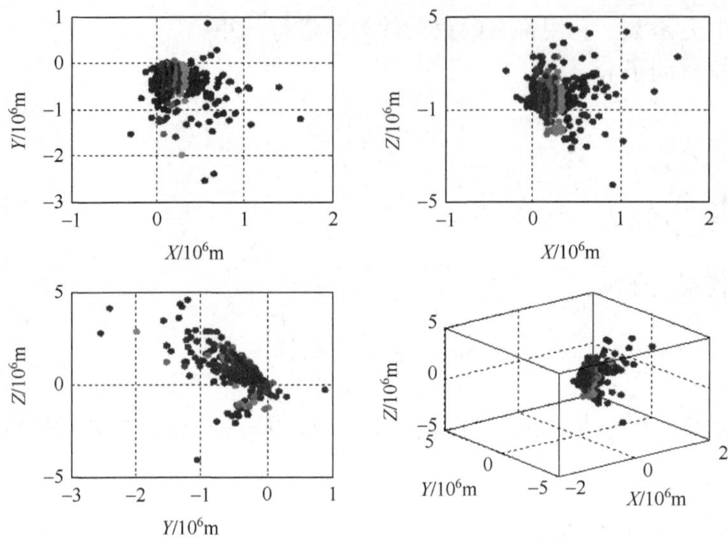


图 6-7　四四组合定位计算结果展示（优化前）

通过四四组合优化定位初次优化计算后，其结果在空间中的展示如图 6-8 所示。从图 6-8 中可以看出，经过初次优化处理后，外围的散点已基本上被删除，剩余的数据点逐渐逼近真实值，散布真实震源点四周。

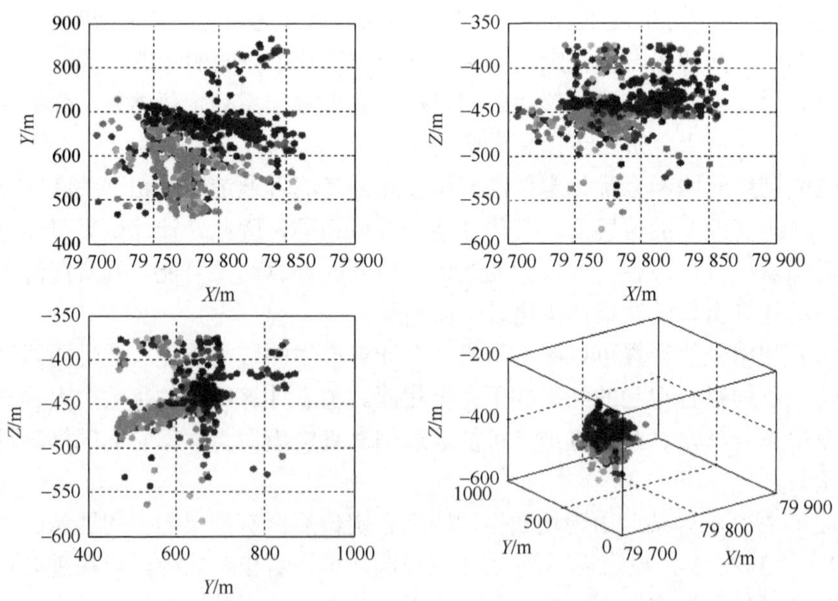


图 6-8　四四组合定位法初次优化结果

（4）最终定位结果准确与否与组合定位结果的离散度相关。离散度越小，其定位结果越接近真实震源坐标，反之误差越大。对此，通常采用求取定位解平均值的方法，以减小因数据离散带来的影响，但平均值的求取只是将误差分担给每一个样本，无法消除异常数据带来的影响。

为了验证聚类的可靠性，对某矿 12 通道的有效波形进行计算，并以 50m 的间隔进行统计，求取四四组合优化定位计算结果的频次，如图 6-9 所示。震源参数（$x, y, z, t$）所处的范围为初始到时 $T$：900～950ms，$X$ 轴：79 900～79 950m，$Y$ 轴：600～650m，$Z$ 轴：–450～–400m。通过与真实结果的对比发现，真实的震源结果处于频次最高柱状图的范围内（图 6-10）。

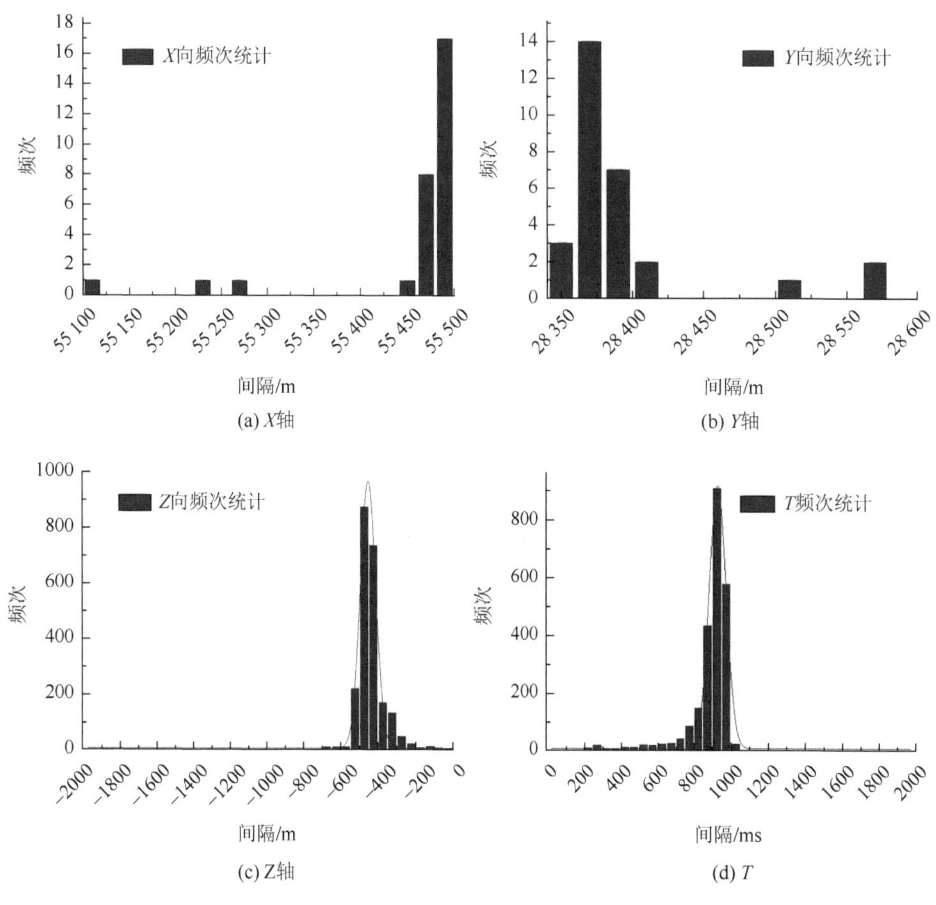


图 6-9　初次定位结果分布示意图（间隔 50m）

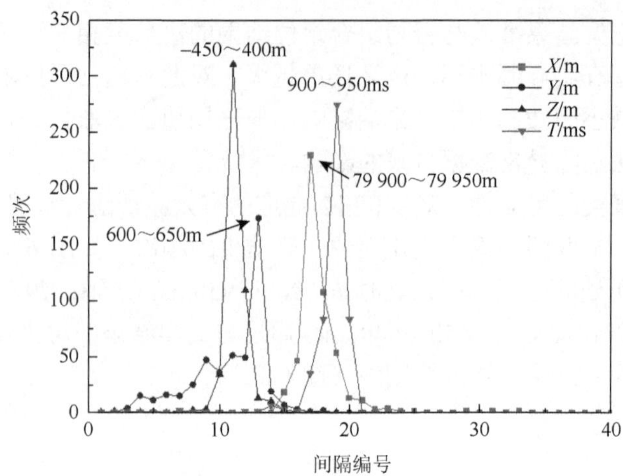


图 6-10 定位结果分布频次图

### 6.2.3 优化定位计算

#### 6.2.3.1 优化定位计算流程

四四组合优化定位法的计算主要包括以下几个部分：首先，对采集的数据进行预处理操作，去趋势项、滤波去噪，将采集到的各通道波形进行排序（以初始到时先后），每组选取四个通道的波形，采用四四组合优化定位法进行定位计算；然后，对所有定位结果进行聚类分析；最终，在经过多次聚类剔除外围散点后，以最终聚心作为震源，并计算震源能量、发震时间等属性。四四组合优化定位法的流程图如图 6-11 所示。

四四组合优化定位结果的数量取决于监测台站的数量，其计算结果总数 $N$ 可利用下式求取：

$$N = C_m^n = C_m^4 \tag{6-13}$$

式中，参与计算的公式为 4 组，$n=4$；$m$ 为参与计算的通道数量。一般情况下，一套微震监测系统标配 12 或 24 个拾震检波器，即一次事件可能触发 12 或 24 个通道。

假设有震源 $O$，与第 $i$ 个检波器的走时关系为

$$\sqrt{(x_i - x_0)^2 + (y_i - y_0)^2 + (z_i - z_0)^2} - v(t_i - t_0) = 0 \tag{6-14}$$

式中，$x_i$、$y_i$、$z_i$ 为微震监测台站的空间坐标（m）；$t_i$ 为监测到微震信号 P 波到达的时间（ms），其中 $i$ 为检波器对应编号；$x_0$、$y_0$、$z_0$ 和 $t_0$ 分别为震源 $O$ 的空间坐标和发震时间。

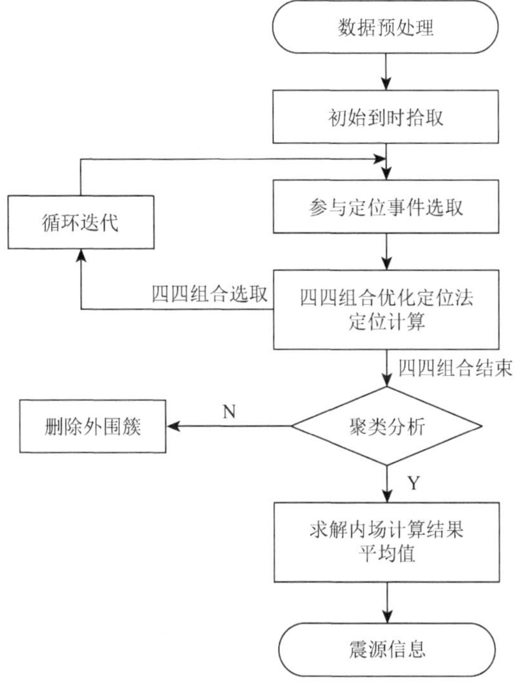


图 6-11　四四组合优化定位法流程图

定位计算即是求取震源 $O$（$x_0, y_0, z_0$）的值，检波器的坐标值已知，其初始到时可拾取。因此，求取震源 $O$ 的信息转化为求取目标函数 $f$ 的最小值

$$f(x,y,z,t)=\sqrt{(x-x_0)^2+(y-y_0)^2+(z-z_0)^2}-v(t-t_0) \qquad (6\text{-}15)$$

应用 MATLAB 编程实现上述组合定位方法，式（6-15）中方程组为非线性解，通过 fsolve 模块迭代计算，求取较高精度的近似解。其原理为将现有解方程组问题转化为最小二乘问题，通过预留的最优化工具箱选项，调用合理的优化函数，求取最优解。

#### 6.2.3.2　聚类优化计算流程

针对三维空间点的离散性，在原有定位计算的基础上，建立了基于 $k$ 均值聚类算法的微震定位结果二次优化处理方法，定量地计算出所有微震定位结果的离散程度，求取各定位结果间的距离，并根据其亲疏程度，对所有点进行分类划分，减小因单个奇异值造成定位结果的偏差，进一步提高微震定位精度。其流程如图 6-12 所示。

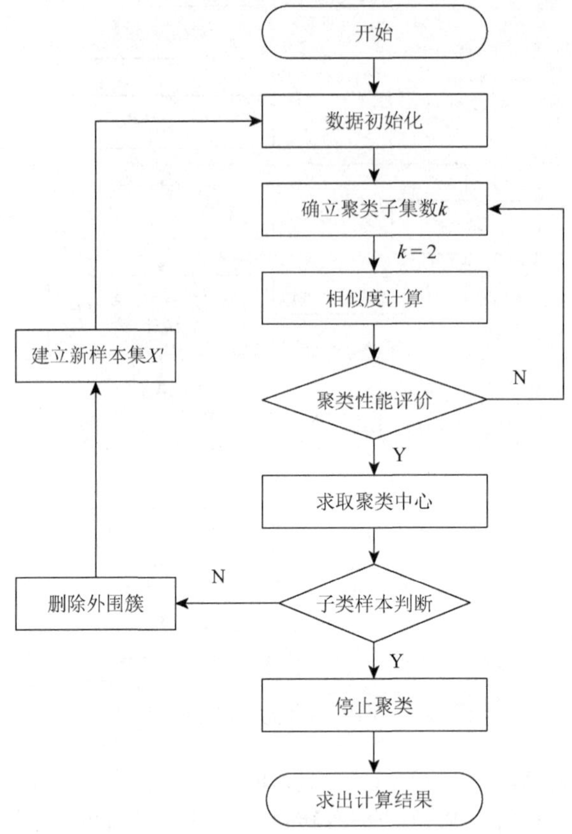


图 6-12　聚类优化计算流程图

由 MacQueen 于 1967 年提出的 $k$ 均值聚类算法，是目前应用极为广泛的一种聚类算法。目前，该方法在地震及矿业领域已有大量研究。Lesniak 和 Isakow（2009）对波兰 Zabrze-Bielszowice 煤矿的微震活动进行统计分析。通过对 1000 个微震事件的统计分析，发现事件主要分布于长壁工作面回采线的前方。利用聚类分析对所有事件分析得出，安全评估函数与大能量事件发生的次数存在联系，但是，聚类丛集与大能量的震动没有空间相关性。Adelfio 等（2012）利用聚类法对微震波形进行集群分类化管理。

#### 6.2.3.3　聚类优化详细步骤

假定数据集 $X$ 包含 $k$ 个聚类子集，$X$ 的样本用 $x_1, x_2, \cdots, x_i$ 来表达，$x_i$ 的属性描述为（$x_{i1}, x_{i2}, \cdots, x_{il}$）。参与计算的样本属性为震源函数的基本参数（$x, y, z, t$）。$k$ 均值聚类方法对四四组合优化定位结果进行聚类分析时，需进行以下 3 个步骤：

（1）初始化类。将微震事件四四组合优化定位的结果作为聚类对象，聚类要素为时空域内的震源信息，如式（6-16）所示：

$$x_i = (x_{i1}, x_{i2}, x_{i3}, \cdots, x_{il}) \quad (i = 1, 2, 3, \cdots, n) \tag{6-16}$$

式中，$x_i$表示序号为 $i$ 的微震定位结果样本，$i$ 为定位结果的序号；$n$ 为微震定位结果样本总数。

震源的属性信息为定位结果的（$x, y, z, t$）属性值，因此，$l=4$，即（$x_{i1}, x_{i2}, x_{i3}, x_{i4}$），$x$、$y$、$z$ 和 $t$ 分别表示其空间坐标及发震时间。考虑到聚类结果主要是剔除外围离散点，因此，聚类子集 $k$ 的取值为 2，即 2 个簇，分别为外围簇和内场簇。

（2）计算相似度，即计算各定位结果样本之间的距离。样本 $x_i$ 和 $x_j$ 之间的相似度用二者间的距离 $d(x_i, x_j)$来表示，即以 $d(x_i, x_j)$度量两震源间亲疏程度。本书采用欧氏距离来进行描述，其计算公式如下：

$$d(x_i, x_j) = \left[\sum_{l=1}^{4}(x_{il} - x_{jl})^2\right]^{\frac{1}{2}} \tag{6-17}$$

聚类计算用于删除内场簇周围的离散点，包括远离内核的外围野值样本点和孤立离散样本点，如图 6-13 所示。由于远离内场簇的外围野值样本点（$d \gg r$）误差较大，将会首先被剔除；孤立离散样本点离内场簇较近（$d>0$），误差相对较小，接近内场簇有效值，因而陆续在后期优化剔除。

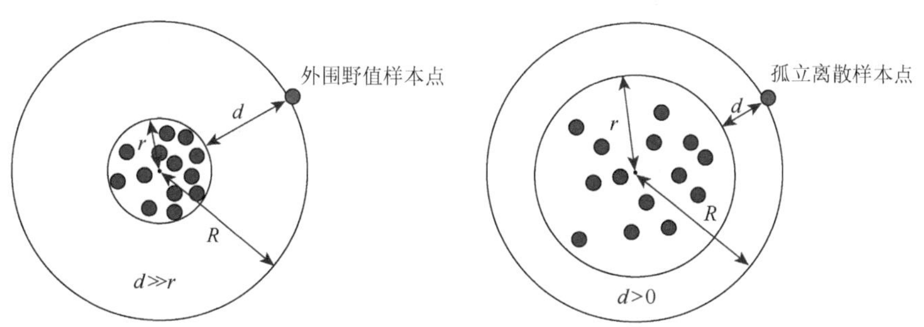


图 6-13 聚类优化示意图

$r$ 为内部圆圈的半径，$R$ 为外部圆圈的半径，$d$ 为二者之间的差值

（3）评价聚类性能。采用误差平方和准则函数评价聚类性能，误差平方和准则函数公式可定义为

$$E = \sum_{i=1}^{k}\sum_{p \in X_i}\left\| p - m_i \right\|^2 \tag{6-18}$$

式中，$E$ 为所有样本对象的均方差之和；$p$ 为样本集中任一点（样本）；$m_i$ 为第 $i$ 个聚类子集的聚类中心；$X_i$ 为样本集。

在实际优化过程中，需根据样本聚类结果调整聚类的次数和下一步的聚类样本数。对于偏差较大的噪声样本，首次聚类后即剔除，然后利用新的数据集 $X'$ 参与聚类，通过逐次地剔除外围数据，聚类中心将逼近真实值。

### 6.2.4　边界条件与关键参数

#### 6.2.4.1　边界条件的确定

四四组合优化定位法是基于均匀传播介质条件，适用于工作面小范围监测的优化定位方法。因此，在定位之前，需对潜在震源边界区进行定量化描述。

工作面区域的定量化描述从以下 3 个方面考虑：微震台网的布置、波速的测定、潜在震源风险区的确立。图 6-14 为该矿 12701 工作面平面示意图。

12701 上 6 工作面位于陶一煤矿七采区南翼，F10 断层以下，12701 工作面以上第 6 个工作面。南邻九采 12904、12906、12908 三个工作面采空区；北邻 12701 上 5 工作面采空区。

该工作面位于停驷头村保护煤柱范围内，并且沿 2#煤层倾向布置，为倾向条带开采工作面。工作面走向长 120m，倾向长 330m。北为工作面回风巷，南为工作面运输巷，沿走向中间位置掘一中间巷。刘金海（2013）研究表明，工作面采动的超前影响范围约为 200m，其中剧烈影响区宽度约为 130m；滞后影响范围约为 140m，其中剧烈影响区宽度约为 100m；工作面上侧影响范围约为 90m，下侧影响范围约为 140m。

因此，圈定工作面回采影响范围为：超前 250m，滞后 200m，两侧 200m，顶板 200m，底板 100m。由此范围圈定一个长方体区域，该区域为微震活动潜在危险区。

#### 6.2.4.2　聚类参数的确定

对已有微震数据样本进行聚类操作，共进行了 10 次聚类分析。聚类次数与距震源的距离关系如图 6-15 所示。随着聚类次数的增加，聚类中心越接近真实震源点，并在第 8 次时达到最小，后上下浮动较小，处于平稳状态。

上述聚类结果表明，在聚类初期，由于样本较为离散，外围噪声点偏离较远，首先被剔除；随着异常样本的剔除，新的样本集重新参与聚类；聚类中心逐步逼近真实震源点。随着数据集的不断缩小，数据点越来越聚集于真实震源点四周，但当聚集到一定程度，数据集样本的个体对聚类中心将产生较大影响，聚类结果将过多倚重于聚类子集内的样本。聚类次数的增加并不能造成定位精度的逐步提高。

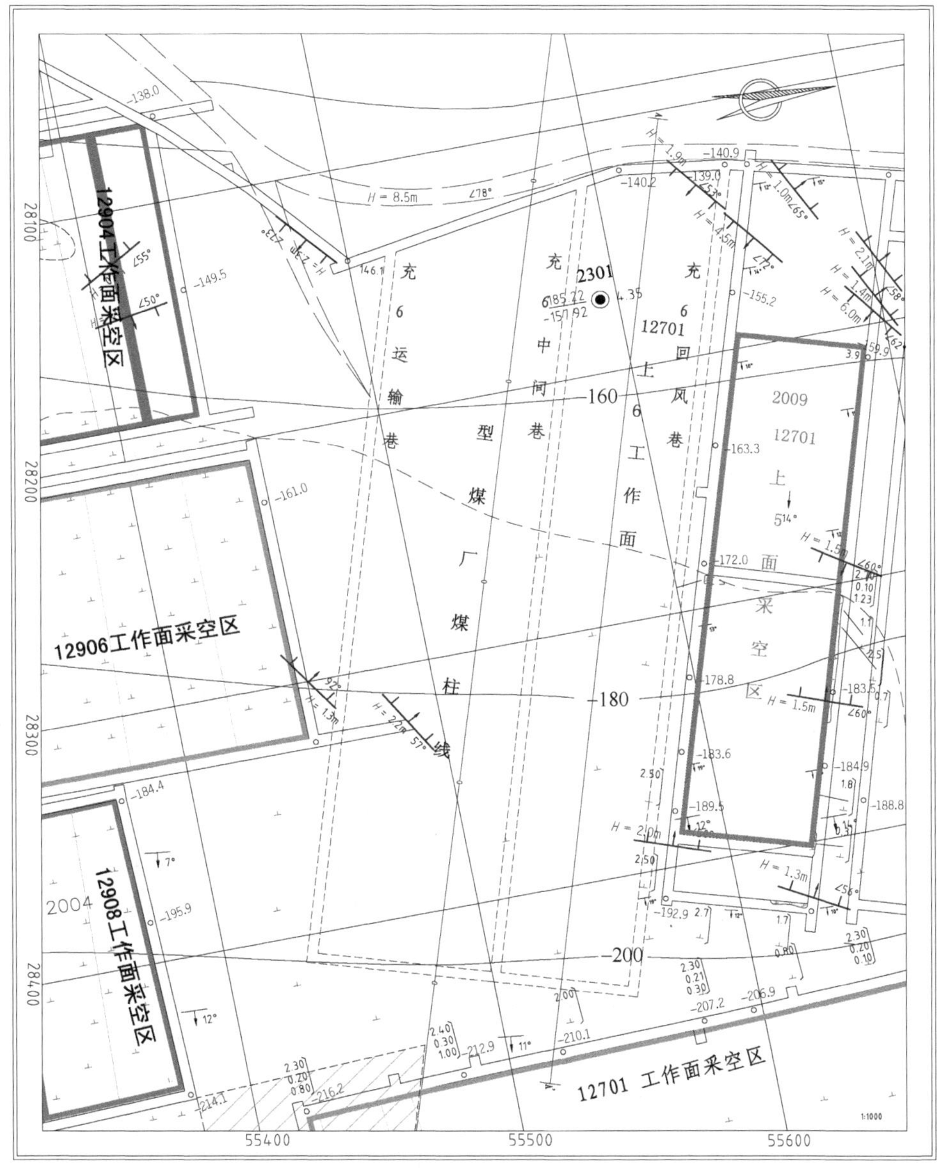


图 6-14 12701 工作面平面示意图

为了保证聚类结果不离散，引入噪声偏移距 $\Delta d_s$ 和核心簇距 $\Delta d_c$，噪声偏移距 $\Delta d_s$ 是指聚类中心与即将删除的外围点之间的空间距离；$\Delta d_c$ 为前后两次内场簇的聚类中心之间的距离，其公式如下所示：

$$\Delta d_s = \left| m_0 - p_j \right| \tag{6-19}$$

$$\Delta d_{\mathrm{c}} = \left| m_i' - m_{i-1}' \right| \tag{6-20}$$

式中，$m_0$ 为该次聚类所得到的样本聚类中心；$p_j$ 为外围簇的任一样本；$\Delta d_{\mathrm{s}}$ 为两者间的空间距离，该距离用于约束外围离散数据。

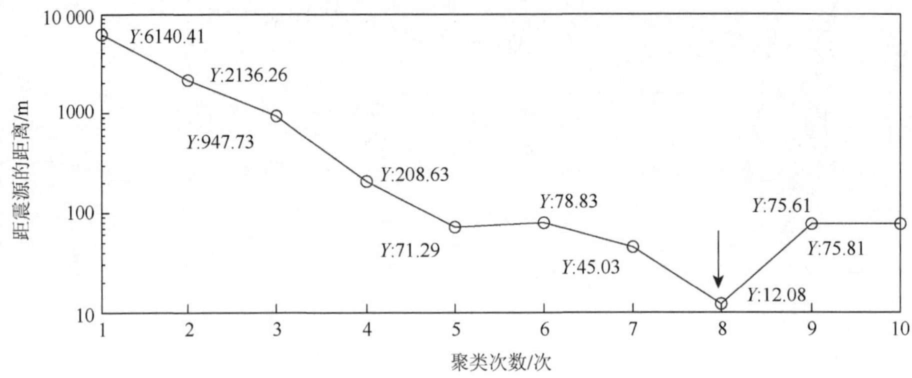


图 6-15　聚类次数与距震源距离关系图

噪声偏移距 $\Delta d_{\mathrm{s}}$ 取决于噪声点与内场簇聚心的距离，在聚类优化初期，外围簇样本影响较大，样本数量不断减少，向内场簇聚集，$\Delta d_{\mathrm{s}}$ 呈锐减趋势，核心簇距 $\Delta d_{\mathrm{c}}$ 随外围簇样本的减少上下波动，减小速度小于 $\Delta d_{\mathrm{s}}$；随着聚类优化的深入，样本逐步逼近真实值，样本越来越集中，此时聚类结果受外围簇整体影响较大，单个外围离散样本对内场簇聚心影响不大，此时 $\Delta d_{\mathrm{c}}$ 减幅比 $\Delta d_{\mathrm{s}}$ 大。

聚类的最优结果应在逼近真实值的同时，防止内部的离散化。如图 6-16 所示，在 $i=8$，$i=9$ 时，$\Delta d_{\mathrm{c}}$ 和 $\Delta d_{\mathrm{s}}$ 进入临界状态；$i=10$ 时，内场簇与外围簇已出现内部离散化。

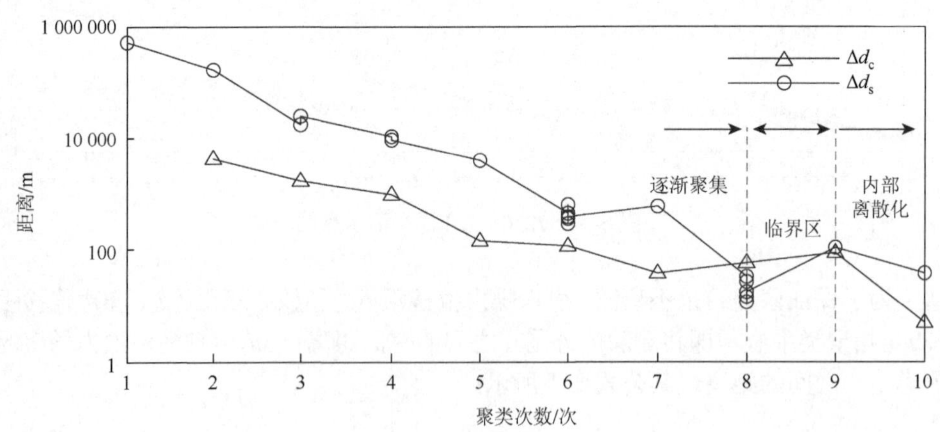


图 6-16　聚类参数的确立

为了确立聚类停止的临界参数，引入聚心曲线拐点函数。所谓聚心曲线拐点，即是聚类中心与后一次和前一次聚类中心距离差值之比。其计算模型为

$$\eta_i = \frac{|m'_{i+1} - m'_i|}{|m'_i - m'_{i-1}|} \tag{6-21}$$

式中，$m'_i$ 为第 $i$ 次聚类所得到的微震样本聚类中心；$\eta_i$ 为前后两次聚类中心距离差值之比。

当样本的聚心曲线拐点 $\eta$＞1 时，表明样本后一次聚类的结果较之前一次有较大变化，此时的外围噪声数据对此次聚类影响较大，应停止聚类；当聚心曲线拐点 $\eta$≤1 时，表明聚类中心逐渐逼近真实值，参与计算样本集应在剔除外围数据后，重新组合参与聚类。

综上所述，结合两因素，聚类分析过程应在 $\Delta d_c$ 和 $\Delta d_s$ 的拟合曲线交点处停止，考虑到 $\eta$ 的影响，应取交点的邻近聚心曲线拐点处作为聚类优化停止处。上述数据计算可得，聚心曲线拐点为 $\eta_7 = 0.23$，$\eta_8 = 1.67$，因此，选择第 8 次聚类为最终结果。

## 6.3 改进 Radon 层析成像法

### 6.3.1 矿山微震震源层析成像原理

在矿山微震监测工程中，微震监测系统往往具备自动识别微震事件的功能，可以提供单个微震事件的数据记录。对单个微震事件信号记录，进行层析成像投影，在获得的慢度谱上，其能量极值的数量不多于两个，比连续监测的微震记录所获得的慢度谱相对简单，为计算机自动解释慢度谱提供了前提条件。

#### 6.3.1.1 改进 Radon 层析成像原理

在勘探地震或天然地震研究领域，利用监测到的地震波记录，根据地震波传播理论，基于层析成像技术，反演传播介质的物性参数（如速度、衰减系数），以获得该参数在地球内部的分布图像。这种用于地震数据处理的成像技术，常常称为地震层析成像技术。地震层析成像技术的原理，可以由二维傅里叶变换理论加以论证：假设检波器接收到的地震信号为一个二维函数 $f(r, t)$，这里 $r$ 表示震源位置（坐标原点）到检波器位置之间的距离，$t$ 表示接收时间长度，根据二维傅里叶变换理论，正变换和反变换分别为

$$F(k,\omega) = \iint f(r,t)\mathrm{e}^{\mathrm{i}(kr-\omega t)}\mathrm{d}r\mathrm{d}t \tag{6-22}$$

$$f(r,t)=\frac{1}{(2\pi)^2}\iint F(k,\omega)\mathrm{e}^{-\mathrm{i}(kr-\omega t)}\mathrm{d}k\mathrm{d}\omega \tag{6-23}$$

如果令波数 $k=p\omega$，并代入表达式（6-23）右边，便有

$$f(r,t)=\frac{1}{(2\pi)^2}\iint F(p\omega,\omega)\mathrm{e}^{-\mathrm{i}\omega(pr-t)}\left|\omega\right|\mathrm{d}p\mathrm{d}\omega \tag{6-24}$$

又令

$$A_2(p,t)=\frac{1}{2\pi}\int F(p\omega,\omega)\left|\omega\right|\mathrm{e}^{\mathrm{i}\omega t}\mathrm{d}\omega \tag{6-25}$$

于是利用二维傅里叶变换理论中的时移定理，表达式（6-25）变成

$$f(r,t)=\frac{1}{2\pi}\int A_2(p,t-pr)\mathrm{d}p \tag{6-26}$$

分析式（6-26）可知：$A_2(p, t)$是$F(p\omega, \omega)|\omega|$在时间域中的一维傅里叶反变换。另外，由二维傅里叶变换理论中的卷积定理可知：$F(p\omega, \omega)|\omega|$可用下列卷积表达式表示，即

$$A_2(p,t)=A_1(p,t)*h(t) \tag{6-27}$$

其中，$A_1(p, t)$为$F(p\omega, \omega)$相对时间域的一维傅里叶反变换

$$\begin{aligned}A_1(p,t)&=\frac{1}{2\pi}\int F(p\omega,\omega)\mathrm{e}^{\mathrm{i}\omega t}\mathrm{d}\omega\\&=\frac{1}{2\pi}\int\left[\frac{1}{2\pi}\int F(r,\omega)\mathrm{e}^{\mathrm{i}\omega pr}\mathrm{d}r\right]\mathrm{e}^{\mathrm{i}\omega t}\mathrm{d}\omega\\&=\frac{1}{2\pi}\int\left\{\frac{1}{2\pi}\int\mathrm{e}^{\mathrm{i}\omega pr}\left[F(r,\omega)\mathrm{e}^{\mathrm{i}\omega t}\mathrm{d}\omega\right]\right\}\mathrm{d}r\\&=\frac{1}{2\pi}\int f(r,t+pr)\mathrm{d}r\end{aligned} \tag{6-28}$$

再令$|\omega|$相对时间域进行一维傅里叶反变换

$$\begin{aligned}h(t)&=\frac{1}{2\pi}\int\left|\omega\right|\mathrm{e}^{\mathrm{i}\omega t}\mathrm{d}\omega=\frac{1}{2\pi\mathrm{i}}\int\mathrm{i}\omega\,\mathrm{sgn}(\omega)\mathrm{e}^{\mathrm{i}\omega t}\mathrm{d}\omega\\&=-\frac{\mathrm{d}}{\mathrm{d}t}\left(\frac{1}{2\pi}\int\mathrm{sgn}(\omega)\mathrm{e}^{\mathrm{i}\omega t}\mathrm{d}\omega\right)=-\frac{1}{\pi t^2}\end{aligned} \tag{6-29}$$

综上所述，可得如下一组地震层析成像的正反变换公式，即

$$A_1(p,t)=\frac{1}{2\pi}\int f(r,t+pr)\mathrm{d}r \tag{6-30}$$

$$A_2(p,t)=A_1(p,t)*\left(-\frac{1}{\pi t^2}\right) \tag{6-31}$$

$$f(r,t)=\frac{1}{2\pi}\int A_2(p,t-pr)\mathrm{d}p \tag{6-32}$$

分析上述地震层析成像正反变换公式可知：式（6-32）的物理意义是当检波器接收到的地震信号为一个二维函数 $f(r,t)$时，沿 $r$-$t$ 平面上任一条直线 $L$：$T=t+pr$（图 6-17）上的积分，称为$f(r,t)$的 Radon 正变换。此外，参数 $p$ 是直线 $L$ 的斜率，其物理意义是地震波传播速度的倒数，即慢度。也就是说，正变换的过程就是把空间时间域（$r$-$t$）中的地震信号，转换成慢度时间域（$p$-$t$）中的地震信号的投影过程。

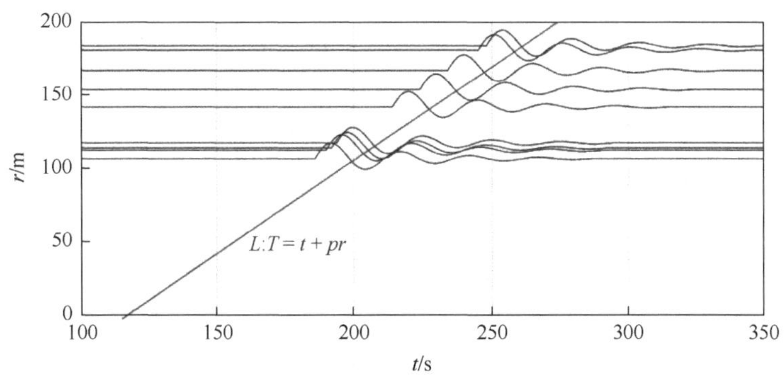


图 6-17　地震（初至波）层析成像投影示意图

由于地震信号经过 Radon 正变换后，出现高频损失，因此式（6-31）起到了一个高频补偿的作用。式（6-32）是地震层析成像的反变换公式。

从地震波的传播理论上说，地震波传播理论分为 2 种：一种是运动学理论，这种理论提供地震波的走时和射线路径等运动学信息；另一种是动力学理论，动力学理论除了提供地震波的运动学信息外，还提供诸如波形、振幅等信息。因此，地震层析成像技术大致可以分为 2 种：一种是基于射线理论的层析成像技术，包括地震走时层析成像和地震衰减层析成像；另一种是基于波动方程的层析成像技术，包括散射或衍射层析成像。

地震层析成像技术的算法通常是将地下介质划分为网格，对每个单元给定要成像的参数值，首先计算相关参数（如走时或振幅），然后将计算结果与实测数据进行比较，经过迭代运算后，当两者之间的误差达到要求时，停止迭代计算，从而完成对地下介质内部精细结构（如速度、衰减系数、反射系数等的分布）的成像。

#### 6.3.1.2　矿山微震记录的层析成像投影

微震事件的产生是由工程施工和生产活动使地下应力场变化所致。矿山微震监测系统往往以大地坐标系 $R(x, y, z)$为基础，一个微震事件及其记录可以用下列参数表述：

（1）震源位置：用三维向量 $R_s(x_s, y_s, z_s)$表述；

（2）发震时间：用年月日时分秒表示 $t_s$ 时刻；

（3）地震记录：用一个四维函数 $g(x_r, y_r, z_r, t_r)$表示，其中 $R_r(x_r, y_r, z_r)$表示检波器位置；$t_r$ 表示地震波的初始到时。

如果微震事件发生在各向同性均匀介质中，以微震震源为球心，以球面波（纵波或横波）的形式向外扩散，则在球坐标系（$r, \theta, \varphi$）中，地震波场与纬度$\theta$和经度 $\varphi$ 无关。根据波动动力学理论，在球坐标时空域（$r, t$）中，当震源位置位于原点 $r = 0$、激发时刻 $t = 0$ 时，则描述微震波场特性的时空函数$f$（$r, t$）就简化为一个二维函数，并且满足球坐标系下的波动方程。

在矿山微震监测工程中，监测区域通常保持在同一地质构造区域的小范围内，微震震源与检波器之间的距离 $r_i$ 通常为几十米到几百米的数量级，在不考虑非弹性能量吸收的情况下，介质特性变化不大，因此可以将微震波的传播介质作为各向同性均匀弹性介质来处理，而且检波器埋置于地下岩层中，接收场地效应可以忽略。通过下列坐标变换公式，可以将大地坐标时空域（$R, t_r$）表示的四维地震波记录 $g(x_r, y_r, z_r, t_r)$转换成球坐标时空域（$r, t$）的二维地震波记录 $g(x_r, y_r, z_r, t_r)$

$$\begin{cases} f(r,t) = g(x_r, y_r, z_r, t_r) = g(x_r, y_r, z_r, t + t_s) \\ r = \|R_r - R_s\| = \sqrt{(x_r - x_s)^2 + (y_r - y_s)^2 + (z_r - z_s)^2} \\ t_r = t + t_s \end{cases} \tag{6-33}$$

式中，$x_s$、$y_s$、$z_s$ 为大地坐标系中的震源位置；$t_s$ 为微震发震时间；$x_r$、$y_r$、$z_r$ 为大地坐标系中的检波器位置；$t_r$ 为地震波到达 $R_r(x_r, y_r, z_r)$处的时间；$g(x_r, y_r, z_r, t_r)$为大地坐标时空域中的地震波记录；$r$、$t$ 为球坐标时空域中的地震波传播距离、地震波旅行时间，在球坐标系中，震源位置 $r = 0$、激发时刻 $t = 0$；$f(r, t)$为球坐标时空域中的地震波记录。

利用地震层析成像技术，将关系式（6-33）代入关系式（6-30），整理后可得微震记录在球坐标时空域中的投影表达式如下：

$$\begin{aligned} A_1(p,t) &= \frac{1}{2\pi}\int f(r, t + pr)\mathrm{d}r \\ &= \frac{1}{2\pi}\int g(x_r, y_r, z_r, t + t_s + pr)\mathrm{d}r \\ &= B(p, t + t_s) \end{aligned} \tag{6-34}$$

在实际投影过程中，震源位置是未知的，无法求取震源到检波器之间的距离，因此必须首先假定一个震源位置为 $R_{sj}(x_{sj}, y_{sj}, z_{sj})$，发震时间和传播速度也是未知的，选择具有不同截距 $t$ 和不同斜率 $p_k$（常常称为扫描参数）的直线，并沿着直线对各接收道的微震记录 $g(x_{ri}, y_{ri}, z_{ri}, t_{ri})$进行叠加，最后获得一个相对于该震源位置的投影，其离散表达式为

$$\begin{cases} B_j(p_k,t)=\sum_{i=1}^{N} g(x_{ri},y_{ri},z_{ri},t_{ri}+p_k r_{ij}) \\ r_{ij}=\sqrt{(x_{ri}-x_{sj})^2+(y_{ri}-y_{sj})^2+(z_{ri}-z_{sj})^2} \end{cases} \tag{6-35}$$

式中，$i=1, 2, 3, \cdots, N$，表示接收道序号；$j=1, 2, 3, \cdots, M$，表示可能的震源位置序号；$k=1, 2, 3, \cdots, K$，表示扫描参数值的序号。

## 6.3.2 模型参数选择与能量极值

### 6.3.2.1 扫描参数的选择准则

根据数字信号处理与分析原理，对连续型函数实行离散化处理，必须满足离散化采样定理，否则就会产生假频现象。扫描参数 $p_k$（其中 $k=1, 2, 3, \cdots, K$）的采样间隔 $\Delta p=p_k-p_{k-1}$ 选定，也必须满足离散化采样定理。当利用扫描参数对所有接收道上的微震信号进行扫描（以 $r=0$ 为基准）时，对于任何一道上的微震波，应当在一个周期 $T$ 内至少扫描两次（图 6-18）。

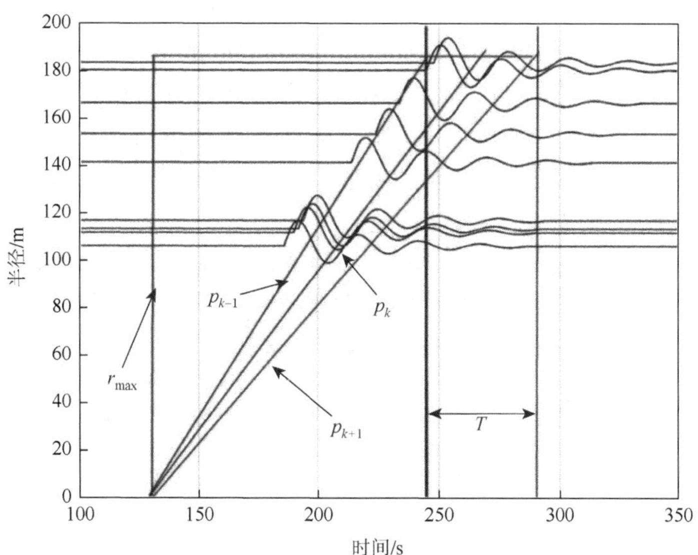


图 6-18 层析扫描参数间隔选择

因此，扫描参数 $p_k$ 的采样间隔 $\Delta p$ 应满足下列表达式：

$$\Delta p \leqslant \frac{T}{2r_{\max}} = \frac{1}{2f_{\max} \cdot r_{\max}} \tag{6-36}$$

式中，$f_{\max}$ 为所有微震接收道中信号的最大频率；$r_{\max}$ 为震源位置与各检波器之间距离的最大值。

#### 6.3.2.2 震源层析成像的能量极值

微震记录在球坐标时空域中的投影，是沿着具有不同截距 $t$ 和不同斜率 $p_k$ 的直线，对各接收道的微震记录 $g$（$x_{ri}, y_{ri}, z_{ri}, t_{ri}$）进行叠加完成的。这条直线的表达式为

$$t_{\mathrm{r}} = t + pr \tag{6-37}$$

由前文讨论可知：$r = \sqrt{(x_{\mathrm{r}} - x_{\mathrm{s}})^2 + (y_{\mathrm{r}} - y_{\mathrm{s}})^2 + (z_{\mathrm{r}} - z_{\mathrm{s}})^2}$ 为震源与检波器之间的距离，现令扫描参数 $p = \dfrac{1}{v}$，代入上述直线方程式（6-37），当 $t = 0$ 时，

$$t_{\mathrm{r}} = pr = \frac{\sqrt{(x_{\mathrm{r}} - x_{\mathrm{s}})^2 + (y_{\mathrm{r}} - y_{\mathrm{s}})^2 + (z_{\mathrm{r}} - z_{\mathrm{s}})^2}}{v} \tag{6-38}$$

根据地震波传播理论可知：式（6-38）恰好是均匀介质中透射波在球坐标系中的时距方程，震源位置和发震时间位于球坐标时空域（$r, t$）中的原点，其中 $v$ 是传播速度，由于 $p$ 是传播速度 $v$ 的倒数，故称扫描参数 $p$ 为慢度。因此在球坐标时空域中微震记录的投影结果，常常称为慢度时间信号，有时简称慢度谱。

由于在球坐标系中，震源位置 $r = 0$、激发时刻 $t = 0$，所以当沿着穿过原点的直线（时距方程）对地震信号的振幅的绝对值进行叠加时，可以获得一个极大值。地震信号的振幅与能量呈平方关系，因此将极大值简称为能量极值。分析能量极值可以提取能量极值对应的坐标参数：$R_{\mathrm{s}}$ 为能量极值对应的空间坐标值向量（$x_{\mathrm{s}}, y_{\mathrm{s}}, z_{\mathrm{s}}$）；$t_s$ 为能量极值对应的时间坐标值；$p_{\mathrm{s}}$ 为能量极值对应的慢度坐标值；$B(p_{\mathrm{s}}, t)$为能量极值对应的慢度时间信号。

如果是对连续监测的微震记录进行层析成像投影，那么在获得的慢度谱上可能存在多个能量极值的情况，分析这些能量极值对应的坐标参数的异同情况，可以进一步解释微震事件及其波形特征，如表 6-2 所示。

**表 6-2 能量极值与微震事件及其波形的对应关系**

| 能量极值 | 坐标参数的异同 | | | 微震事件 | 波形 |
|---|---|---|---|---|---|
| | $R_{\mathrm{s}}$ | $t_{\mathrm{s}}$ | $p_{\mathrm{s}}$ | | |
| 无极值 | | | | 无微震 | |
| 一个极值 | 唯一 | 唯一 | 唯一 | 单个微震 | P 波或 S 波 |
| 两个极值 | 唯一 | 唯一 | 两个 | 单个微震 | 同时包含 P、S 波 |

续表

| 能量极值 | 坐标参数的异同 | | | 微震事件 | 波形 |
|---|---|---|---|---|---|
| | $R_s$ | $t_s$ | $p_s$ | | |
| 多个极值 | 多个 | 唯一 | 唯一 | 同时异地，多个微震 | P、S 波均有可能 |
| | 多个 | 唯一 | 多个 | 同时异地，多个微震 | 同时包含 P、S 波 |
| | 多个 | 多个 | 多个 | 频发异地，多个微震 | 同时包含 P、S 波 |

利用表 6-2 所示的能量极值与微震事件及其波形的对应关系，通过解释慢度谱上的能量极值，可以容易且快速地读取其对应的坐标参数值。对能量极值的坐标参数值进行不同组合和分析，达到分析微震震源参数和传播介质结构参数的目的。例如，通过组合能量极值对应的时间、空间坐标值，可以达到微震定位的目的；通过分析能量极值对应的慢度时间信号，可以推断该微震事件的震源函数；利用能量极值对应的时间、空间坐标值和能量极值的大小，可以达到对微震事件的“时-空-能”分析的目的；利用能量极值对应的空间坐标值和慢度坐标值，可以分析传播介质的速度场分布。

## 6.3.3 理论模型构建与定位测算

### 6.3.3.1 模型参数准备

为了验证矿山微震震源层析成像及其应用算法的正确性，首先设计一个理论模型来模拟矿山微震监测工程。

（1）采区范围：东西向从 3000m 到 3860m，南北向从 5000m 到 5460m，地下深度从–900m 到–600m，介质速度为 2500m/s，如图 6-19 所示。

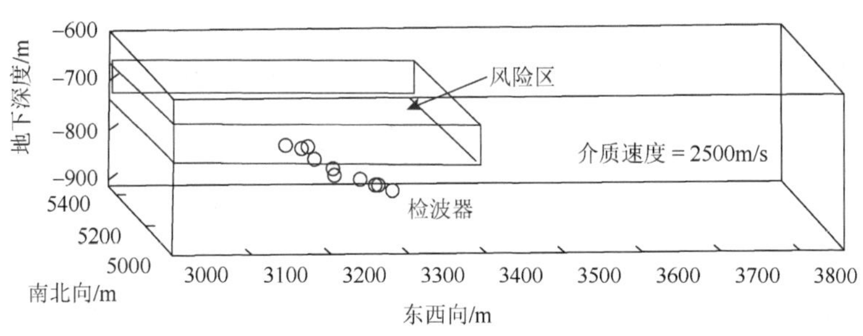


图 6-19 理论模型和观测系统

（2）观测系统：在该采区内的采矿巷道中埋置了 10 个检波器（其中道号

$i = 1, 2, 3, \cdots, 10$），各检波器在采区内的空间位置如图 6-19 中的圆圈所示。检波器位置坐标 $R_{ri}$（$x_{ri}, y_{ri}, z_{ri}$）如表 6-3 所示。

**表 6-3　检波器位置坐标（观测系统）**　（单位：m）

| 道号 | 东坐标（E） | 北坐标（N） | 地下深度（$U$） |
|---|---|---|---|
| 1 | 3148.095 | 5027.456 | −701.594 |
| 2 | 3300.946 | 5240.234 | −847.535 |
| 3 | 3226.019 | 5127.103 | −780.676 |
| 4 | 3172.249 | 5050.081 | −715.960 |
| 5 | 3187.275 | 5089.971 | −724.333 |
| 6 | 3199.603 | 5109.058 | −754.760 |
| 7 | 3231.445 | 5147.261 | −799.404 |
| 8 | 3272.087 | 5188.686 | −820.992 |
| 9 | 3296.960 | 5200.033 | −835.095 |
| 10 | 3326.016 | 5255.312 | −861.860 |

（3）仪器参数：为了讨论方便，以微震监测仪器启动时刻作为计时系统，$t = 0$ 时开始记录微震信号，记录时间长度为 0.5115s，仪器的采样间隔 $\Delta t = 0.0005$s，采样点数为 1024。

对于上述理论模型，微震事件发生的位置是未知的，为了使震源自动定位更有针对性，首先将理论模型所示区域划分出一个极易发生事故的风险区，并将风险区进一步划分成网格体；其次计算检波器到网格体节点之间的距离；最后计算出层析扫描参数，其步骤如下：

（1）风险区范围：假设事故易发的风险区为东西向从 3000m 到 3500m、南北向从 5000m 到 5460m、地下深度从−770m 到−630m，如图 6-19 中所示的风险区圈定区域。

（2）网格体划分：将风险区按步长为 10m 划分成三维网格体，网格体的节点假设为可能的震源位置，其东西向、南北向和深度方向的坐标值如下：

$$\begin{cases} x_l = 3000 + 10(l-1) & (l = 1,2,3,\cdots,51) \\ y_m = 5000 + 10(m-1) & (m = 1,2,3,\cdots,47) \\ z_n = -770 + 10(n-1) & (n = 1,2,3,\cdots,15) \end{cases} \tag{6-39}$$

根据各检波器位置坐标 $R_{ri}$（$x_{ri}, y_{ri}, z_{ri}$）与风险区内三维网格体节点位置坐标（$x_l, y_m, z_n$），可以计算出检波器到网格体节点之间的距离 $r_{ilmn}$，其计算公式为

$$r_{ilmn} = \sqrt{(x_{ri} - x_l)^2 + (y_{ri} - y_m)^2 + (z_{ri} - z_n)^2} \tag{6-40}$$

由此可知：检波器与网格体节点之间的最大距离 $r_{\max} = \max$（$r_{ilmn}$）。

（3）扫描参数：实际上，地震波的传播速度是难以获取的，只能根据地质知识和经验给出一个速度范围。如果假设地震波传播速度在 $v_{\min} = 1000\text{m/s}$ 到 $v_{\max} = 3000\text{m/s}$，于是扫描参数在 $p_{\min} = 1/v_{\max} = 0.0003\text{s/m}$ 到 $p_{\max} = 1/v_{\min} = 0.001\text{s/m}$。另外，微震信号的频率在几赫兹到1000多赫兹之间，根据扫描参数的选择准则，可以选定一个扫描参数间隔 $\Delta p_{lmn}$，于是扫描参数为

$$p_{lmn\_k} = p_{\min} + (k-1)\Delta p_{lmn} \qquad (k = 1,2,3,\cdots,K_{lmn}) \tag{6-41}$$

其中，$K_{lmn} = (p_{\max}-p_{\min})/\Delta p_{lmn}$ 为采样点数。

通过上述理论模型采区参数设计和观测系统的布置，利用微震监测仪器设定的仪器参数，微震监测系统便可以接收到来自采区的微震事件的震动信号，这一微震事件可能发生在风险区内，也可能发生在风险区外，其确切位置可以通过层析成像自动定位方法求出。

#### 6.3.3.2　理论数据试算

在进行层析成像自动定位运算之前，设计两种情况的震源，一种情况是震源位置位于风险区内，另一种情况是震源位置位于风险区外。两种情况除了震源位置不同外，震源函数是相同的，均可以用下列公式表达：

$$f(t) = A\mathrm{e}^{-\beta t}\sin(2\pi ft + \varphi) \tag{6-42}$$

式中，振幅 $A = 10$；衰减系数 $\beta = 0.8$；频率 $f = 80\text{Hz}$；相位 $\varphi = 0$；$t$ 为时间。

微震震源函数的震动延续时间为 0.05s，采样间隔 $\Delta t = 0.0005\text{s}$，采样点数为100，如图6-20所示。

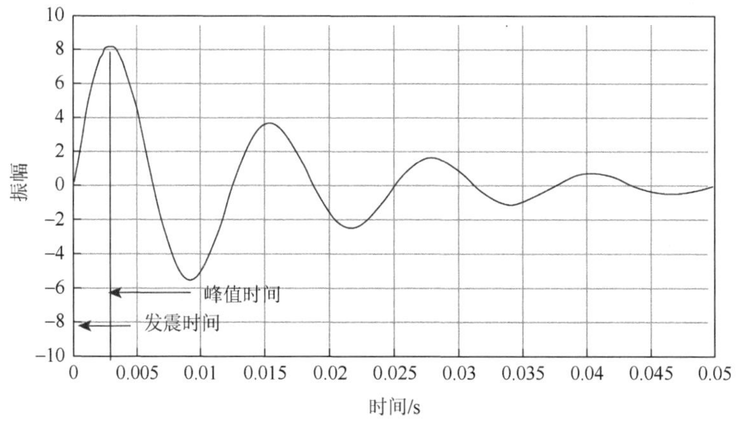


图6-20　理论模型中的微震震源函数

首先设计一个理论模型，用于验证震源函数与震源参数算法的正确性。理论模型的数据为：①采区范围，采矿工程中有一采区的大地坐标范围为东西向从3000m到3860m、南北向从5000m到5460m、地下深度从−900m到−600m；②介质参数，在该采区范围内除了矿层外，周围岩层为砂岩，岩性相对均匀，介质密度和地震波传播速度分别为2.4g/cm$^3$和3500m/s，因此可以将该采区介质模型视为各向同性均匀介质；③风险区，事故易发的风险区范围为东西向从3000m到3500m、南北向从5000m到5460m、地下深度从−770m到−630m；④观测系统，地下介质中埋置了10个检波器。

微震震源位置为$S(x_s, y_s, z_s) = (3200, 5200, -700)$。震源函数由三个不同的子波函数叠加组成，即

$$f_m(t) = \sum_{j=1}^{3} a_j e^{-\beta_j f_j t} \sin(2\pi f_j t + \varphi_j) \quad (j = 1, 2, 3) \tag{6-43}$$

式中，$a_j$为三个不同子波的振幅（10 000, 8000, 5000）；$\beta_j$为衰减因子（−0.6, −0.7, −0.8）；$f_j$为频率（90, 150, 300）；$\varphi_j$为相位（0°, −45°, −90°）。

图6-21中（a）、（b）和（c）分别显示了三个不同子波的波形，（d）是由式（6-43）计算所得的震源函数的波形。四个波形信号的采样间隔$\Delta t = 0.0005$s。

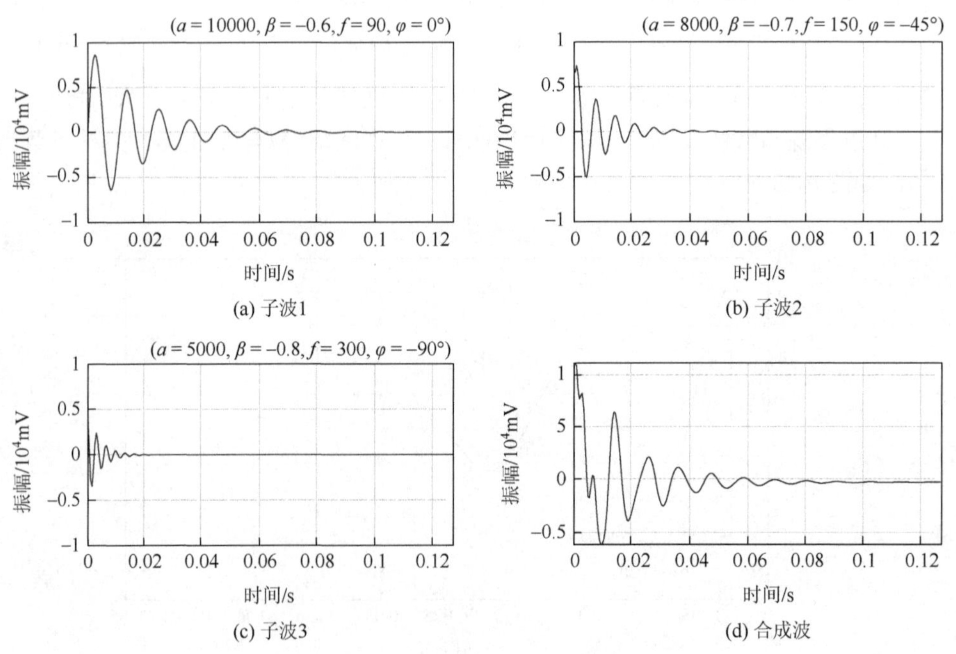


图6-21　理论子波和震源函数的波形

对于不同位置的检波器，选用一个对应于 $r_i$（$i=1,2,\cdots,10$）的时移量 $\tau$，可以分别计算出震源距为 $r_i$（$i=1,2,\cdots,10$）的各检波器观测地震记录：

$$f(r_i,\tau)=\sum_{j=1}^{3}\frac{a_j}{r_i}\mathrm{e}^{-\beta_j f_j t}\sin(2\pi f_j t+\varphi_j)\qquad(i=1,2,\cdots,10)\tag{6-44}$$

式中，$\tau=t_s+t+r_i/v$ 为对应于 $r_i$（$i=1,2,\cdots,10$）的时移量；$t_s$ 为接收仪器开始记录时刻与微震事件发生时刻之间的时间差；$r_i$（$i=1,2,\cdots,10$）为各检波器位置与震源位置之间的距离。

图 6-22 表示各检波器 $r_i$（$i=1,2,\cdots,10$）上的接收记录 $f$（$r_i,\tau$）。其中横轴是时间轴，仪器启动时刻为零点，微震发震时间 $t_s=0.05\text{s}$，时间采样间隔为 $\Delta t=0.0005\text{s}$，记录时长为 0.5115s；左纵轴是以检波器编号排列的记录道号，右纵轴表示各检波器位置相对于震源位置的距离值 $r_i$，由于各道 $r_i$ 值不同，几何扩散效应也不同，所以各检波器接收到的地震波初始到时和振幅值也不同。

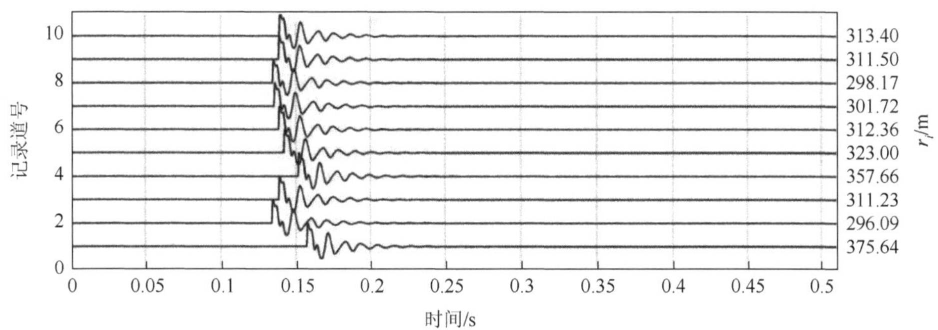


图 6-22　理论模型接收记录

为了求取震源函数，首先将图 6-22 所示的理论模型接收记录进行层析成像投影，利用自动定位方法求取微震事件的震源位置和发震时间分别为：$S(x_s,y_s,z_s)=(3100,5400,-700)$和 $t_s=0.05\text{s}$。震源对应的地震波的传播速度为 $v=3500\text{m/s}$，$p_s$ 道信号如图 6-23（a）所示。

利用各检波器位置与震源位置之间的距离值 $r_i$，可以计算几何扩散能量补偿因子 $\alpha$（$r$）$=31.8317$，对 $p_s$ 道信号进行几何扩散能量补偿处理后，可获得的震源函数 $f$（$t$）。如图 6-23（b）所示，震源函数的峰值位于 0.05s 时刻，当震源函数求取以后，便可以计算震源辐射能量。由模型设计时假设的介质密度为 $2.4\text{g/cm}^3$，加上层析成像自动定位求出的传播速度 3500m/s，利用公式可以计算出震源有效辐射能量为 $E=4.9927\times10^9\text{J}$。

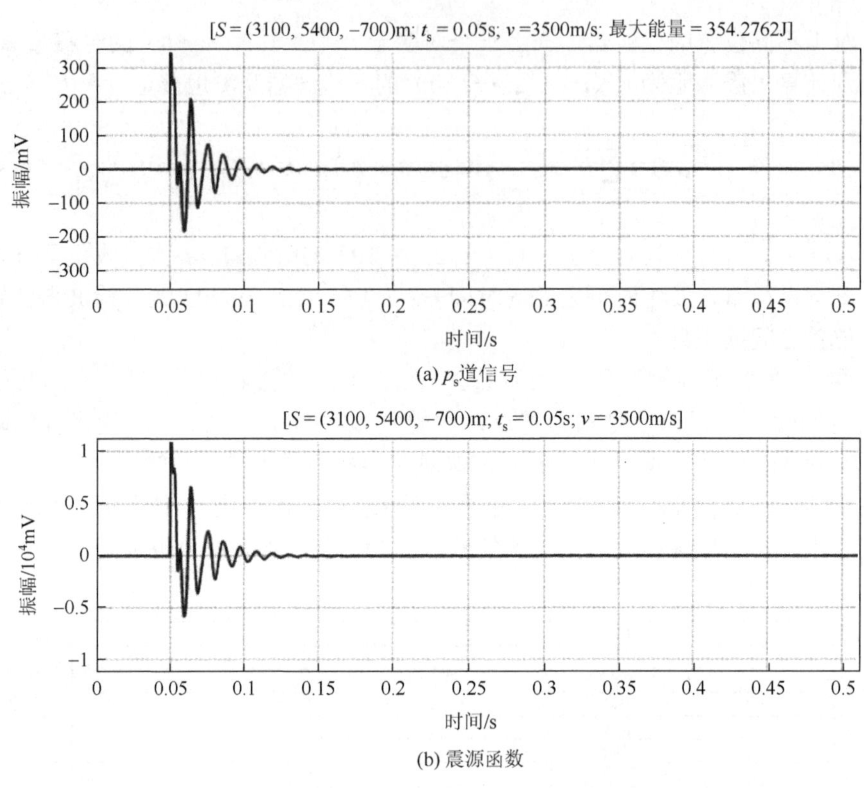


(a) $p_s$道信号

(b) 震源函数

图 6-23　$p_s$ 道信号和震源函数

当震源函数求取以后，还可以计算震源函数的特征频率。首先对震源函数 $f(t)$求出位移振幅谱，并将其拟合成 $\omega^{-2}$ 模型震源谱，如图 6-24 所示。图 6-24（a）包括震源函数 $f(t)$的位移振幅谱和 $\omega^{-2}$ 模型震源谱；图 6-24（b）为对数表达形式。当最小残差率 errrate = 0.16%时，震源谱零频极限值 $\Omega$（0） = 307.50，拐角频率 $f_c$ = 172.40Hz。

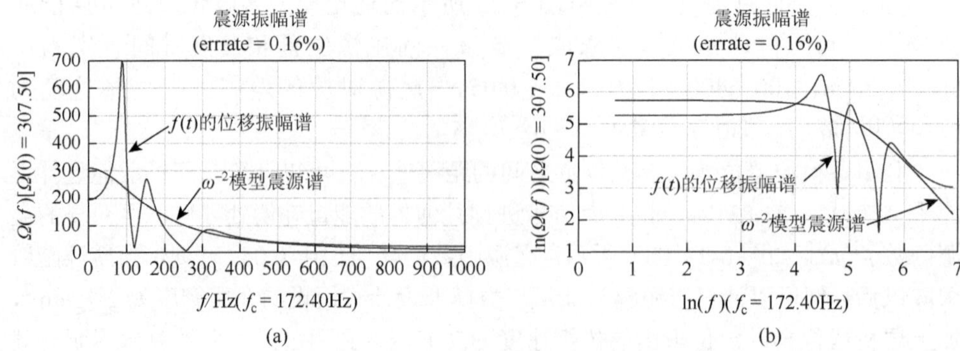


(a)　　(b)

图 6-24　震源振幅谱和 $\omega^{-2}$ 模型震源谱

最后计算震源破裂半径，根据上述层析成像法确定的传播速度 $v = 3500$m/s，以及基于 $\omega^{-2}$ 模型计算所得的拐角频率 $f_c = 172.40$Hz，可以计算出理论模型震源的破裂半径为 $r_s = 7.56$m。综上所述，由理论模型数据求取的震源参数，如表 6-4 所示。

**表 6-4 由理论模型数据求取的震源参数**

| 震源参数 | 符号 | 数值 |
|---|---|---|
| 几何参数/m | $(x_s, y_s, z_s)$ | (3100, 5400, −700) |
| 发震时间/s | $t_s$ | 0.05 |
| 传播速度/(m/s) | $v$ | 3500 |
| 辐射能量/J | $E$ | $4.9927\times10^9$ |
| 频率特征值 | $\Omega(0)$，$f_c$ | 307.50，172.40Hz |
| 震源破裂半径/m | $r_s$ | 7.56 |

### 6.3.3.3 震源案例试算（风险区内）

在采区内，$S(x_s, y_s, z_s) = (3200, 5200, -700)$位置处，当时间 $t_s = 0.05$s 时，有一个微震事件发生，如图 6-25 所示。

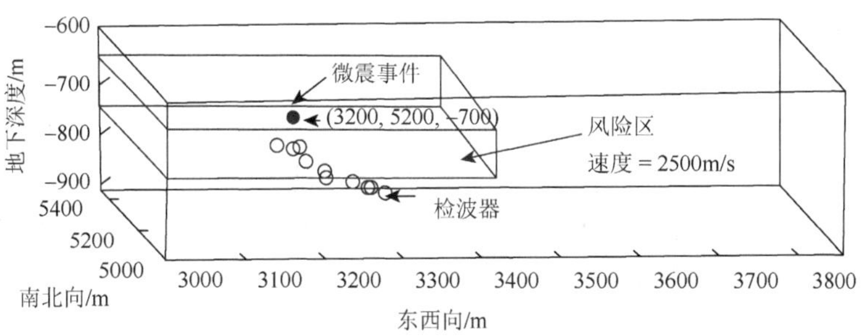


图 6-25 理论模型和观测系统（震源在风险区内）

于是，在各检波器接收到的微震信号 $f(i, t)$（图 6-26），可以由下列公式表达：

$$f(i,t) = f_0(i,t) + \frac{A}{r_i}\mathrm{e}^{-\beta t_{ri}}\sin(2\pi f t_{ri} + \varphi) \quad (i = 1,2,3,\cdots,10) \tag{6-45}$$

式中，$i = 1, 2, 3, \cdots, 10$ 为接收道号；$f_0(i, t) = 0$ 为没有接收到微震信号时的道记录；$r_i = \sqrt{(x_{ri} - x_s)^2 + (y_{ri} - y_s)^2 + (z_{ri} - z_s)^2}$ 为震源到各检波器之间的距离；$t_{ri} = t_s + r_i/v$ 为微震信号的延续时间。

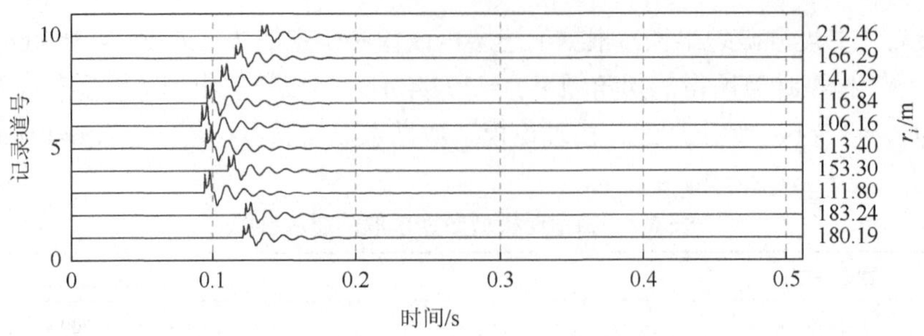


图 6-26　微震理论记录（震源在风险区内）

图 6-26 中所示的横轴是时间轴（仪器启动时刻为零点），左纵轴是以站点编号排列的记录道号，右纵轴表示各站点位置相对于震源位置的距离值 $r_i$，由于各道 $r_i$ 值不同，所以各道接收到的地震波初始到时 $t_{ri}$ 也不同，$r_i$ 值小的道先于 $r_i$ 值大的道接收到地震波。图 6-26 中所示的各道接收到的地震波振幅值做了道间平衡处理。

为了确定微震震源位置 $S(x_s, y_s, z_s)$，首先将各检波器接收到的微震信号 $f(i, t)$ 投影到慢度时间域中

$$B_{lmn}(p_k, j) = \frac{1}{2\pi}\sum_{i=1}^{10} f[i,(j-1)\Delta t + p_k r_{ilmn}] \tag{6-46}$$

式中，$j = 1, 2, 3, \cdots, 1024$；$k = 1, 2, 3, \cdots, lmn$。

进一步可以求出能量最大值 max（$B_{lmn}$（$p_k, j$））= 0.585 39 及其对应坐标参数，如图 6-27 所示。

图 6-27（a）表示能量最大值 max（$B_{lmn}$（$p_k, j$））= 0.585 39 处对应的慢度谱，从图中可见，能量最大值对应的坐标为（0.053，2500），其中 2500 表示速度 $v$ = 2500m/s，0.053 表示微震事件的震源时间 $t_s$，能量最大值对应的震源时间坐标 $t_s$ = 0.053s 与微震发震时间 $t_f$ = 0.05s 相差 0.003s，产生这个差别的原因是：震源函数峰值时刻（peak time）与发震时间（trigger time）存在着 0.003s 的时差，如图 6-25 所示。由于层析成像的结果是对各道微震记录的振幅值叠加，其极值是

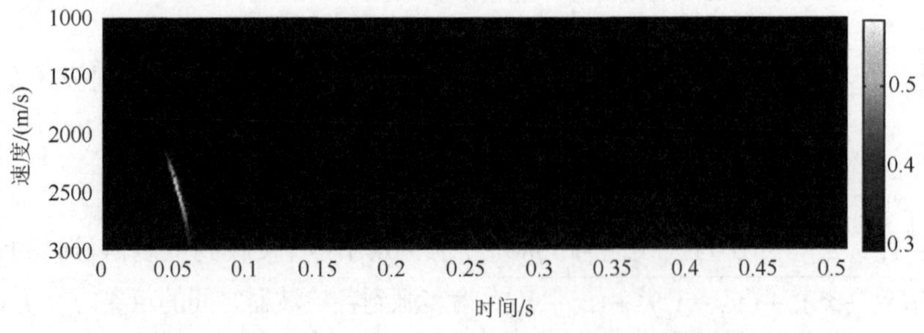


(a) $v$-$t$ [$S$ = (3200, 5200, −700), $v$ = 2500m/s, $t_s$ = 0.053s, 能量最大值 = 0.585 39]

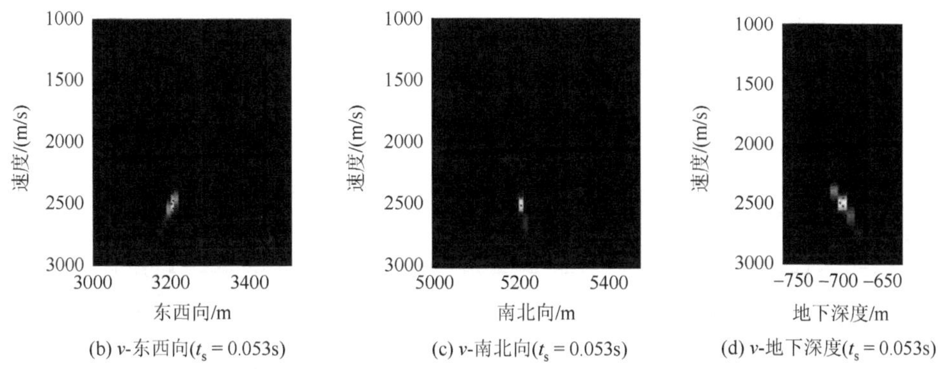

(b) $v$-东西向($t_s$ = 0.053s) (c) $v$-南北向($t_s$ = 0.053s) (d) $v$-地下深度($t_s$ = 0.053s)

图 6-27 层析成像自动定位结果图（震源在风险区内）

各道记录中大振幅值叠加的结果，因此，层析成像能量最大值对应的时间 $t_s$ 是微震事件震动强度最大的时刻，而不是微震事件启动时刻，也就是成核时间。

图 6-27（b）、（c）和（d）分别代表能量最大值处对应的东西向、南北向和地下深度方向的慢度谱，从图中可见，能量最大值对应的坐标分别为（3200，2500）、（5200，2500）和（−700，2500），由此可见，微震事件的震源位置为 $S(x_s, y_s, z_s)$ = (3200, 5200, −700)，地震波传播速度 $v = 2500$m/s。

根据最大能量准则的定位判据，上述自动定位的结果位于风险区内，是一个有效的定位。从另一个角度分析，将定位结果与原先设计的震源位置对比，也是一致的。由此可见，利用上述层析成像方法对风险区内的震源进行自动定位算法是正确的。

### 6.3.3.4 震源案例试算（风险区外）

在采区内 $S(x_s, y_s, z_s)$ = (3600, 5300, −650) 位置处，当时间 $t_f = 0.05$s 时，有一个微震事件发生，显然震源位于风险区外，如图 6-28 中所示。

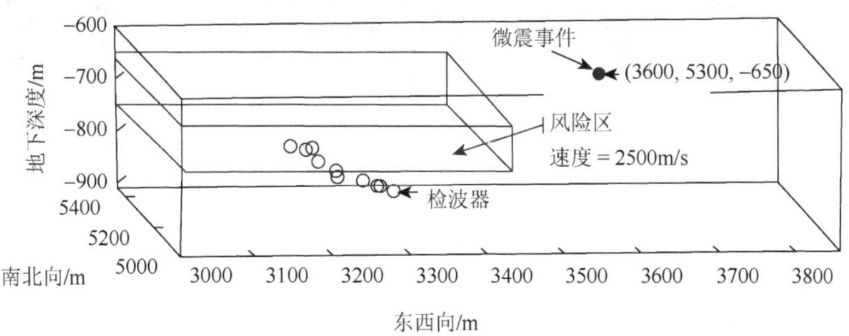

图 6-28 理论模型和观测系统（震源位于风险区外）

于是，各检波器(编号 $i=1, 2, 3, \cdots, 10$)接收到的数字化微震信号为 $f(i, (j-1)\cdot\Delta t)$（$j=1, 2, 3, \cdots, 1024$），如图 6-29 所示。

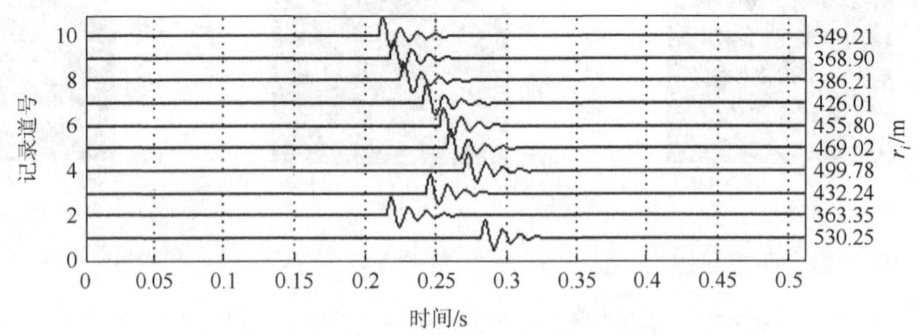


图 6-29　微震理论记录（震源在风险区外）

利用层析成像方法，将各检波器接收到的微震信号 $f(i, t)$投影到慢度时间域中，并自动求出能量最大值及其对应的坐标参数，如图 6-30 所示。

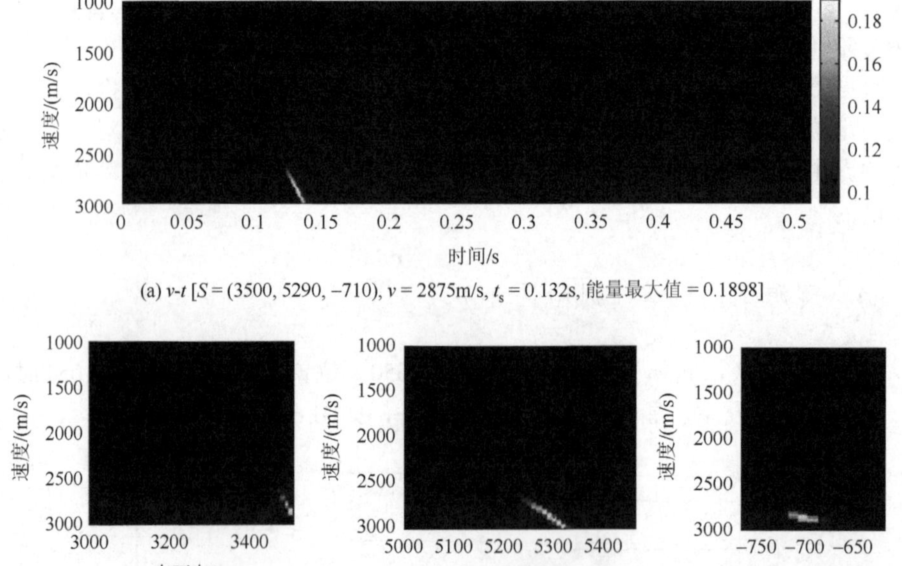


(a) $v$-$t$ [$S=(3500, 5290, -710)$, $v=2875$m/s, $t_s=0.132$s, 能量最大值 = 0.1898]

(b) $v$-东西向($t_s=0.132$s)　(c) $v$-南北向($t_s=0.132$s)　(d) $v$-地下深度($t_s=0.132$s)

图 6-30　层析成像自动定位结果图（震源在风险区外）

在图 6-30（a）表示能量最大值 max（$B_{lmn}$（$p_k, j$））= 0.1898 处对应的慢度谱，图 6-30（b）、（c）和（d）分别代表能量最大值处对应的东西向、南北向和地下深度方向的切片图。综合分析图 6-30，可以发现能量最大值处对应的坐标参数分别为 $S$（$x_s$, $y_s$, $z_s$）=（3500, 5290, −710）、$v$ = 2875m/s、$t_s$ = 0.132s。

根据最大能量准则的定位判据，上述自动定位的结果不位于风险区内，是一个无效的定位。从另一个角度分析发现：最大能量值位于风险区的边界上，不能确定是一个收敛的极值。进一步分析还发现：最大能量值对应的坐标参数与模型中震源位置、介质速度、微震事件震动强度最大的时刻均不同。

上述理论模型的两种情况的定位结果，验证了层析成像自动定位及其判据的正确性。

## 6.4 定位计算验证及应用

前文研究了如何从接收到的微震信号中求取震源函数和震源参数的层析成像方法，包括如何求取震源函数及其谱函数、运动学参数（定位问题）和物理参数（能量、频率和破裂半径等）的计算公式。本节通过理论模型数据和实测微震信号的试算，描述微震震源层析成像方法的应用，同时验证该方法的正确性和实用性。

### 6.4.1 四四组合优化定位法验算

下面以河北某矿的一次微震事件为例进行分析。事件发生时间为2011年10月8日15:9:24。在某工作面距运输巷 43.5m 处放炮，用以校验该区域波速。微震监测系统的 1#、2#、3#、4#、10#、11#和 12#通道清晰采集到该次爆破事件。

图6-31为检波器的现场布置示意图，具体坐标如表6-5所示。放炮触发的12个通道的波形如图 6-32 所示。

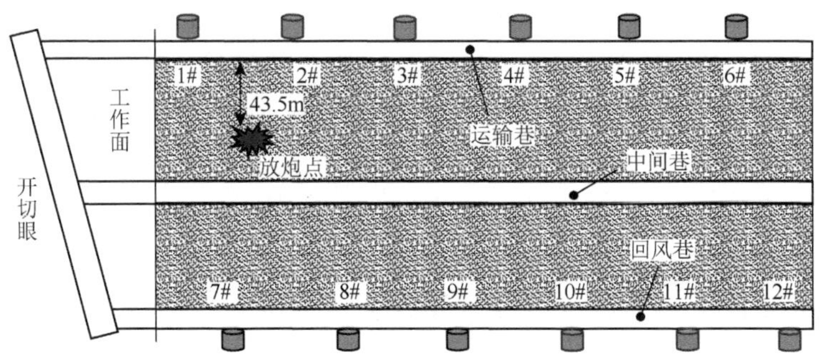


图 6-31 检波器及标定炮位置平面示意图

**表 6-5　检波器现场布置信息**

| 测点编号 | 检波器坐标/m | | | 测点位置 | 距离开切眼距离/m |
|---|---|---|---|---|---|
| | X 轴 | Y 轴 | Z 轴 | | |
| 1# | 55 438.82 | 28 389.30 | −191.490 | 运输巷 1 | 42.1 |
| 2# | 55 446.95 | 28 360.04 | −184.306 | 运输巷 2 | 72.5 |
| 3# | 55 454.68 | 28 333.56 | −178.669 | 运输巷 3 | 100.1 |
| 4# | 55 463.56 | 28 303.22 | −174.108 | 运输巷 4 | 131.7 |
| 5# | 55 471.99 | 28 275.47 | −166.204 | 运输巷 5 | 160.7 |
| 6# | 55 481.08 | 28 247.30 | −162.075 | 运输巷 6 | 190.3 |
| 7# | 55 572.29 | 28 387.38 | −186.378 | 回风巷 1 | 60.0 |
| 8# | 55 580.57 | 28 358.57 | −183.427 | 回风巷 2 | 90.0 |
| 9# | 55 590.08 | 28 329.94 | −175.486 | 回风巷 3 | 120.2 |
| 10# | 55 598.85 | 28 301.87 | −172.128 | 回风巷 4 | 149.6 |
| 11# | 55 607.09 | 28 272.79 | −166.429 | 回风巷 5 | 179.8 |
| 12# | 55 616.86 | 28 244.66 | −160.446 | 回风巷 6 | 209.6 |

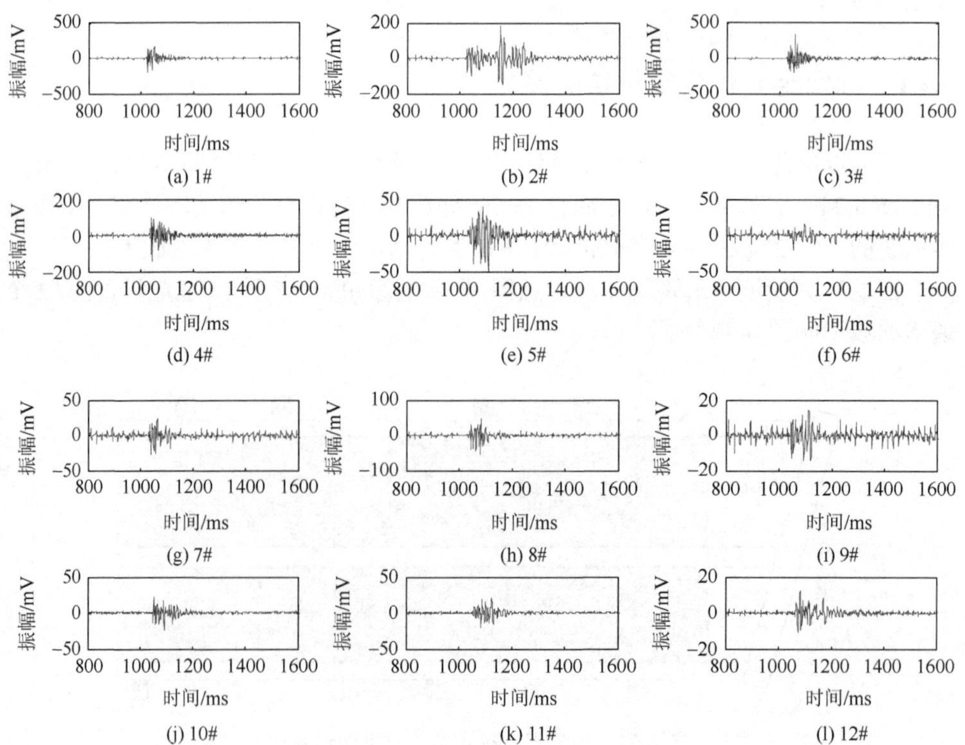


图 6-32　由该次事件触发的 12 个通道的波形

为对四四组合优化定位法进行验证，选取上述实例进行计算。计算过程包括以下几个部分：有效波形的识取、边界条件的确立、初次定位计算以及聚类参数的确立等。

#### 6.4.1.1 有效波形的识取

通过波形识别模块对上述 12 个通道进行分类及优化选择，确立最终参与定位的通道为 1#、2#、3#、4#、10#、11#及 12#通道。对上述通道内波形进行归一化处理后，波形图如图 6-33 所示。从 1#～12#通道，初始到时逐渐增大，这与图 6-31 中所示震源位置相对应。震源点与 1#～4#通道较近，而远离 10#、11#、12#通道。

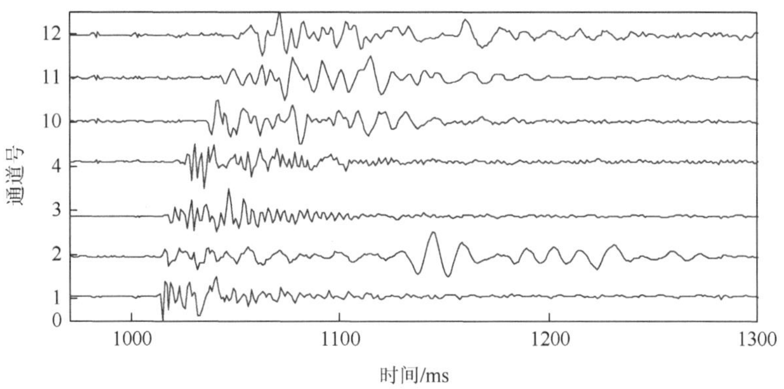


图 6-33 BMS 采集到的有效波形图

#### 6.4.1.2 初次定位计算

利用编制好的 MATLAB 四四组合优化定位程序，对上述数据进行计算，所得到的定位结果如图 6-34 所示。图 6-34 中标识出了外围簇和内场簇，其中外围簇远离内场簇，真实震源点包含于内场簇。参与计算的有 12 个有效通道，共有 495 种组合定位结果。由表 6-6 中数据可以看出，利用传统求解方法计算，定位结果存在奇异值解，与其他数据结果相比，偏移较大，星布四周。

#### 6.4.1.3 定位结果对比

四四线性方程组求解得出的结果确实存在离散性，在无法准确选取参与计算通道的前提下，可能会得到较为离散的奇异结果。如编号 17、19、23、27、30

以及 33 的定位结果，与其他定位点距离较远，高达万米级，甚至出现初始到时为负的情况。

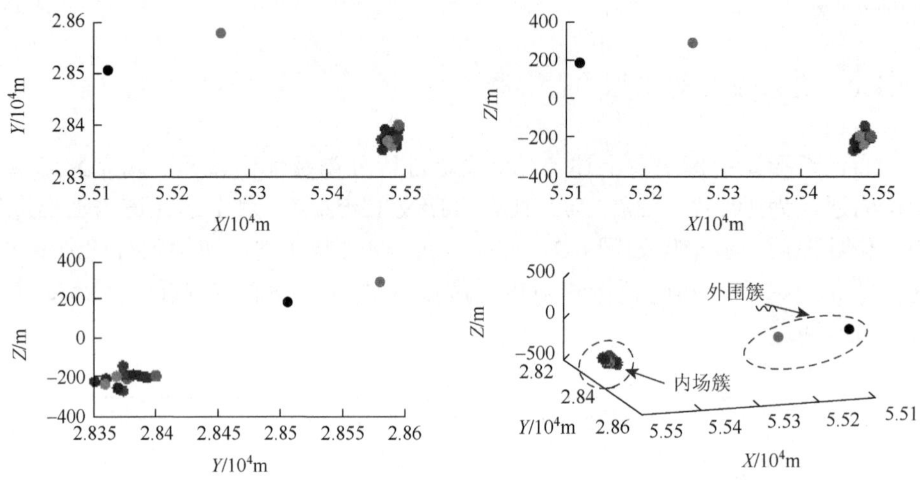


图 6-34　初次定位结果展示

为了对聚类结果进行分析验证，将计算结果按 20m、10ms 一个间隔，对空间坐标 $(x, y, z)$ 和初始到时 $T$ 进行频次分析。各定位结果出现的频次情况如图 6-35 所示。

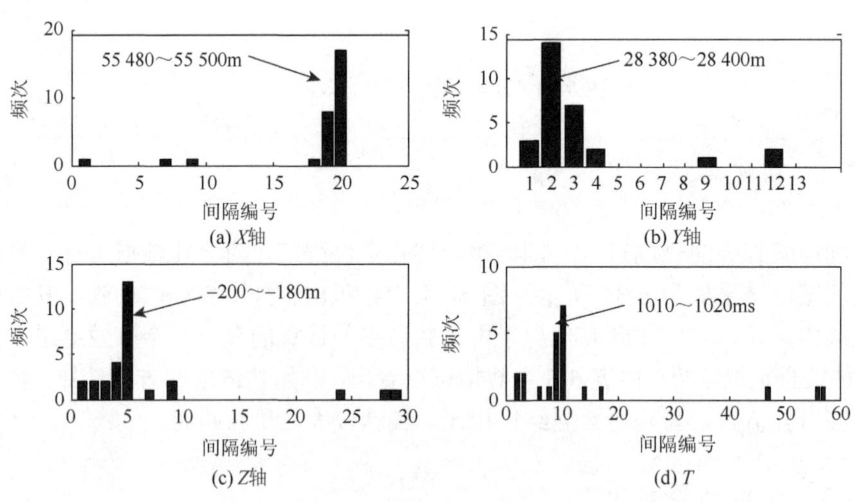


图 6-35　初次定位结果分布示意图

（a）～（c）间隔 20m、（d）间隔 10ms

**表 6-6 四四组合优化定位计算结果**

| 编号 | 定位结果 | | | | 四四组合 | 编号 | 定位结果 | | | | 四四组合 |
|---|---|---|---|---|---|---|---|---|---|---|---|
| | X 轴/m | Y 轴/m | Z 轴/m | 初始到时/ms | | | X 轴/m | Y 轴/m | Z 轴/m | 初始到时/ms | |
| 1 | 55 493.403 | 28 392.946 | −200.184 | 999.252 | 2，5，6，7 | 19 | 55 461.405 | 28 441.398 | −74.543 | −206 618.000 | 1，2，3，4 |
| 2 | 55 489.335 | 28 372.598 | −186.470 | 1000.538 | 2，3，5，7 | 20 | 55 474.072 | 28 369.272 | −255.425 | 1000.540 | 1，2，3，5 |
| 3 | 55 470.230 | 28 397.602 | −117.890 | 1000.679 | 3，4，6，7 | 21 | 55 485.564 | 28 384.204 | −187.926 | 1007.975 | 1，3，4，6 |
| 4 | 55 485.206 | 28 376.242 | −200.659 | 1003.058 | 2，3，5，6 | 22 | 55 482.302 | 28 377.078 | −189.715 | 1009.208 | 1，2，3，7 |
| 5 | 55 483.399 | 28 376.315 | −206.298 | 955.516 | 1，2，6，7 | 23 | −42 3876.200 | 19 3054.190 | 577 194.298 | 1006.280 | 4，5，6，7 |
| 6 | 55 483.237 | 28 358.265 | −233.591 | 1007.646 | 3，5，6，7 | 24 | 55 449.724 | 28 361.091 | −260.341 | 874.409 | 1，5，6，7 |
| 7 | 55 487.768 | 28 365.292 | −188.372 | 1007.198 | 1，3，5，7 | 25 | 55 471.686 | 28 351.003 | −221.939 | 1006.457 | 1，4，5，6 |
| 8 | 55 483.895 | 28 372.830 | −143.062 | 1010.051 | 1，2，5，7 | 26 | 55 222.504 | 28 564.240 | 274.122 | 1010.583 | 2，3，4，7 |
| 9 | 55 484.794 | 28 380.948 | −188.234 | 1006.755 | 1，2，4，7 | 27 | −36 355.870 | 37 097.497 | 51 270.266 | 1006.935 | 1，2，5，6 |
| 10 | 55 475.143 | 28 391.457 | −199.409 | 1010.592 | 2，3，6，7 | 28 | 55 262.458 | 28 579.784 | 288.469 | 1005.762 | 1，4，6，7 |
| 11 | 55 478.570 | 28 368.484 | −196.713 | 1008.620 | 1，2，4，5 | 29 | 55 480.893 | 28 373.723 | −188.800 | 1008.977 | 2，4，6，7 |
| 12 | 55 474.315 | 28 369.363 | −255.331 | 1010.096 | 2，4，5，6 | 30 | 55 488.750 | 28 359.307 | −207.446 | −20 995.230 | 1，3，4，7 |
| 13 | 55 488.151 | 28 365.269 | −188.295 | 1010.557 | 1，4，5，7 | 31 | 55 493.370 | 28 400.126 | −192.473 | 1006.580 | 3，4，5，7 |
| 14 | 55 469.161 | 28 403.009 | −111.795 | 1007.787 | 2，3，4，5 | 32 | 55 117.538 | 28 506.159 | 188.888 | 882.778 | 1，2，4，6 |
| 15 | 55 490.430 | 28 374.100 | −187.559 | 1007.241 | 2，4，5，7 | 33 | 55 479.199 | 28 481.445 | 31.476 | −27 517.950 | 1，2，3，6 |
| 16 | 55 484.488 | 28 387.837 | −196.640 | 1009.748 | 1，3，4，5 | 34 | 55 469.738 | 28 372.657 | −266.417 | 985.864 | 1，3，6，7 |
| 17 | 13 853.309 | 49 738.555 | 66 523.040 | 873.525 | 3，4，5，6 | 35 | 55 489.644 | 28 359.870 | −206.136 | 997.653 | 1，3，5，6 |
| 18 | 55 491.316 | 28 399.097 | −190.672 | 997.732 | 2，3，4，6 | | | | | | |

对上述结果进行初步的优化处理后，删除外围的散点。震源参数（*x*，*y*，*z*，*t*）所处的范围为：初始到时 *T* 为 1010～1020ms，*X* 轴为 55 480～55 500m，*Y* 轴为 28 380～28 400m，*Z* 轴为–200～–180m。通过与真实结果的对比发现，真实的震源结果处于频次最高柱状图的范围内。

## 6.4.2 改进 Radon 层析成像法验算

### 6.4.2.1 实测案例背景介绍

上述方法已经应用于多个矿的实测微震数据的计算，结果表明是可行的，现以山东华丰煤矿为例说明应用效果。图 6-36 是山东华丰煤矿采区布置平面图。

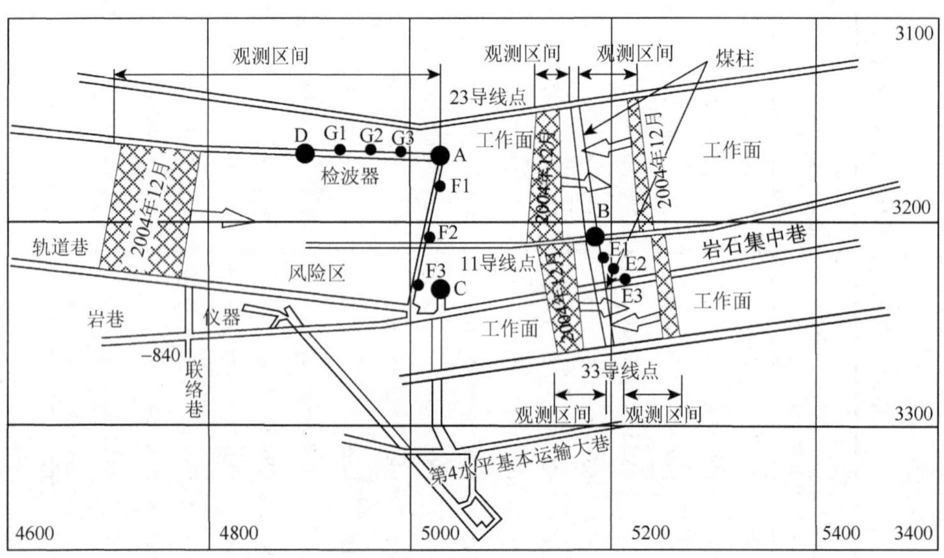


图 6-36　采区布置平面图

图 6-36 中圆点位置为部分检波器坐标值在平面图上的投影。后续定位所涉及的所有检波器位置坐标值如表 6-7 所示。

**表 6-7　检波器位置坐标值（观测系统）**

| 检波器编号 | *X*/m | *Y*/m | *Z*/m |
|---|---|---|---|
| 1 | 3321.80 | 5049.40 | –789.20 |
| 2 | 3297.00 | 5044.00 | –805.10 |
| 3 | 3272.10 | 5038.70 | –820.99 |

续表

| 检波器编号 | X/m | Y/m | Z/m |
|---|---|---|---|
| 4 | 3226.00 | 5187.10 | −810.68 |
| 5 | 3199.60 | 5189.10 | −824.76 |
| 6 | 3187.30 | 5190.00 | −831.33 |
| 7 | 3255.30 | 4919.70 | −834.80 |
| 8 | 3254.20 | 4968.20 | −834.60 |
| 9 | 3253.50 | 4998.90 | −834.50 |
| 10 | 3326.00 | 4905.30 | −791.86 |
| 11 | 3300.90 | 4900.20 | −807.54 |
| 12 | 3275.90 | 4895.20 | −823.21 |
| 13 | 3181.20 | 5183.50 | −834.23 |
| 14 | 3163.40 | 5186.90 | −834.03 |
| 15 | 3146.20 | 5190.90 | −833.63 |
| 16 | 3231.40 | 5027.30 | −834.40 |
| 17 | 3183.50 | 5014.80 | −834.20 |
| 18 | 3133.10 | 5000.60 | −834.40 |
| 19 | 3196.40 | 5022.70 | −696.33 |
| 20 | 3172.20 | 5025.10 | −713.96 |
| 21 | 3148.10 | 5027.50 | −731.59 |

微震监测系统采用国产井下微地震监测仪（专利授权号为200420039442.9），其具有智能拾取单个微震事件的功能，采样间隔 $\Delta t = 0.0005\text{s}$，记录长度为0.5115s。

图6-37显示了编号为10-00-03.A88的微震事件的记录，记录经过了滤波和剔除废道等保持振幅的预处理。图6-37中纵坐标为检波器站号，横坐标为记录时间轴。

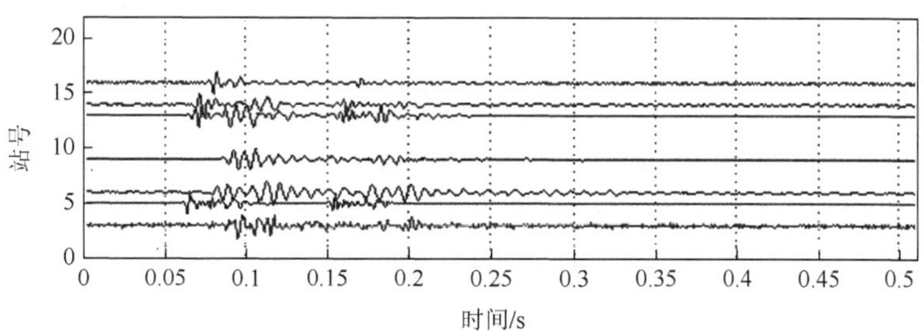


图6-37 微震事件记录（10-00-03.A88）

为了实现微震事件的层析成像自动定位，现假设事故易发的风险区为：东西向 4600～5400m，南北向 3000～3400m，地下深度–1000～–600m，如图 6-36 中所示区域。风险区网格体的步长：东西向为 15m、南北向和地下深度方向均为 10m；假设在风险区内，地震波传播速度为 800～4800m/s。由此可以计算出层析扫描参数。使用层析成像自动定位方法，对图 6-37 所示的微震事件记录进行层析成像投影，并求出能量最大值处及其对应的坐标参数，其中，能量最大值对应的坐标值 $S$（$x_s, y_s, z_s$）＝（3210, 5140, –710），如图 6-38 所示。

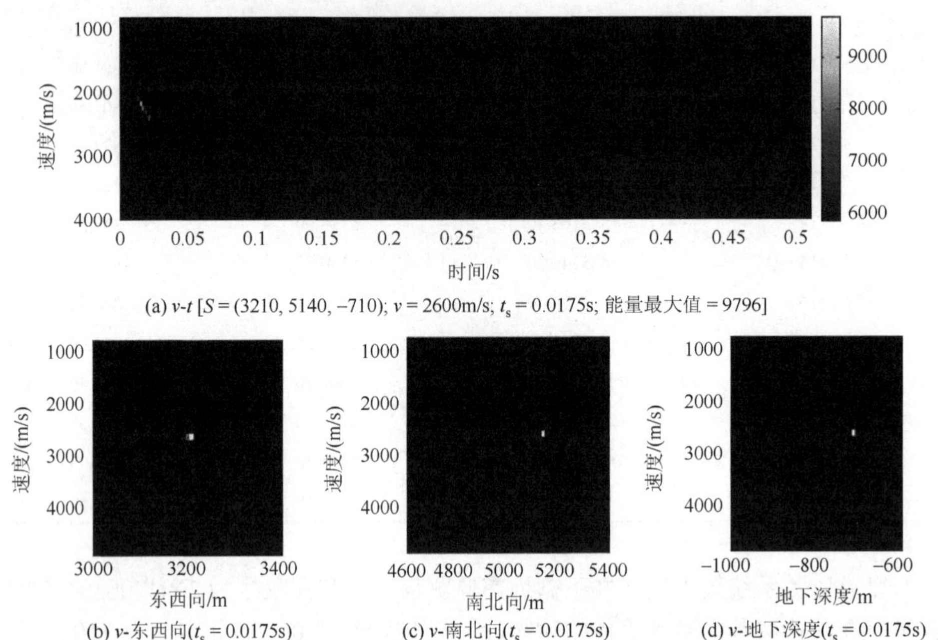


(a) $v$-$t$ [$S$ = (3210, 5140, –710); $v$ = 2600m/s; $t_s$ = 0.0175s; 能量最大值 = 9796]

(b) $v$-东西向($t_s$ = 0.0175s)　(c) $v$-南北向($t_s$ = 0.0175s)　(d) $v$-地下深度($t_s$ = 0.0175s)

图 6-38　微震事件记录的层析成像定位结果图

根据最大能量准则的定位判据，上述自动定位的结果位于风险区内，是一个有效的定位。另外，将定位结果与原先设计的震源位置对比，也是一致的。由此可见，利用上述层析成像方法对风险区内的震源进行自动定位是可行的。

因此可以判定编号为 10-00-03.A88 的微震事件发生在风险区之内，能量最大值对应的坐标值 $S$（$x_s, y_s, z_s$）＝（3210, 5140, –710）、$t_s$ = 0.0175s 和 $v$ = 2600m/s 分别代表微震事件的震源位置、震动最强烈时刻和风险区内平均速度。

#### 6.4.2.2　震源参数计算及应用

实际微震资料选自前文所述的山东华丰煤矿的微震监测数据。采区范围、观测系统、仪器参数和风险区范围等与前文所述相同，不再赘述。图 6-39 显示了编号为 09-57-46.A14 的微震事件的微震观测记录。图 6-39 中纵坐标为检波器站号，横坐标为记录时间轴。

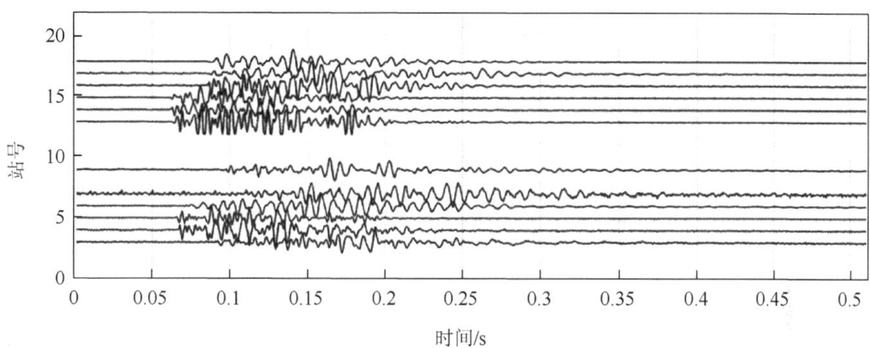


图 6-39 实测微震记录（09-57-46.A14）

通过对图 6-39 所示的微震记录进行层析成像投影，获得慢度谱上的能量最大值，并经最大能量准则的定位判据，判定定位结果是有效的，该微震事件的震源位置为 $S$（$x_s, y_s, z_s$）=（3105, 5125, −830）、发震时间 $t_s = 0.0955$s 和地震波传播速度为 $v = 2800$m/s。并对能量最大值对应的 $p_s$ 道信号进行几何扩散补偿处理后，可获得的震源函数 $f$（$t$）如图 6-40（a）所示。进一步可以计算出该微震事件的震源辐射能量 $E = 3.0764\times10^{10}$J。

图 6-40（b）包括了震源函数的位移振幅谱和 $\omega^{-2}$ 模型震源谱。

图 6-40（c）为震源函数的位移振幅谱的对数表达形式。当最小残差率 errrate = 0.03%时，震源谱零频极限值 $\Omega$（0）= 20 052.07，拐角频率 $f_c = 416.76$Hz。最后计算出实测微震事件（09-57-46.A14）的震源破裂半径为 $r_s = 2.50$m。

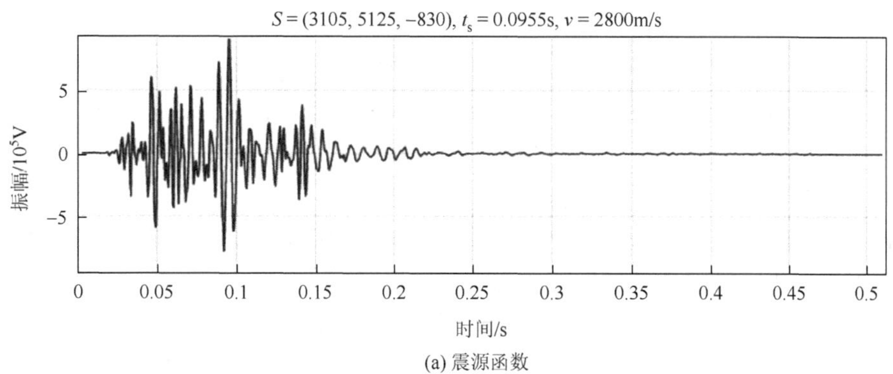


(a) 震源函数

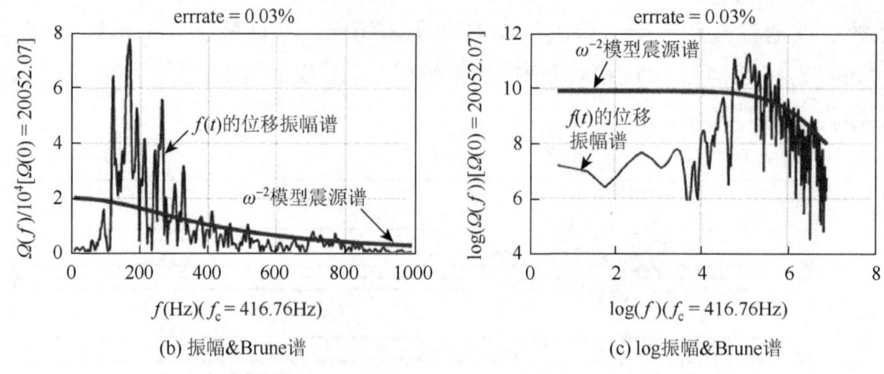


图 6-40　由层析成像法提取的震源函数及其谱（09-57-46.A14）

综上所述，微震事件（09-57-46.A14）的震源参数如表 6-8 所示。

**表 6-8　微震事件（09-57-46.A14）的震源参数**

| 震源参数 | 符号 | 数值 |
| --- | --- | --- |
| 几何参数/m | $(x_s, y_s, z_s)$ | （3105, 5125, −830） |
| 发震时间/s | $t_s$ | 0.0955 |
| 传播速度/(m/s) | $v$ | 2800 |
| 辐射能量/J | $E$ | $3.0764\times10^{10}$ |
| 频率特征值 | $\Omega$（0），$f_c$ | 20 052.07，416.76Hz |
| 震源破裂半径/m | $r_s$ | 2.50 |

为了进一步验证基于层析成像的矿山微震震源函数和震源参数反演方法的实用性，选择该矿某日从 8:10 到 24:00 时段内接收到的 197 个微震事件，经自动定位处理后发现：其中有 6 个微震事件位于上述划定的风险区外，191 个微震事件位于上述划定的风险区内。

图 6-41 表示风险区内的微震事件及其震源位置、震源破裂尺寸和震源能量大小在空间域中的分布图，图 6-41（a）表示微震震源参数的 3D 空间分布图，图 6-41（b）、（c）和（d）分别表示（a）在不同方向上的视图。图 6-41 中圆点表示微震事件，圆点中心位置表示微震事件的震源位置；圆点面积表示震源破裂尺寸，为了图示效果，这里的圆半径 = 破裂半径 $r_s$ 的 10 倍；圆点的颜色深浅表示震源能量的大小，为了图示效果，这里的色标数值为 lg $E$，如色标所示。

本章通过理论模型数据的试算，验证了微震震源层析成像法及应用的正确性和可行性，在震源自动定位的过程中，验证了最大能量准则的定位判据的正确性，给出了层析成像自动定位和震源参数计算步骤的示例。同时，通过煤矿微震实测数据的应用，进一步验证了微震震源层析成像技术的实用性。

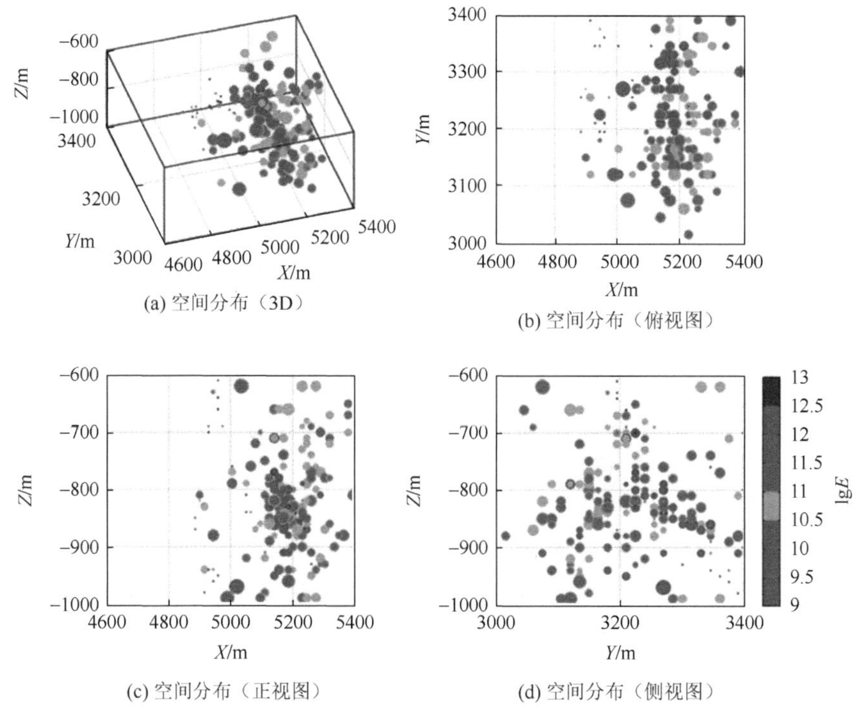


图 6-41 空间域中的微震震源参数

# 7 矿山微震信号的处理与应用

## 7.1 采掘活动诱发的微震响应规律与应力显现特征

相对于回采工作面大面积的采动影响，采掘工作面的开挖断面的采动影响相对较小，所引起的围岩应力场变化不大。掘进巷道动压影响范围（应力扰动区）主要位于巷道两侧煤岩及迎头前方煤岩内。经开挖后，煤岩中的应力重新分布，出现塑性区、弹性活动区和原岩应力区。某矿 11112 回风巷位于 11092 回采工作面侧下方，与 11092 回风巷标高接近，该巷道掘进过程中断层发育，有褶曲，并出现煤层变化的情况。由于该巷道掘进以炮掘为主，在爆破作业前后微震事件分布密集。微震事件的诱发与采掘活动密切相关。

随着掘进工作的进行，煤岩出现新的揭露面，微震事件的分布也随着空间应力场的转移而不断被诱发。3 月微震事件平面分布如图 7-1 中所示，微震事件主要分布于掘进巷道周围煤岩内，其中以两侧和前方煤岩内居多。从剖面示意图上得到掘进巷道采动引起的底板破裂深度为 27m、底板破裂高度为 49m（最高破裂高度为 75m），前方最远影响范围距迎头约 112.8m，后方约 91m。同时在大断层附近出现大能量事件。

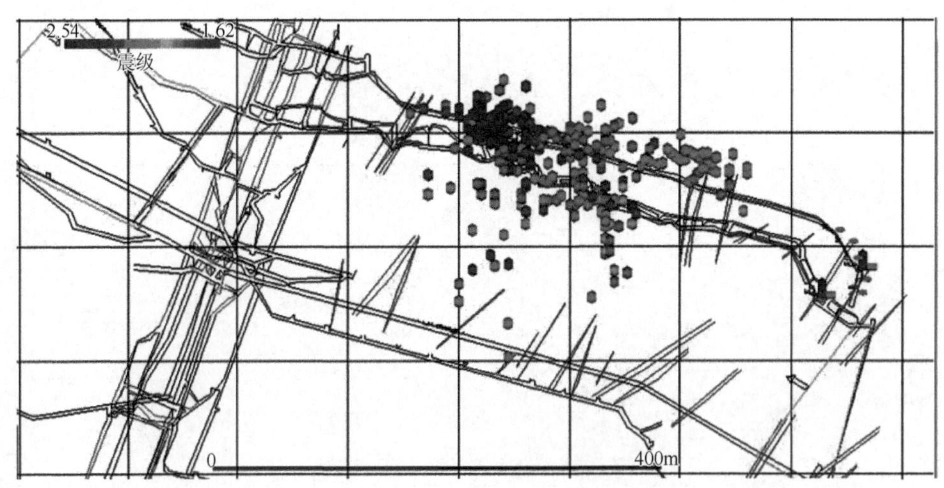


图 7-1　掘进巷道微震事件平面分布示意图

按时间对 3 月的微震事件进行统计分析，结果表明，3 月 1～18 班次时，微震事件发生率较高，单日最高发生接近 100 个，但事件能量（震级）相对较小；3 月 10～13 日未掘进，微震事件的日统计也出现了短暂的空白期；而在 3 月 13 日掘进开始后，微震事件也开始发生，这也进一步印证了微震事件的发生是由采动引起的煤岩的破裂失稳（图 7-2）。从图 7-3 可以看出，微震事件震级（*M*）大多分布于−2.0～0.5，这为后期的预警分析提供了基础。

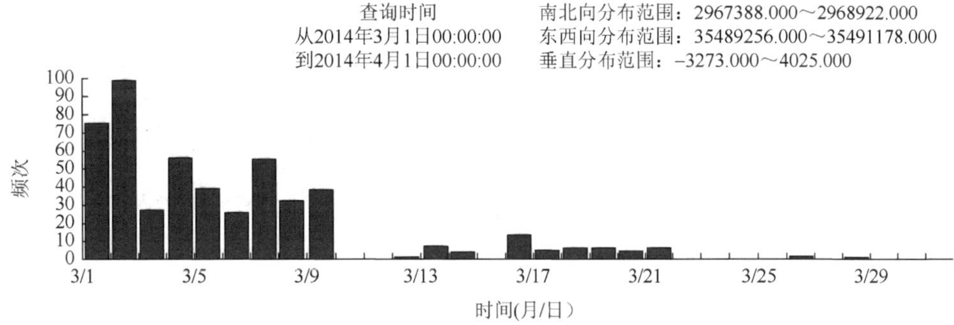


图 7-2 微震事件日统计

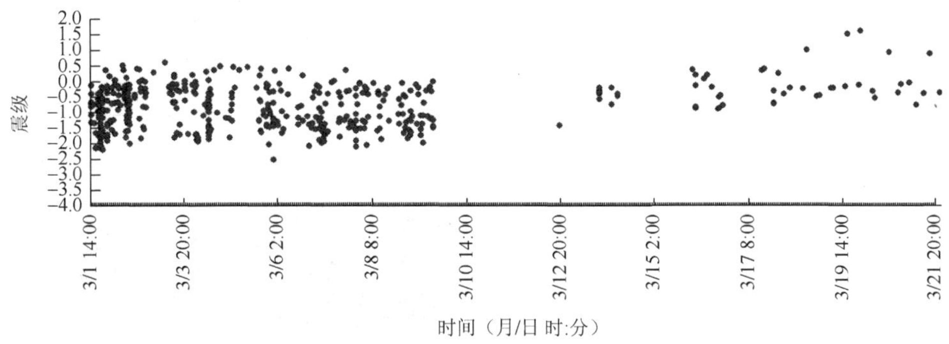


图 7-3 微震事件震级分布

为了更清晰地反映采动过程中微震事件的分布规律和应力场时空演化规律，对 2014 年 3 月掘进过程的微震事件按周进行展示，如图 7-4 所示。现场微震监测结果表明，由于采掘活动的进行，巷道支承的上部覆岩自重向四周煤岩转移，并在两侧煤岩及前后方形成新的应力集中区，引起了高应力状态下的煤岩破裂失稳。随着采掘工作的接续，为了寻求新的平衡，应力不断向巷道前方及两侧煤岩深部转移。这也解释了巷道掘进过程中微震事件在迎头周围分布较为密集。3 月 1～7 日，微震事件发生较为密集，主要集中在两个断层活跃区域内，密度云图上显

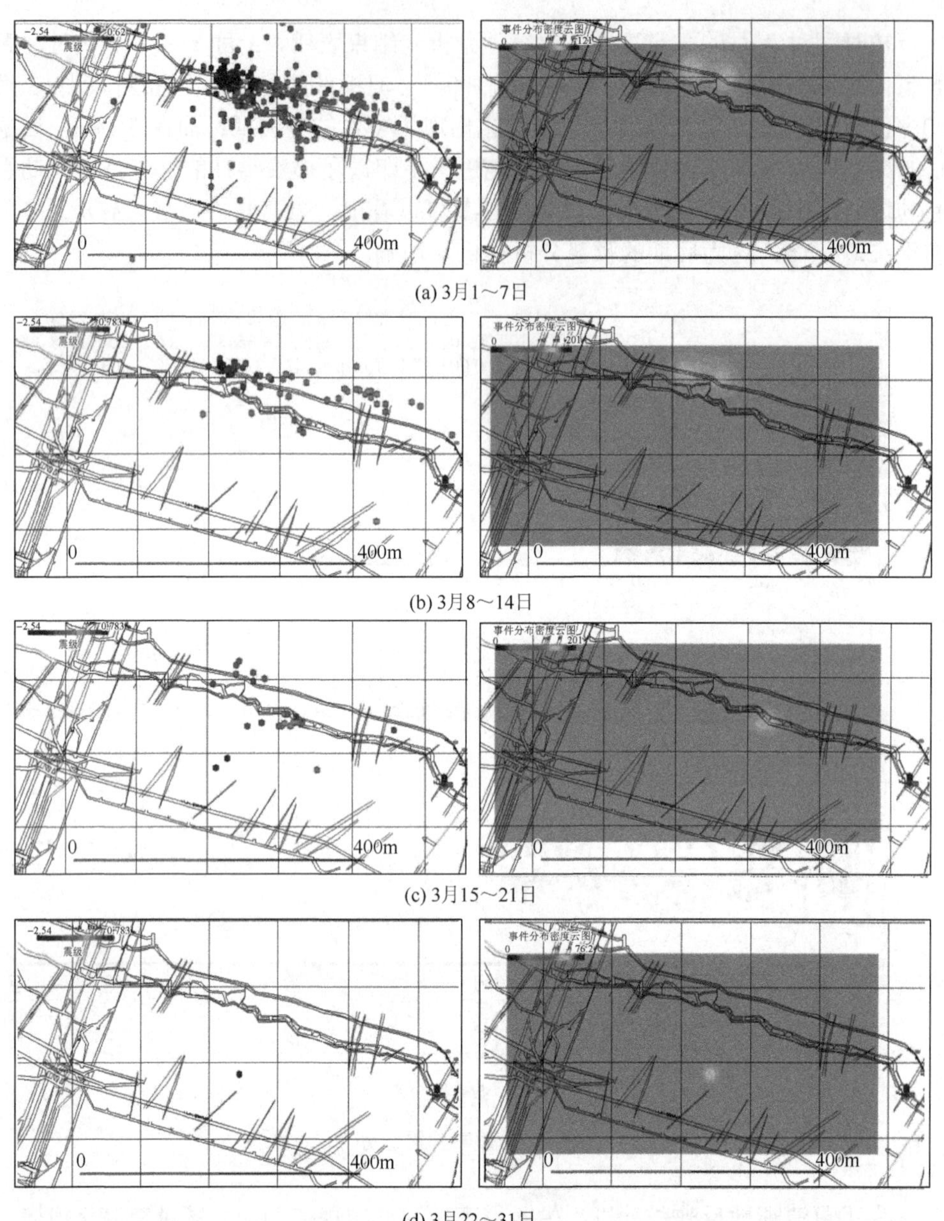


(a) 3月1～7日

(b) 3月8～14日

(c) 3月15～21日

(d) 3月22～31日

图 7-4　回风巷 2014 年 3 月微震事件平面分布及密度云图

示出两个明亮（浅色）的集中区域，表明该区域应力释放较为剧烈，附近煤岩有应力集中现象，应多加观察，并进行必要的卸压处理；3 月 8～14 日，随着掘进巷道的推进，采动影响范围向前转移，微震事件的空间分布也发生了变化，在迎头前方出现大量大能量微震事件；3 月 15～31 日，微震事件骤减，主要原因是采掘进度的缓慢和远离后方的断层活化区域，但在煤层上部出现少量大能量微震事件，表明采掘活动影响范围的局部断层带存在微震响应。

因此，通过上述研究可以得出以下结论：

（1）微震结果揭示了掘进巷道采动影响范围的底板破裂深度为 27m、底板破裂高度 49m，前方最远影响范围距迎头约 112.8m，后方约 91m。

（2）煤巷掘进过程中，微震事件的分布与“三区”（卸压、增压及原岩应力带）关系密切，微震事件的空间分布能够定量描述“三区”的空间分布范围。

（3）采掘活动会引起煤岩内微破裂的产生，开挖过程中形成的大量微破裂的贯通将为高压瓦斯的运移提供通道。微震监测可以有效监测到煤岩内裂隙出现、聚集以及时空演化规律，为掘进巷道煤与瓦斯突出的预警提供依据。

## 7.2　微震事件揭示的地质异常区域活动规律

在采矿工程中，地应力是围岩变形、破坏的根本作用力，人类活动干扰初始的地应力场而产生的采动应力场影响了围岩的稳定性。对于地质异常体（断层）而言，在巷道掘进过程，煤岩应力场发生变化，在迁移应力叠加的条件下，会引起断层的滑移，从而诱发微震事件。断层等是瓦斯突出的危险区域，微震监测可以提前监测到这些异常区域的活动，通过分析异常区域发生微震的数据，可以有效地揭示异常区域的应力场状态和活跃程度，这些参数的确立可以应用于后期煤与瓦斯突出危险性的动态评价和提前预测。

为了验证微震监测的效果，通过查询义忠煤矿相关资料和现场探测，对 11092 工作面的地质异常区域进行了划分。如图 7-5 所示为 11092 工作面的地质异常区域，分布有断层、褶曲以及煤层相变带等区域。将 11112 回风巷采掘过程中的异

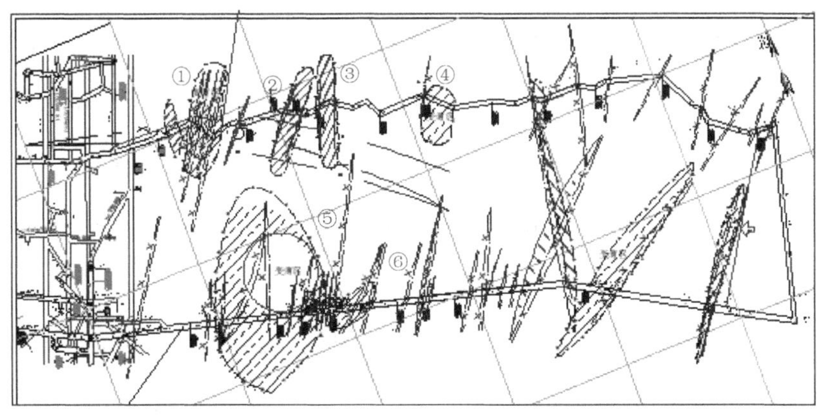


图 7-5　11092 工作面地质异常区域划分

常影响范围划分为 6 个区域：①为相变带和断层带区域，②和③为断层区域，④为相变带和褶曲区域，⑤和⑥为断层区域。

通过对比图 7-5 和图 7-6，3 月的微震事件空间分布完好地记录了掘进过程地质异常带的活动，微震事件空间分布范围基本对应了这些区域，记录了这些区域在采动过程中的异常活动。为便于观察，将微震事件数据统计结果汇总，如表 7-1 所示。

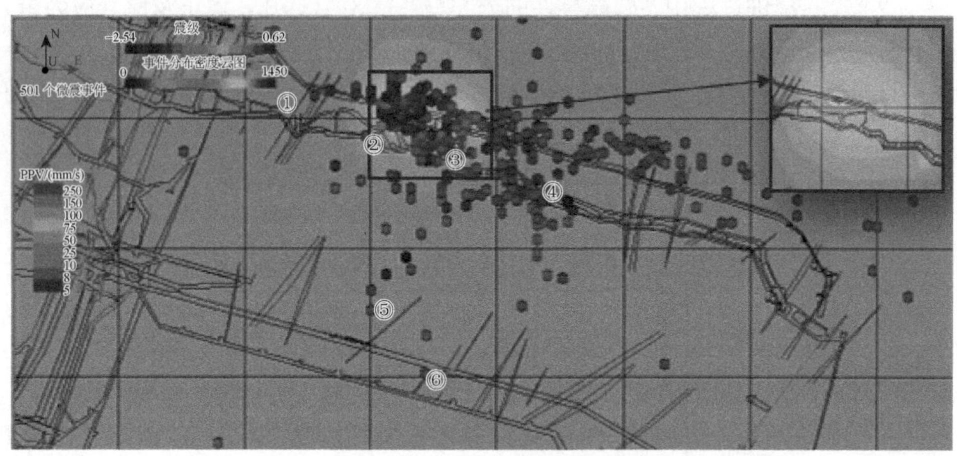


图 7-6 巷道掘进过程中微震事件平面投影

PPV 表示峰值质点速度

**表 7-1 地质异常区域诱发的微震事件坐标及能量（坐标系与后期 11 月不同）**

| 序号 | 时间（年/月/日 时:分） | $X$ 轴/m | $Y$ 轴/m | $Z$ 轴/m | 震级 | 序号 | 时间（年/月/日 时:分） | $X$ 轴/m | $Y$ 轴/m | $Z$ 轴/m | 震级 |
|---|---|---|---|---|---|---|---|---|---|---|---|
| 1 | 2014/3/1 17:00 | 2 968 135.25 | 35 490 456 | 168.48 | −1.69 | 9 | 2014/3/2 11:59 | 2 968 137.5 | 35 490 440 | 153.4 | −1.18 |
| 2 | 2014/3/1 17:00 | 2 968 137.5 | 35 490 440 | 153.24 | −2.16 | 10 | 2014/3/2 16:33 | 2 968 152.75 | 35 490 448 | 152.32 | 0.4 |
| 3 | 2014/3/1 18:06 | 2 968 161.25 | 35 490 460 | 158.1 | −0.7 | 11 | 2014/3/3 8:49 | 2 968 118 | 35 490 444 | 157.72 | 0.6 |
| 4 | 2014/3/1 18:06 | 2 968 137.25 | 35 490 436 | 157.04 | −1.77 | 12 | 2014/3/3 11:01 | 2 968 121.75 | 35 490 432 | 70.11 | −0.19 |
| 5 | 2014/3/1 18:20 | 2 968 129.25 | 35 490 460 | 166.82 | −0.99 | 13 | 2014/3/4 0:41 | 2 968 122.75 | 35 490 432 | 176.66 | −0.12 |
| 6 | 2014/3/1 18:52 | 2 968 157 | 35 490 448 | 114.76 | −1.01 | 14 | 2014/3/4 8:40 | 2 968 137.5 | 35 490 440 | 153.39 | 0.29 |
| 7 | 2014/3/2 8:48 | 2 968 120.25 | 35 490 456 | 156.46 | 0.34 | 15 | 2014/3/4 16:57 | 2 968 140.5 | 35 490 448 | 135.37 | 0.46 |
| 8 | 2014/3/2 11:31 | 2 968 153 | 35 490 432 | 152.55 | −0.95 | 16 | 2014/3/5 16:40 | 2 968 096 | 35 490 432 | 135.81 | 0.39 |

续表

| 序号 | 时间（年/月/日 时:分） | X轴/m | Y轴/m | Z轴/m | 震级 | 序号 | 时间（年/月/日 时:分） | X轴/m | Y轴/m | Z轴/m | 震级 |
|---|---|---|---|---|---|---|---|---|---|---|---|
| 17 | 2014/3/6 0:21 | 2 968 119.75 | 35 490 436 | 140.63 | 0.33 | 31 | 2014/3/18 14:31 | 2 968 141.5 | 35 490 420 | 154.24 | −0.25 |
| 18 | 2014/3/6 8:35 | 2 968 106.75 | 35 490 432 | 140.67 | 0.39 | 32 | 2014/3/18 16:31 | 2 968 141.5 | 35 490 432 | 158.39 | 1.02 |
| 19 | 2014/3/6 16:25 | 2 968 117.75 | 35 490 432 | 161.72 | 0.17 | 33 | 2014/3/18 22:39 | 2 968 141.75 | 35 490 424 | 155.28 | −0.47 |
| 20 | 2014/3/7 8:39 | 2 968 130.75 | 35 490 428 | 152.55 | −0.04 | 34 | 2014/3/19 0:15 | 2 968 141 | 35 490 432 | 158.4 | −0.45 |
| 21 | 2014/3/7 16:49 | 2 968 120 | 35 490 436 | 132.94 | 0.35 | 35 | 2014/3/19 6:45 | 2 968 141 | 35 490 420 | 153.54 | −0.22 |
| 22 | 2014/3/8 0:29 | 2 968 127.75 | 35 490 432 | 171.53 | −0.07 | 36 | 2014/3/19 15:15 | 2 968 142 | 35 490 424 | 155.04 | −0.17 |
| 23 | 2014/3/8 12:12 | 2 968 144 | 35 490 420 | 168.56 | −0.82 | 37 | 2014/3/19 23:12 | 2 968 141.5 | 35 490 420 | 153.29 | −0.11 |
| 24 | 2014/3/8 16:42 | 2 968 141.25 | 35 490 440 | 154.02 | −0.22 | 38 | 2014/3/20 7:11 | 2 968 141.75 | 35 490 428 | 157.14 | −0.32 |
| 25 | 2014/3/9 0:35 | 2 968 131.25 | 35 490 428 | 153.09 | −0.08 | 39 | 2014/3/20 8:23 | 2 968 141.25 | 35 490 432 | 158.42 | −0.53 |
| 26 | 2014/3/16 11:02 | 2 968 141.75 | 35 490 424 | 155.7 | −0.2 | 40 | 2014/3/20 16:42 | 2 968 149.25 | 35 490 424 | 156.3 | 0.93 |
| 27 | 2014/3/16 15:45 | 2 968 141.75 | 35 490 432 | 157.94 | −0.45 | 41 | 2014/3/21 4:35 | 2 968 149.25 | 35 490 424 | 156.29 | −0.04 |
| 28 | 2014/3/16 17:00 | 2 968 141.5 | 35 490 432 | 158.41 | −0.77 | 42 | 2014/3/21 8:35 | 2 968 141.25 | 35 490 432 | 158.42 | −0.74 |
| 29 | 2014/3/17 15:13 | 2 968 141.5 | 35 490 432 | 158.4 | 0.35 | 43 | 2014/3/21 12:53 | 2 968 141.75 | 35 490 428 | 157.43 | −0.38 |
| 30 | 2014/3/17 21:45 | 2 968 141.5 | 35 490 432 | 158.26 | −0.31 | 44 | 2014/3/21 16:45 | 2 968 141.5 | 35 490 432 | 158.4 | 0.88 |

### 7.2.1 微震监测揭示的断层活化

断层对采掘工作面的安全掘进影响较大。压性或压扭性断层为封闭性构造，瓦斯易于聚集，瓦斯含量较高、压力大，煤与瓦斯突出危险性大；而张性断层属于开放性构造，瓦斯不易聚集，煤与瓦斯突出危险性小甚至不突出。因此，利用微震定量描述断层活动特征对煤与瓦斯突出的预测具有重要价值。

1）②和③断层区域微震结果分析

目前，对断层活化的判断尚不能实现实时动态评价，但通过微震监测系统的现场监测，可以实时反馈断层的活动信息，揭示断层两侧的垂直应力分布及影响范围，从而判断断层是否活化。图 7-7 为微震揭示的②和③区域断层活化。微震事件密度分布凸显出其中两个较危险区域（云图中间区域），分别在②和③断层附近。

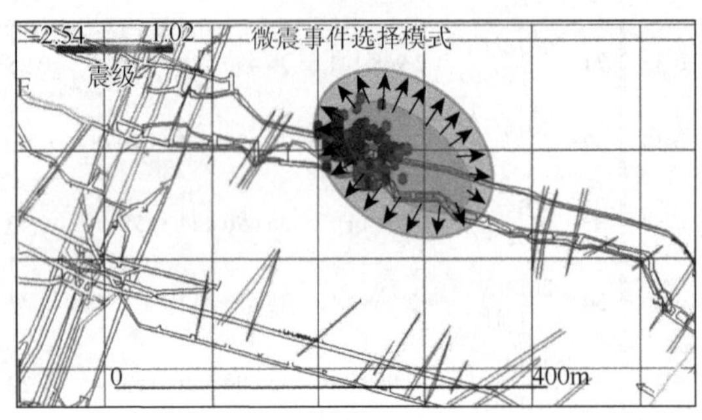


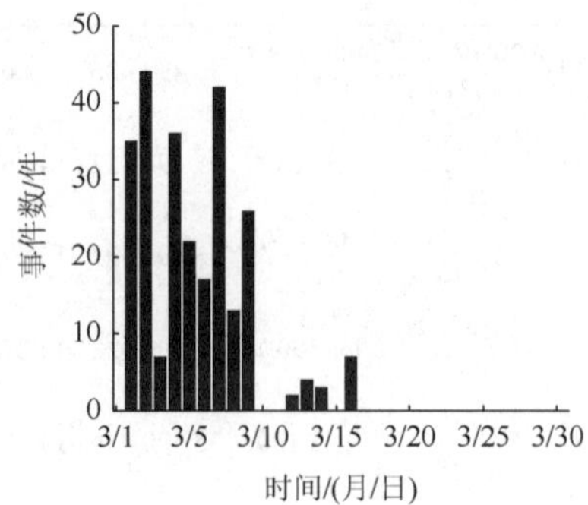


图 7-7 微震揭示的②和③区域断层活化

对微震数据分析可知，自 2014 年 3 月 1 日（监测开始）至 2014 年 3 月 9 日，为微震事件高发期；3 月 12～17 日，事件发生率骤降。随着监测的不断深入，在②和③区域频繁发生微震事件，如图 7-7 中圆圈所示，共有 255 次微震事件，占该段时间内微震事件总数的近 50%。通过微震结果的空间展示，完好地再现了断层活化的整个过程。而通过 3 月 1～7 日与 3 月 8～15 日的微震结果对比，微震事件的集中区域已经开始分散，表明该区域断层上下盘错动已完成，并形成新的局部稳定状态。

2）⑤断层区域微震结果分析

⑤区域断层活化诱发的微震活动较为明显，如图 7-8 所示，微震事件分布于断层四周，且该区域的微震事件具有震级大、活动剧烈的特点，该区域的主要微震事件最大震级高达 2.3（表 7-2），接近天然地震烈度，表明该区域断层活化异常严重，需进行跟踪监测，并及时进行处理。

**表 7-2 ⑤区域诱发的微震事件坐标及震级**

| 时间（年/月/日 时:分:秒） | *X* 轴/m | *Y* 轴/m | *Z* 轴/m | 震级 | 备注 |
|---|---|---|---|---|---|
| 2014/3/2 05:52:56 | 2 968 083 | 35 490 332 | 76.5 | –2.1 | 断层活化 |
| 2014/3/2 12:00:33 | 2 968 052 | 35 490 300 | 36.8 | –1.5 | 断层活化 |
| 2014/3/3 11:48:08 | 2 968 110 | 35 490 340 | 93.4 | –1.8 | 断层活化 |
| 2014/3/7 22:09:33 | 2 968 067 | 35 490 300 | 64.7 | –1.9 | 断层活化 |
| 2014/3/19 16:20:02 | 2 968 079 | 35 490 312 | 80.9 | 2.2 | 断层活化 |
| 2014/3/20 00:13:38 | 2 968 092 | 35 490 328 | 13.8 | 2.3 | 断层活化 |

注：此处坐标系与 10 月之后坐标系不同（*Z* 轴坐标更换），下同。

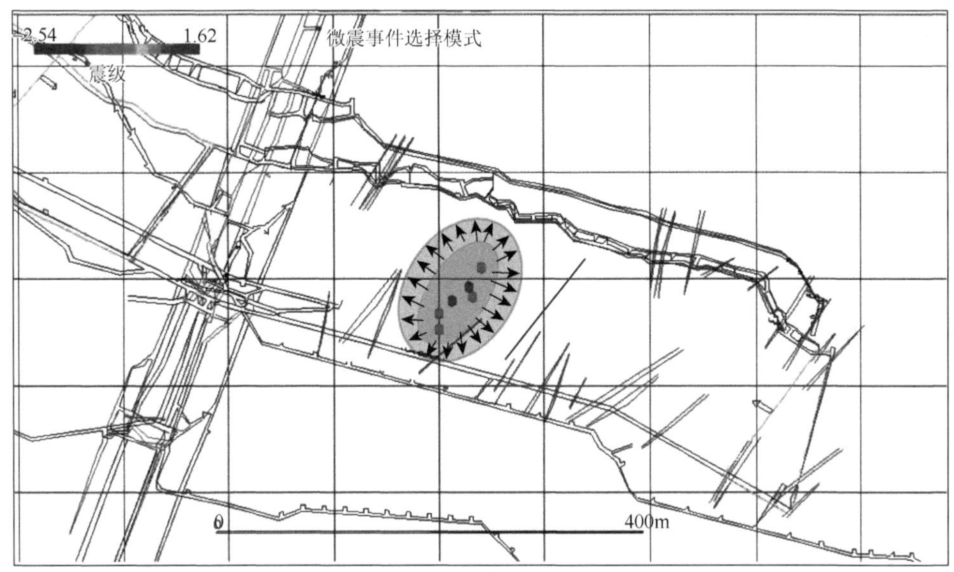


图 7-8 ⑤区域断层活化与微震活动规律

通过微震结果分析可知，由于 11112 回风巷的采掘扰动，附近的断层出现滑移现象，滑移剧烈程度与采掘作业的进度和爆破用药量相关；随着掘进作业的靠近，微震活动聚集于断层附近，并出现明显的分区性特征，表明在断层附近存在短暂的应力集中和应力暂驻，由于断层的低抗压性，进一步推进过程后，应力向远处迁移。由此可以看出，微震事件的空间演化形态反映了断层的活化规律及空间位置。通过微震数据的分析，可以实时掌握断层的活动情况，为巷道的布置、掘进以及工作面回采作业提供现场实测依据。

### 7.2.2 相变带（褶曲）处微震活动规律

褶曲构造会影响煤岩内瓦斯的分布和聚集，从而造成瓦斯分布的不均衡，形成高瓦斯压力区域。对煤与瓦斯突出事故分析表明，褶曲构造的褶扭部位、扭性断层两侧、断层交会带等都是煤与瓦斯突出的密集高发区域。现场实践也表明，采掘工作面接近向斜轴部或翼部时，应力集中程度较大，其中向斜、背斜内弧的波谷、波峰部分为拉应力集中区，翼部则为压应力集中区。

④区域在 3 月 5～21 日发生密集的大能量事件，如图 7-9 所示，其中事件的最高震级达到 1.02。表明在采动影响下，断层附近构造应力场与采动应力场相叠加，形成新的应力集中区，采掘工作面的靠近使该区域煤岩产生挤压变形、破碎。

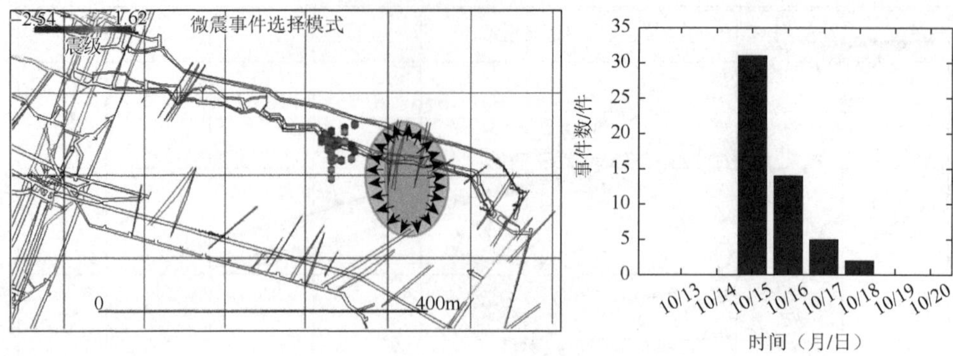


图 7-9 ④区域相变带（褶曲）处的微震活动情况

## 7.3 基于微震监测的煤层水力压裂效果定量评价

选取某矿 1412 综放工作面为试验场地，该工作面位于–1100m 水平一采区四区段，工作面开采的四层煤走向长度 2200m，倾斜长度 157m，煤层均厚 6.2m，煤层倾角 30°～34°，硬度系数 $f$= 1.5～2.5，单向抗压强度 10.8～25.5MPa，属较稳定煤层。由于矿井开采深度的逐年增加，冲击地压威胁愈发严重，该矿四层煤自 1992 年首次发生冲击地压以来，已累计发生 108 次灾害性冲击事故，造成严重的经济损失和人员伤亡。在此背景下，在该矿开展了基于煤层分段水力压裂的防冲机制研究，本书旨在利用微震信号的分析对水力压裂过程进行描述。

根据现场条件，在压裂孔两侧布置了微震、应力在线监测系统，同时还安装有压裂管道、压裂监测装置。图 7-10 为微震监测系统布置及拾震检波器，在现场压裂孔周围共布置有 6 个检波器，埋深各不相同。现场微震监测系统的参数为：采样频率 1000Hz，连续采集缓存（连续采集长度 15min），后续采用 STA/LTA 法进行事件的拾取与截取。检波器选用加速度型，频率特性为 50～5000Hz，灵敏度为 30V/$g$，采集的频率范围为 0～1000Hz。为了完好地采集煤岩破裂的微震信号，将拾震检波器埋设于煤层内部（距孔口 20～45m）。

### 7.3.1 水力压裂过程的微震响应

与天然地震和矿山采动诱发的震动相比，煤层水力压裂诱发的微震信号特征和响应规律并不相同，这主要是由其产生机制不同造成的。一般地，水力压裂诱发的微震是由水力压裂裂缝附近煤岩的剪切破坏激发产生的——水力压裂通过高压水流将煤层强制压开一条裂缝，并沿着这条裂缝不断形成张裂和错动，释放出的

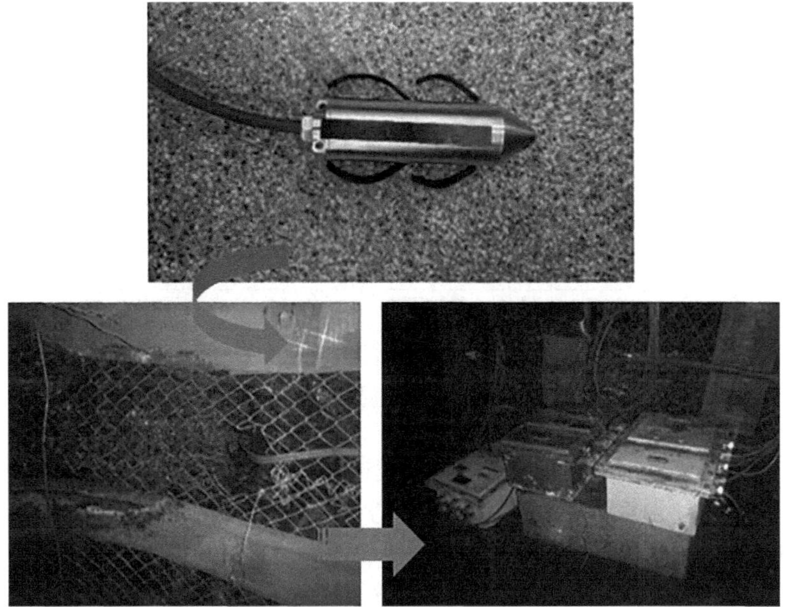

图 7-10 微震监测分站及拾震检波器

能量以弹性波形式向外辐射。微震监测系统通过采集这些震动信号可以反演出震源的空间位置和起震时间，而这些震源也正好代表着裂缝的位置及动态发育过程。

1）水力压裂过程的微震监测

从水力压裂过程来看，随着水力压裂过程的进行，微震事件呈现出规律性响应，在频率、强度（振幅）方面表现出一定规律性。为了检验水力压裂过程微震事件的变化特点，将水管内压力、煤层相对应力变化与微震活动一一对应并进行对比分析，其结果如图 7-11 和图 7-12 所示。

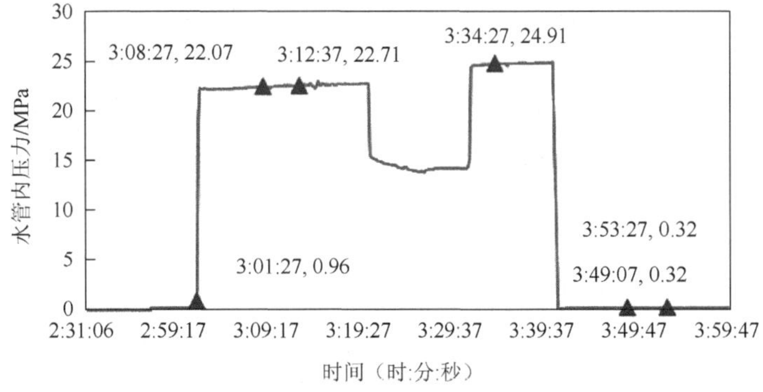


图 7-11 水力压裂过程中水管内压力变化曲线

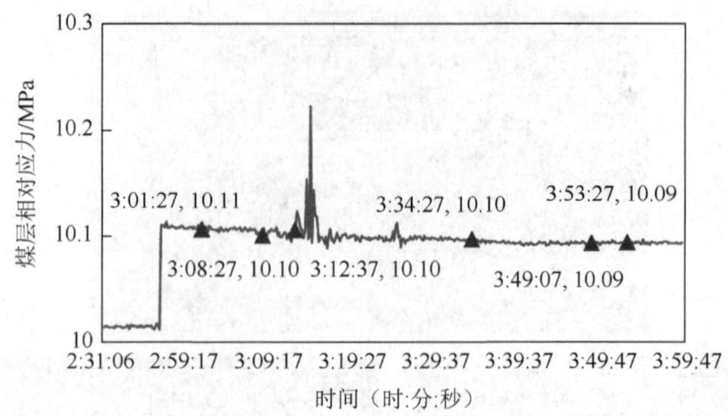


图 7-12　水力压裂过程中煤层相对应力变化曲线

图 7-11 所示为一次分段定点水力压裂试验，曲线为水力压裂过程水管内的压力，▲符号标识的为水力压裂过程关键时刻（这些时刻对应后期的典型微震事件）。在试验过程中，首先向钻孔内注入 30MPa 高压水（3:00:47），压力逐步升高至 22MPa；待稳定一段时间后，将封孔套管外撤 8m，此时压力出现回降（3:20:27）；二次封孔完毕后再次加压至压力稳定于 24MPa 左右，在持续一段时间水力压裂无明显上升时停止注水（3:41:17），随后压力迅速降低，试验结束。为了便于分析水力压裂过程的微震响应特征，选取该水力压裂过程中 6 个时刻的微震波形作为典型波形进行分析，如图 7-11 中所示，由于采样间隔原因，图中时刻与微震事件时刻稍有差异。

与此对应的是图 7-12 中的煤层相对应力变化情况，从图 7-12 中可以看出，水力压裂活动开始后，煤层中的相对应力逐渐由 10.11MPa 降低为 10.09MPa，表明水力压裂过程引起煤岩的应力迁移和释放。而应力呈现缓慢下降趋势，这与水力压裂的试验场所、压裂范围以及时长有关。

2）水力压裂过程的微震响应特征

考虑到信噪比问题（底部噪声约为 2mV），选择 CH3 通道微震波形作为研究对象，虽然与震源距离不一致，但由于微震事件发生位置接近，仍能反映出一定规律。在水力压裂过程中，微震设备进行了实时监测和数据采集，图 7-13 为压裂过程中 CH3 通道采集到的微震响应活动。图中标示了该信号的发生时刻和所属通道号，以 BMS_3_2014-06-12_03-01-02 为例，该信号由北京科技大学自主研发的 BMS 设备采集，数据发生时刻为 2014 年 6 月 12 日 3 时 1 分 2 秒，图中数据为从整个数据截取的有效波形部分。

结合图 7-11～图 7-13，可以将水力压裂过程的微震活动概述为如下四个阶段：①初期加压阶段。向煤岩注入水流，并逐步升高压力至 22MPa，该阶段 1 号微震信号振幅较小，以冲刷成孔为主。②高压破岩阶段。2、3 号波形有明显的振幅

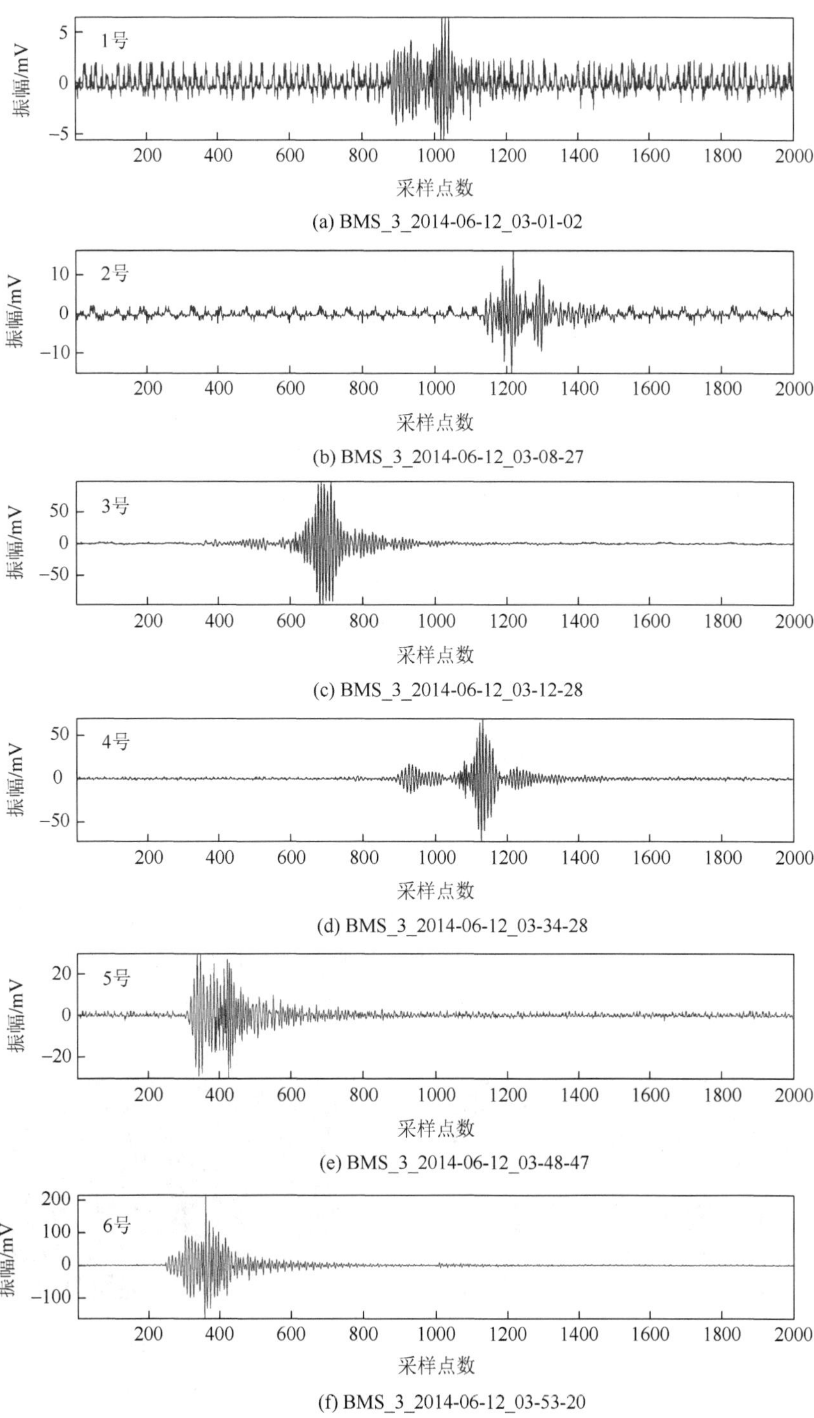


图 7-13　水力压裂过程的微震动态响应（CH3 通道）

变化，如二者最大振幅分别为 16.15mV、97.51mV。由于定点压裂导管回撤，压力在短期内迅速下降（3:20:00～3:30:00），之后压裂管道内再次加压，达到 24.9MPa，这个过程中的 3 号微震事件振幅接近 100mV。③迅速回落阶段。压裂作业停止，压力迅速下降。5 号微震事件所处时刻已完成该次试验，事件的振幅回落至 50mV 以内，但频率仍高达 109.5Hz。④应力释放阶段。6 号微震事件振幅突增至 200mV，推测该事件由水力压裂孔周围坚硬岩体破裂所致。水力压裂孔使区域内应力状态发生改变，四周围岩为寻求新的平衡，从而导致坚硬岩体破裂。

通过上述分析可以看出，与工作面微震、全矿微震监测相比，煤层水力压裂微震活动范围较小，水力压裂过程中的微震波形呈现出不同的响应特征。岩层断裂信号的孕育与产生，实质上是煤岩内应变能由储能到释放的产物，其力学机制较为复杂，通常表现为高垂直应力、低侧压、高侧压、低垂直应力 4 种剪切类型，微震信号呈现频域较宽、以低频为主的特点；相对而言，水力压裂信号的力学机制较为简单，其产生过程是煤岩内的有效拉应力超过岩石的抗拉强度，发生脆性破坏并释放能量。从波形本身来讲，前者波形由于现场环境干扰，应包含更多频率成分，且能量远大于后者（振幅）；后者频率成分相对单一，在 30～250Hz 频段较为集中。

## 7.3.2　水力压裂过程的演化特征及规律

1）水力压裂微震信号时频特征分析

煤层水力压裂在高压水作用下，产生大量微破裂事件，由于监测范围小，信号受外界干扰和污染较小，因此，信号的频率成分相对干净。为了观察煤层水力压裂过程中的微震响应特征，经 SVD 去噪处理后，利用 STFT 法对上述 6 个典型信号进行时频特征分析，其结果如图 7-14 所示。

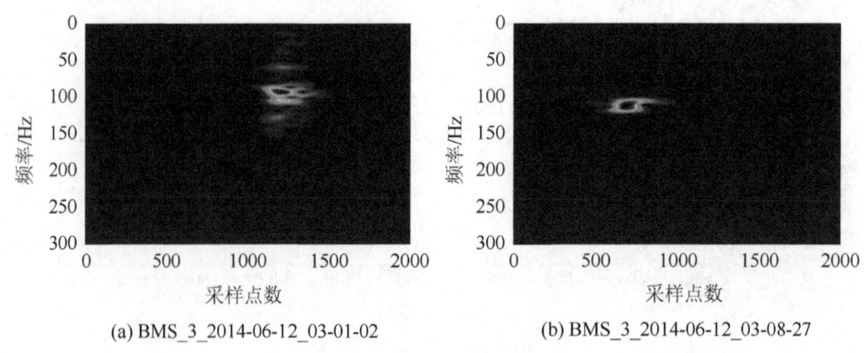


(a) BMS_3_2014-06-12_03-01-02　　(b) BMS_3_2014-06-12_03-08-27

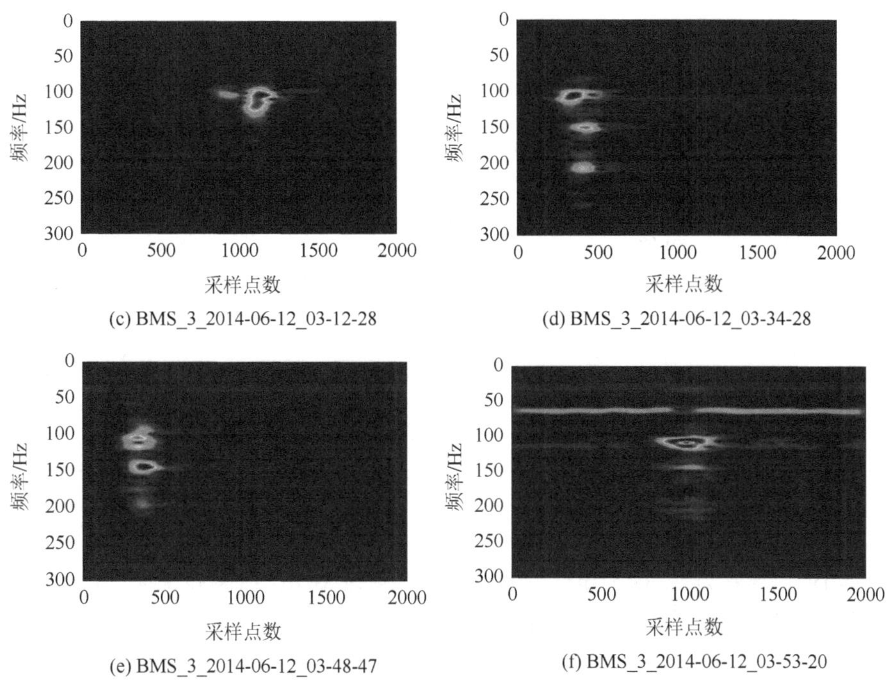


(c) BMS_3_2014-06-12_03-12-28
(d) BMS_3_2014-06-12_03-34-28
(e) BMS_3_2014-06-12_03-48-47
(f) BMS_3_2014-06-12_03-53-20

图 7-14 水力压裂过程的微震信号时频特征变化

从图 7-14 中可以看出，在时刻 3:01:02，压力约为 0.46MPa，水力压裂微震波形最大振幅值为 6.46mV，信号主频为 64Hz；随着水力压裂过程的推进，压力逐渐由 0.46MPa 上升至 22MPa，此时微震事件强度（振幅）变大，22MPa 时振幅增大为 16.15mV，在 22.21MPa 时振幅最大达到约 100mV，表明此时周围裂缝较多，煤层已破裂，裂缝逐步向四周扩展并引起强度较大煤岩的破裂；当压裂结束时，由于新的接触面的产生，已弱化的煤层尚无法承受转移而来的部分应力，持续发生破裂；在 3:48:47 时刻，已停止压裂，压力为 0MPa，微震事件最大振幅约为 30.61mV，主频为 109.5Hz；约 4min 后，发生一次较大微震事件，振幅约为 212.21mV，推测局部煤岩的软化和破裂引起周围煤岩结构的破坏，进而诱发此次事件。

通过对这些信号频谱的观察可以看出，煤层水力压裂微震信号的频率成分普遍分布于 30～250Hz，这与前人研究（宋维琪等，2008）相吻合（水力压裂诱发的岩体破裂微震信号频谱分布于 50～250Hz，由于煤的强度较低，其频率范围略低）。

2）水力压裂微震数据统计分析

对上述水力压裂过程中的 6 个波形的特征进行统计和对比，其结果如表 7-3

所示。从表 7-3 中数据可以看出，随着水力压裂过程“注水—起裂—扩展—结束”的开展，不同阶段会伴随有不同类型的微震响应，这与诱发微震的机制有关。

**表 7-3 典型水力压裂微震信号的统计特征对比**

| 事件编号 | 时刻 | 主频/Hz | 最大振幅/mV | 压裂描述 |
|---|---|---|---|---|
| 1 | 3:01:02 | 64.0 | 6.46 | 注水 |
| 2 | 3:08:27 | 92.0 | 16.15 | 起裂 |
| 3 | 3:12:28 | 107.5 | 97.51 | 扩展 |
| 4 | 3:34:28 | 107.0 | 72.73 | 再次起裂 |
| 5 | 3:48:47 | 109.5 | 30.61 | 结束 |
| 6 | 3:53:20 | 105.3 | 212.21 | 结束 |

总体而言，在水力压裂全过程中微震信号的振幅有较大的变化，从最初的低振幅 6.46mV 迅速跃升至 97.51mV，并随即回落至 30.61mV，总体呈现出起始低、中间高的山峰形趋势；在微震波形的主频方面，微震信号呈现出渐增趋势——由最初的 64Hz 逐渐升高到 92Hz、107Hz，并在结束后一段时间内仍维持高频率（＞100Hz）状态，这表明在水力压裂试验解除后，煤岩应力重新寻求平衡，继续诱发小振幅、高频率微小震动。

### 7.3.3 水力压裂效果的微震表征

高精度震源定位是微震数据解译的关键。利用实测微震监测数据，可以求取煤层水力压裂诱发的微震空间坐标及能量（震级），通过对这些信息的加工分析可以获得压裂裂缝走向和演化过程，最终实现煤层压裂效果的评价与优化。为了实现上述目的，在 1412 工作面进行了多次水力压裂试验（钻孔位置固定），以 6 月 12 日的试验为研究对象进行解译分析。此次煤层水力压裂时间较短，现场采集的微震事件数量较少，且震级多为–2.0～–0.1 级（0 级微震事件释放的能量高达 $1\times10^5$J）。图 7-15 为 6 月 12 日的煤层分段水力压裂试验的微震事件统计分析及解译云图（色标分别表示微震事件数量、微震事件能量大小），*X*、*Y* 轴对应该区域的坐标值，1#～3#表示压裂钻孔。

当日共进行了两次（分段水力压裂）试验，压裂孔为 2#钻孔，第 1 次压裂距孔口 28.6m（F1），第 2 次压裂时封孔器外撤 6.2m，即在距孔口 22.4m 处（F2）进行，图 7-15 中以“*”表示压裂位置。从图 7-15（a）、（b）中可以看出，微震事件分布于煤岩压裂段周围，随着压裂过程的推进，F1 微震事件数增多，且呈现出向四周扩散趋势，其能量分布也向两侧转移，表明此时高压水使钻孔周

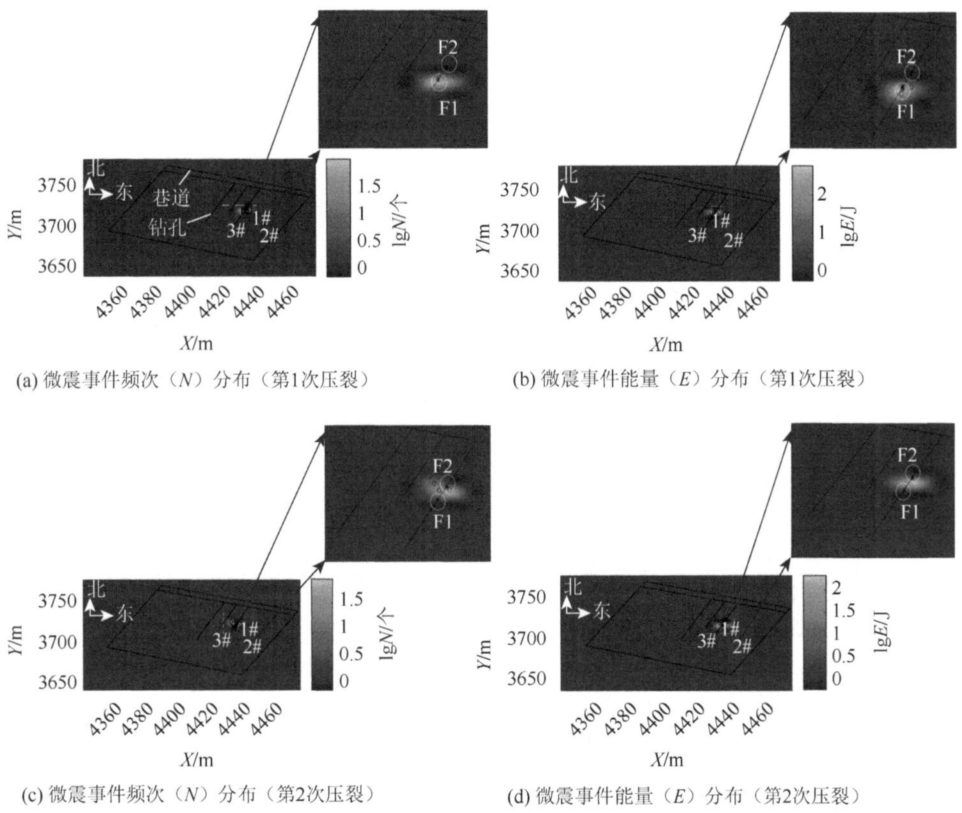


(a) 微震事件频次（N）分布（第1次压裂） (b) 微震事件能量（E）分布（第1次压裂）

(c) 微震事件频次（N）分布（第2次压裂） (d) 微震事件能量（E）分布（第2次压裂）

图 7-15 分段压裂微震事件的频次与能量分布

围裂缝场扩展、煤层应力向周围转移；当压裂位置由 F1 后撤至 F2 时，压裂形成了新的裂缝区域，如图 7-15（c）、（d）所示，微震事件的发生向 F2 处聚集，并在 F1 与 F2 之间形成能量聚焦区域。

可以看出，利用微震事件的分布可以观察得到压裂范围（裂缝扩展范围）的变化；通过微震事件的空间分布，可以反演出煤岩内应力迁移变化规律；能量的分布情况，可以反馈出超高水压诱导下的煤岩损伤状况，间接描述了煤岩内应力的转移过程。这为定量表征水力压裂效果提供了一定思路。

# 参考文献


毕明霞，黄汉明，边银菊，等，2012. 基于经验模态分解的地震波特征提取的研究[J]. 地球物理学进展，27（5）：1890-1896.

曹安业，2009. 采动煤岩冲击破裂的震动效应及其应用研究[D]. 徐州：中国矿业大学.

曹安业，窦林名，白贤栖，等，2023. 我国煤矿矿震发生机理及治理现状与难题[J]. 煤炭学报，48（5）：1894-1918.

曹安业，窦林名，秦玉红，等，2007. 高应力区微震监测信号特征分析[J]. 采矿与安全工程学报，24（2）：146-149，154.

陈炳瑞，冯夏庭，李庶林，等，2009. 基于粒子群算法的岩体微震源分层定位方法[J]. 岩石力学与工程学报，28（4）：740-749.

陈光辉，李夕兵，Zhang P，等，2017. 考虑断层滑移应力波辐射特征的巷道支护参数优化研究[J]. 采矿与安全工程学报，34（4）：715-722.

程铁栋，易其文，吴义文，等，2021. 改进 $EWT_MPE$ 模型在矿山微震信号特征提取中的应用[J]. 振动与冲击，40（9）：92-101.

和雪松，李世愚，沈萍，等，2006. 用小波包识别地震和矿震[J]. 中国地震，22（4）：425-434.

胡永泉，尹成，潘树林，等，2013. 基于单道奇异值分解的微地震资料去噪方法[J]. 石油天然气学报，35（4）：64-69，166.

贾瑞生，谭云亮，孙红梅，等，2015. 低信噪比微震 P 波震相初至自动拾取方法[J]. 煤炭学报，40（8）：1845-1852.

李成武，解北京，杨威，等，2012. 基于 HHT 法的煤冲击破坏 SHPB 测试信号去噪[J]. 煤炭学报，37（11）：1796-1802.

李楠，王恩元，Ge Mao-chen，2017. 微震监测技术及其在煤矿的应用现状与展望[J]. 煤炭学报，42（S1）：83-96.

李世愚，和雪松，张天中，等，2006. “矿山地震监测速报系统和分析预测研究”项目成果介绍[J]. 国际地震动态，36（9）：59-66.

李舜酩，李香莲，2008. 振动信号的现代分析技术与应用[M]. 北京：国防工业出版社.

李铁，纪洪广，2010. 矿井不明水体突出过程的微震辨识技术[J]. 岩石力学与工程学报，29（1）：134-139.

李夕兵，凌同华，张义平，2009. 爆破震动信号分析理论与技术[M]. 北京：科学出版社：26-36.

李夕兵，张义平，左宇军，等，2006. 岩石爆破振动信号的 EMD 滤波与消噪[J]. 中南大学学报（自然科学版），37（1）：150-154.

李贤，王文杰，陈炳瑞，2017. 工程尺度下微震信号及 P 波初至自动识别 AB 算法[J]. 岩石力学与工程学报，36（3）：681-689.

李志华，窦林名，陆菜平，等. 2010. 断层冲击相似模拟微震信号频谱分析[J]. 山东科技大学学报（自然科学版），29（4）：51-56.
林峰，李庶林，薛云亮，等，2010. 基于不同初值的微震源定位方法[J]. 岩石力学与工程学报，29（5）：996-1002.
凌同华，李夕兵，2005. 多段微差爆破振动信号频带能量分布特征的小波包分析[J]. 岩石力学与工程学报，24（7）：1117-1122.
刘超，唐春安，薛俊华，等，2011. 煤岩体微震事件属性识别与标定综合分析方法[J]. 采矿与安全工程学报，28（1）：61-65.
刘金海，2013. 深厚表土长大综放工作面顶板运动灾害控制研究[D]. 北京：北京科技大学.
刘希强，周彦文，曲均浩，等，2009. 应用单台垂向记录进行区域地震事件实时检测和直达 P 波初动自动识别[J]. 地震学报，31（3）：260-271.
刘志成，2007. 初至智能拾取技术[J]. 石油物探，46（5）：521-530，16.
娄建武，龙源，徐全军，等，2005. 爆破地震信号分形维数计算的矩形盒模型[J]. 振动与冲击，24（1）：81-84，93.
陆菜平，窦林名，吴兴荣，等，2005. 岩体微震监测的频谱分析与信号识别[J]. 岩土工程学报，27（7）：772-775.
潘一山，赵扬锋，官福海，等，2007. 矿震监测定位系统的研究及应用[J]. 岩石力学与工程学报，26（5）：1002-1011.
逄焕东，姜福兴，张兴民，2004. 微地震监测技术在矿井灾害防治中的应用[J]. 金属矿山，(12)：58-61.
渠瑜，2010. 基于 SVM 的高不平衡分类技术研究及其在电信业的应用[D]. 杭州：浙江大学.
沈鸿雁，李庆春，2010. 频域奇异值分解（SVD）地震波场去噪[J]. 石油地球物理勘探，45（2）：185-189，320，156.
沈鸿雁，李庆春，2012. 线性域 SVD 地震波场分离与去噪方法[J]. 煤炭学报，37（4）：627-633.
宋维琪，陈泽东，毛中华，2008. 水力压裂裂缝微地震监测技术[M]. 东营：中国石油大学出版社.
孙延奎，2005. 小波分析及其应用[M]. 北京：机械工业出版社：245-260.
谭云亮，赵同彬，颜伟，2003. 顶板活动地震波突变特征的小波识别[J]. 岩石力学与工程学报，22（11）：1874-1877.
田向辉，李振雷，宋大钊，等，2020. 某冲击地压频发工作面微震冲击前兆信息特征及预警方法研究[J]. 岩石力学与工程学报，39（12）：2471-2482.
万永革，2004. 静态弹性介质中力及力偶产生位移的空间特征[J]. 地震地磁观测与研究，25(6)：24-29.
王存文，姜福兴，王平，等，2009. 煤柱诱发冲击地压的微震事件分布特征与力学机理[J]. 煤炭学报，34（9）：1169-1173.
吴坤波，邹俊鹏，焦玉勇，等，2023. 深部煤矿强矿震震源参数分析及震源机制研究[J]. 岩石力学与工程学报，42（10）：2540-2551.
谢和平，Pariseau W G，1993. 岩爆的分形特征和机理[J]. 岩石力学与工程学报，12（1）：28-37.
解文荣，张莉，2004. 地震波形的分形判别与特征提取[J]. 华北地震科学，22（4）：22-24.
徐锋，刘云飞，2014.基于 EMD-SVD 的声发射信号特征提取及分类方法[J].应用基础与工程科学学报，22（6）：1238-1247.
许国根，贾瑛，2012. 模式识别与智能计算的 MATLAB 实现[M]. 北京：北京航空航天大学出版社.
杨勇，别爱芳，杨彩娥，等，2005. 神经网络微地震相分析方法及应用[J]. 地球学报，26（5）：483-486.
余建华，李丹丹，韩国栋，2011. 特征函数相应特性分析及 STA/LTA 方法的改进[J]. 理论与方法，30（7）：17-23，27.
袁瑞甫，李化敏，李怀珍，2012. 煤柱型冲击地压微震信号分布特征及前兆信息判别[J]. 岩石力学与工程学报，31（1）：80-85.
张萍，蒋秀琴，苗春兰，等，2005. 爆破、矿震与地震的波谱差异[J]. 地震地磁观测与研究，26（3）：24-34.
张少泉，张诚，修济刚，等，1993. 矿山地震研究述评[J]. 地球物理学进展，8（3）：69-85.
张义平，李夕兵，凌同华，2008. 爆破震动信号分析理论与技术[M]. 北京：科学出版社：26-36.
赵健，雷蕾，蒲小勤，2008. 分形理论及其在信号处理中的应用[M]. 北京：清华大学出版社.
赵向东，陈波，姜福兴，2002. 微地震工程应用研究[J]. 岩石力学与工程学报，21（S2）：2609-2612.
赵永，焦诗卉，赵乾百，2023. 基于 Mel 频谱和 LSTM-DCNN 的矿山微震信号混合识别模型[J]. 东北大学学报（自然科学版），44（10）：1481-1489.
朱权洁，姜福兴，魏全德，等，2018. 煤层水力压裂微震信号 P 波初至的自动拾取方法[J]. 岩石力学与工程学报，37（10）：2319-2333.
朱权洁，姜福兴，尹永明，等，2012a. 基于小波分形特征与模式识别的矿山微震波形识别研究[J]. 岩土工程学报，34（11）：2036-2042.
朱权洁，姜福兴，于正兴，等，2012b. 爆破震动与岩石破裂微震信号能量分布特征研究[J]. 岩石力学与工程学报，31（4）：723-730.
Cox M，2004. 反射地震勘探静校正技术[M]. 李培明，柯本喜，等译. 北京：石油工业出版社.
Gibowicz S J，Kijko A，1998. 矿山地震学引论[M]. 修济刚，等译. 北京：地震出版社.
Abi-Abdallah D，Chauvet E，Bouchet-Fakri L，et al.，2006. Reference signal extraction from corrupted ECG using wavelet decomposition for MRI sequence triggering：Application to small animals[J]. Biomedical Engineering Online，5：11.
Adelfio G，Chiodi M，Dalessandro A，et al.，2012. Simultaneous seismic wave clustering and registration[J]. Computers & Geosciences，（44）：60-69.
Brown M，Clapp R G，1999. Seismic pattern recognition via predictive signal/noise separation[R]. Stanford Exploration Project，102：177-187.
Cai M，Kaiser P K，2006. Reassessment of the stress-velocity relationship for microseismic events in highly stressed hard rock mines[J]. International Journal of Rock Mechanics and Mining Sciences，43（4），471-490.
Cao A Y，Dou L M，Yan R L，et al.，2009. Classification of microseismic events in high stress zone[J]. Mining Science and Technology（China），19（6）：718-723.
Chen J，Wang C，Wang R S，2008. Combining support vector machines with a pairwise decision tree[J]. IEEE Geoscience and Remote Sensing Letters，5（3）：409-413.
Cheong S，Oh S H，Lee S Y，2004. Support vector machines with binary tree architecture for multi-class classfication[J]. Neural Information Processing– Letters and Reviews，2（3）：47-51.
Dargahi-Noubary G R，1998. Identification of seismic events based on stochastic properties of the

short-period records[J]. Soil Dynamics and Earthquake Engineering，17（2）：101-115.

Di Y Y，Wang E Y，Huang T，2023. Identification method for microseismic，acoustic emission and electromagnetic radiation interference signals of rock burst based on deep neural networks[J]. International Journal of Rock Mechanics and Mining Sciences，170：105541.

Dong L J，Shu H M，Tang Z，et al.，2023. Microseismic event waveform classification using CNN-based transfer learning models[J]. International Journal of Mining Science and Technology，33（10）：1203-1216.

Engdahl E R，2006. Application of an improved algorithm to high precision relocation of ISC test events[J]. Physics of the Earth and Planetary Interiors，158（1）：14-18.

Errington A F C，Daku B L F，Prugger A F，et al.，2009. Energy spectral density characterization of microseismic events in potash mines[J]. Measurement，42（2）：264-268.

Gledhill K R，Randall M J，Chadwick M P，1991. The EARSS digital seismograph：System description and field trials[J]. Bulletin of the Seismological Society of America，81（4）：1380-1390.

Horner R B，Hasegawa H S，1978. The seismotectonics of southern Saskatchewan[J]. Canadian Journal of Earth Sciences，15（8）：1341-1355.

Huang N E，Shen Z，Long S R，et al.，1998. The empirical mode decomposition and the Hilbert spectrum for nonlinear and non-stationary time series analysis[J]. Proceedings of the Royal Society of London Series A：Mathematical，Physical and Engineering Sciences，454（1971）：903-995.

Koch K，Fäh D，2002. Identification of earthquakes and explosions using amplitude ratios：The Vogtland Area revisited[J]. Pure and Applied Geophysics，159（4）：735-757.

Leprettre B，Martin N，Glangeaud F，et al.，1998. Three-component signal recognition using time，time-frequency，and polarization information-application to seismic detection of avalanches[J]. IEEE Transactions on Signal Processing，46（1）：83-102.

Lesniak A，Isakow Z，2009. Space-time clustering of seismic events and hazard assessment in the Zabrze-Bielszowice coal Poland[J]. International Journal of Rock Mechanics and Mining Sciences，46（5）：918-928.

Li H，Chang X，2021. A review of the microseismic focal mechanism research[J]. Science China Earth Sciences，64（3）：351-363.

Lurka A，Swanson P，2009. Improvements in seismic event locations in a deep western U.S. coal mine using tomographic velocity models and an evolutionary search algorithm[J]. Mining Science and Technology（China），19（5）：599-603.

Miao H X，Jiang F X，Song X J，et al.，2012. Tomographic inversion for microseismic source parameters in mining[J]. Applied Geophysics，9（3）：341-348.

Novelo-Casanova D A，Valdés-González C，2008. Seismic pattern recognition techniques to predict large eruptions at the Popocatépetl，Mexico，volcano[J]. Journal of Volcanology and Geothermal Research，176（4）：583-590.

Oliveira M S，Henriques M V C，Leite F E A，et al.，2012. Seismic denoising using curvelet analysis[J]. Physica A：Statistical Mechanics and Its Applications，391（5）：2106-2110.

Oropeza V, Sacchi M, 2011. Simultaneous seismic data denoising and reconstruction via multichannel singular spectrum analysis[J]. Geophysics, 76 (3): V25-V32.

Oye V, Roth M, 2003. Automated seismic event location for hydrocarbon reservoirs[J]. Computers & Geosciences, 29 (7): 851-863.

Rabinowitz N, 1988. Microearthquake location by means of nonlinear simplex procedure[J]. Bulletin of the Seismological Society of America, 78 (1): 380-384.

Scarpetta S, Giudicepietro F, Ezin E C, et al., 2005. Automatic classification of seismic signals at Mt. Vesuvius volcano, Italy, using neural networks[J]. Bulletin of the Seismological Society of America, 95 (1): 185-196.

Song W Q, Yang X D, 2011. Recognition of micro-seismic events and inversion in the case of single seismic phase[J]. Chinese Journal of Geophysics, 54 (3): 384-392.

Sun G, Wang Z P, Wang M X, 2008. A new multi-classification method based on binary tree support vector machine[C]//2008 3rd International Conference on Innovative Computing Information and Control, Dalian. IEEE: 77.

Sungmoon C, Sang H O, Soo-Young L, 2004.Support vector machines with binary tree architecture for multi-class classfication[J]. Neural Information Processing Letters and Reviews, 2 (3): 47-51.

Tan J F, Stewart R R, Wong J, 2010. Classification of microseismic events via principal component analysis of trace statistics[J]. CSEG Recorder, (1): 34-38.

Trickett S, 2008. F-xy Cadzow noise suppression[J]. Seg Technical Program Expanded Abstracts, 27 (1): 2586.

Vallejos J A, McKinnon S D, 2013. Logistic regression and neural network classification of seismic records[J]. International Journal of Rock Mechanics and Mining Sciences, 62: 86-95.

Vapnik V N, 1995. The Nature of Statistical Learning Theory[M]. New York: Springer.

Wang H, Li M, Shang X F, 2016. Current developments on micro-seismic data processing[J]. Journal of Natural Gas Science and Engineering, 32: 521-537.

Wang J, Teng T L, 1997. Identification and picking of S phase using an artificial neural network[J]. Bulletin of the Seismological Society of America, 87 (5): 1140-1149.

Zhang S C, Tang C N, Wang Y C, et al., 2021. Review on early warning methods for rockbursts in tunnel engineering based on microseismic monitoring[J]. Applied Sciences, 11 (22): 10965.

Zhao X Z, Ye B Y, 2011. Selection of effective singular values using difference spectrum and its application to fault diagnosis of headstock[J]. Mechanical Systems and Signal Processing, 25 (5): 1617-1631.